基于球极坐标编码方案的量化控制系统设计与稳定性分析

王　建　于家凤　著

電子工業出版社
Publishing House of Electronics Industry
北京 · BEIJING

内 容 简 介

本书在量化控制系统的编码方案设计与稳定性分析方面展开研究。针对目前文献中常用的均匀量化器和对数量化器在设计量化控制系统时存在的缺点，例如，采用均匀量化器的量化控制系统的参数设计和稳定性分析较为复杂，而采用对数量化器的量化控制系统使用的信道码率是无限的，这限制了它的实际应用，本书提出一种适用于量化控制系统的新的编码方案：基于球极坐标的编码方案。这种编码方案显著不同于现有的编码方案，它的编码/解码过程基于球极坐标，不仅可以简化量化控制系统的参数设计和稳定性分析，而且使用有限信道码率，便于实际应用。本书进一步将这种球极坐标编码方案应用于若干种不同条件下的量化控制系统，保证量化控制系统的稳定性，同时这些应用也证实了球极坐标编码方案的上述优点。球极坐标编码方案是量化控制研究领域的新方法，为量化控制系统的分析与设计提供了新的手段。

本书可作为相关专业工程技术人员、高校师生、科研人员的参考书。

图书在版编目（CIP）数据

基于球极坐标编码方案的量化控制系统设计与稳定性分析 / 王建，于家凤著. -- 北京 : 电子工业出版社，2024. 8. -- ISBN 978-7-121-48636-4

I. O231

中国国家版本馆 CIP 数据核字第 2024D82C47 号

责任编辑：刘小琳　　特约编辑：张思博

印　　刷：北京虎彩文化传播有限公司

装　　订：北京虎彩文化传播有限公司

出版发行：电子工业出版社

北京市海淀区万寿路 173 信箱　　邮编：100036

开　　本：720×1000　1/16　印张：10.75　字数：205 千字

版　　次：2024 年 8 月第 1 版

印　　次：2024 年 8 月第 1 次印刷

定　　价：86.00 元

凡所购买电子工业出版社图书有缺损问题，请向购买书店调换。若书店售缺，请与本社发行部联系，联系及邮购电话：（010）88254888，88258888。

质量投诉请发邮件至 zlts@phei.com.cn，盗版侵权举报请发邮件至 dbqq@phei.com.cn。

本书咨询联系方式：（010）88254538；liuxl@phei.com.cn。

前　言

在通信约束的条件下，考虑系统的控制性能与通信性能之间的相互作用对于量化控制系统的分析与综合是很重要的。在有限码率信道中传输信息需要对信号进行量化、编码/解码，而编码方案如同控制回路中其他部件一样，对系统的稳定性有重要影响。本书在量化控制系统的编码方案设计与稳定性分析方面展开研究。针对目前文献中常用的均匀量化器和对数量化器在设计量化控制系统时的缺点，如采用均匀量化器的量化控制系统的量化器参数设计和系统稳定性分析较为复杂，而采用对数量化器的量化控制系统尽管与采用均匀量化器的情况相比复杂性降低，但在被量化的向量高于一维时，只能使用无限信道码率，这限制了它的实际应用，本书提出一种适用于量化控制系统的新的编码方案：基于球极坐标的编码方案。这种编码方案不但可以简化量化控制系统设计和稳定性分析，而且使用有限信道码率，便于实际应用。本书内容由两部分组成：第一部分（第 2 章）针对目前常用的均匀量化器和对数量化器在设计量化控制系统时的缺点，提出基于球极坐标的编码方案。已有的文献是在笛卡儿坐标系下对系统信息进行编码。与之不同的是，本书提出的编码方案基于球极坐标系。这种编码方案的一个优点是可以建立量化数据与量化误差的确定关系，这个确定关系是均匀量化方法所不具备的，它便于分析系统稳定性；另一个优点是编码方案只需要有限且固定的信道码率，而这一点是对数量化方法所不具备的。此外，这种编码方案在编码/解码时不需要系统控制输入和系统状态的过去信息，只需要系统的当前信息，适合实际应用。第二部分（第 3~10 章）将所提出的球极坐标编码方案应用于若干种不同条件下的量化控制系统，保证量化控制系统的稳定性，同时这些应用证实了球极坐标编码方案的上述优点。第 3 章考虑反馈回路存在无噪声信道的线性离散时不变系统。应用球极坐标编码方案给出系统渐进稳定的充分条件，该条件反映了系统控制性能与通信性能之间的折中关系，并给出编码器/解码器和控制器设计的具体步骤。在第 3

章基础上，第 4 章、第 5 章分别考虑反馈回路存在擦除信道的线性离散时不变系统和具有网络时延的线性连续时不变系统。应用球极坐标编码方案分别给出保证系统渐进稳定的充分条件。利用这些条件，可以从整体上考虑系统的控制性能与通信性能。第 6 章进一步研究解码器可以利用控制输入信息的条件下网络时延系统的编码方案设计与稳定性分析问题。第 7 章研究量化控制系统的输入—状态稳定性，提出了捕获时间一致有界的概念，并证明量化控制系统是输入—状态稳定的充分必要条件是编码方案所用的捕获时间是一致有界的。第 8 章研究具有无界噪声的量化控制系统的稳定性及噪声抑制性能问题，给出保证系统稳定性及给定噪声抑制性能的充分条件及量化器设计过程。第 9 章研究具有饱和输入的量化控制系统的设计及稳定性问题。基于球极坐标量化器的特性，给出新的量化非线性条件，利用该条件可获得更大的吸引域。第 10 章研究一类连续时间量化控制系统的渐进稳定性问题，利用时变的球极坐标量化器，可消除系统的滑模运动，并获得系统的渐进稳定性。

本书的内容是作者近些年来在量化反馈控制领域的一些研究成果，希望本书能起到抛砖引玉的作用，使更多学者从事这方面的研究，获得创新性成果。在球极坐标编码方案的提出与形成的过程中，作者的博士生导师哈尔滨工业大学严质彬教授给出重要的指导和建议，在此表示衷心感谢！本书获得国家自然科学基金面上项目（项目编号：62273056）、辽宁省教育厅基本科研项目（项目编号：JYTMS20231625）及渤海大学数学科学学院的支持，在此表示感谢！

由于作者水平有限，书中难免有不足之处，真诚欢迎读者批评指正。

作　者

2024 年 4 月

目　录

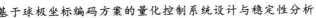

第 1 章 绪　论

1.1 研究背景及意义

量化控制系统是指系统的部分或全部信息（参考输入、对象状态和输出、控制输入等）需要量化，系统利用这些信息的量化值而不是实际值来完成控制任务。信息的量化值与信息的实际值之间的差值称为量化误差。由于量化误差的存在，在量化控制系统的分析与综合中，必须考虑量化误差对系统稳定性及其他性能的影响。在实际应用中，量化控制系统广泛存在，例如，工业中广泛使用的包含模数/数模转换器的控制系统即量化控制系统，控制回路中使用数字信号实现控制任务的数字控制系统也属于量化控制系统。本书所研究的量化控制系统是网络控制系统背景下的量化控制系统，具体地说，系统的控制回路中包含网络，而网络带宽有限，系统信息要通过网络传输必须经过编码/解码过程，这种控制回路中包含带宽有限网络的控制系统是本书所研究的量化控制系统。

这种量化控制系统是伴随着网络控制系统的出现而产生的。20 世纪 90 年代，随着微处理器、网络技术以及嵌入式系统的迅猛发展，控制系统逐步和网络相融合，控制系统中的执行器和传感器成为具有网络通信功能的智能节点。系统中各个组成元件，如传感器、控制器、执行器节点等，通过一个实时串行通信网络相连接，如图 1-1 所示。这种通过实时串行通信网络构成的闭环反馈控制系统被称为网络控制系统（Networked Control Systems，NCS）。NCS 具有系统成本低、连接线数少、系统灵活性强、易于扩展和信息资源能共享等优点。然而，由于各反馈控制回路中很多节点都要发送信息，信息的传送要分时占用网络通信线路，而网络是分时复用的，并且受网络通信带宽和服务能力的限制，数据只有等到网络空闲或设备的优先级相对较高时才能发送出去，尽管信道总容量很大，每个节点分得的码率却很小，导致信息的量化过程中冲撞、重传等现象发生，使得信息在传输过程中存在量化误差、时滞、丢包等问题，降低系统的性能。量化误差是信息在网络中传输时，经过编码/解码处理而产生的量化值与实际值之间的差值，量化误差对系统稳定性及系统性能均有影响[1-12]。网络时滞是由连接在共享介质上的设备间数据交换所引发的，可导致控制系统的性能下降甚至系统不稳定[13-14]。由于通信网络是一个不可靠的数据传输通道，数据包可能在传输过程中丢失，并且受到网络带宽和数据包大小的限制，一个较大的数据包可能会被分成若干相对较小的数据包分别进行传输，从而导致数据丢包和多包传输等问题[14-15]。很多学者在这些方面做了研究，例如，针对编码/解码产生的量化问题，研究不同的量化方法，以及信道码率与系统稳定性的关系等；针对网络时滞问题，将时滞问题转化为控制理论中已成熟的时滞控制问题来研究；针对丢包、错包等问题，采用适当的建模方法，转化为 H_2 问题、H_∞ 问题、切换控制问题等来研究。

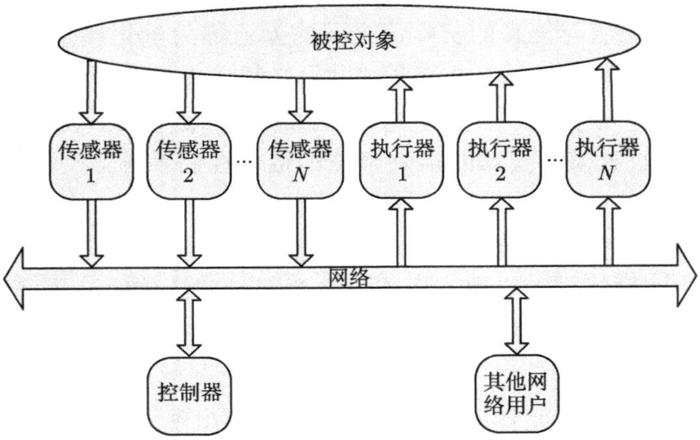

图 1-1　网络控制系统

但是目前，在网络控制研究的大量文献中，研究方法很多是将网络控制问题转化到控制理论问题，利用已有的方法来解决。这种研究方法的确对一些现有的网络控制问题行之有效，但忽视了控制与通信之间的联系。网络控制是控制与通信相结合的领域，只有揭示控制与通信之间的本质联系，才能加深对网络控制学科的深入理解。对于控制学科，系统的稳定性是最基本的概念，也是最重要的研究问题；而对于通信学科，信道码率、信道容量、熵等是最基本的概念，研究保证可靠通信的条件是通信学科最重要的问题。因此，为深入理解网络控制，一个需要研究的基本问题是揭示信道码率、信道容量、熵等与系统稳定性及系统性能的关系。由于控制回路中包含码率有限的信道，因而必须对传输的信息进行编码/解码，这样网络控制系统就转化为量化控制系统。本书将对这种量化控制系统展开研究，具体地说，将在量化控制系统的编码方案设计与稳定性分析方面展开研究。

1.2 量化控制系统研究现状

本书从无噪声信道和噪声信道两个方面介绍在网络控制系统背景下，量化控制系统的主要研究结果。

1.2.1 无噪声信道条件下的量化控制研究

1）确定性系统

先介绍确定性系统。信号要通过通信网络进行传输，必须经过编码/解码过程，这样就产生量化误差。在控制理论中，量化误差常被看作加性白噪声。如果量化器分辨率高，这种方法是可行的；但如果量化器分辨率低且开环系统不稳定，这种方法就失效了。文献 [8, 12] 指出，对于一个给定的系统，存在一个与该系统参数有关的信道码率，如果实际信道码率低于这个码率，则不存在任何量化方法和控制方法使得系统稳定。文献 [16] 指出，将量化误差看作加性白噪声，不能揭示以下事实：特征值小于 2 的无噪声不稳定系统可用无记忆的状态量化方法渐进稳定到原点，但当特征值大于 2 时，系统状态轨迹就会产生混沌现象。这个现象表明信道容量小会严重影响系统控制性能，因此在设计量化控制系统时，控制问题和通信问题应该同时考虑，而不能孤立地研究。

关于保证系统稳定的最小信道码率的研究最早出现在文献 [12] 中，一个不稳定的一阶系统 ($|a| > 1$)，如果采用无记忆量化器保持系统状态有界，当且仅当信道码率大于 $\log_2 |a|$ 时成立，这是码率理论的第一个结果。随后，文献 [17] 获得保证自回归滑动平均系统的渐进稳定的最小信道码率。文献 [1, 9, 11, 18] 用不同的方法得到线性系统的最小信道码率。下面我们介绍文献 [11] 的结果，文献 [11] 推广了文献 [12] 的思想。

文献 [11] 考虑的无噪声信道系统如图 1-2 所示。信道每次能传输 2^R 个符号，即码率为 R。考虑下面的离散定常系统：

$$\begin{cases} x_{t+1} = \boldsymbol{A}x_t + \boldsymbol{B}u_t \\ y_t = \boldsymbol{C}x_t \end{cases} \tag{1-1}$$

这里 $x_t \in \mathbb{R}^d$ 是系统状态，$u_t \in \mathbb{R}^m$ 是控制输入，$y_t \in \mathbb{R}^l$ 是系统输出，$\boldsymbol{A}$、$\boldsymbol{B}$、$\boldsymbol{C}$ 是适当维数的矩阵。

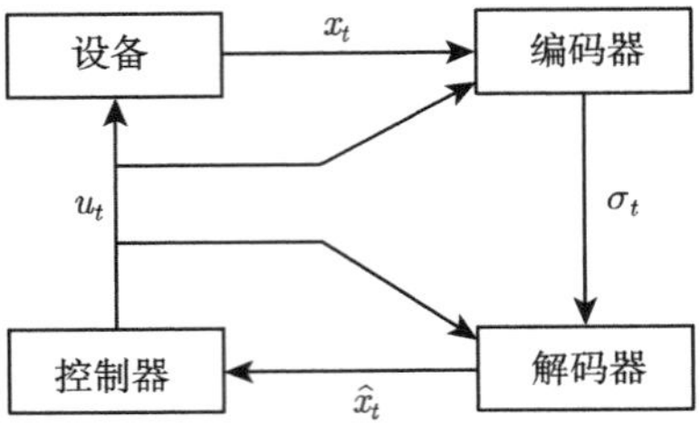

图 1-2　文献 [11] 考虑的无噪声信道系统

定理 1.1[11]　假设 $(\boldsymbol{A}, \boldsymbol{B})$ 是可稳定的，系统式 (1-1) 可渐进稳定的充分必要条件是码率 R 满足

$$R \geqslant \sum_{\lambda(\boldsymbol{A})} \max\{0, \log_2 |\lambda(\boldsymbol{A})|\} \tag{1-2}$$

这里 $\lambda(\boldsymbol{A})$ 表示 $\boldsymbol{A}$ 的特征值。

这个定理的重要性在于它揭示了码率与系统动态的关系，即如果系统有较快的动态（$\boldsymbol{A}$ 的特征值较大），则码率必须足够大以克服系统动态的影响。文献 [11] 同时证明在系统式 (1-1) 有加性白噪声条件下，定理 1.1 仍成立。

一些文献采用 Zooming-in/Zooming-out 方法获得系统的输入—状态稳定或渐进稳定。Zooming-in/Zooming-out 方法的思想是动态调整量化器的量化范围，当系统状态接近目标点时，增加量化器等级数；当系统状态远离目标点时，减小量化器等级数。从直觉上讲，当系统状态接近目标点时，量化器的分辨率应高些；当系统状态远离目标点时，量化器的分辨率应低些。

在 Zooming-in/Zooming-out 方法与无记忆量化器相结合方面：文献 [2] 研究具有未知但有界干扰 ω 的系统

$$\dot{x}(t) = \boldsymbol{A}x(t) + \boldsymbol{B}u(t) + \boldsymbol{D}\omega(t) \tag{1-3}$$

利用 Zooming-in/Zooming-out 方法设计编码方案保证系统输入—状态稳定（Input-to-State Stability），即满足

$$||x(t)|| \leqslant \beta(||x(0)||, t) + \gamma_\omega(||\omega||_{[0,t]}), \forall t > 0 \tag{1-4}$$

这里 γ_ω 是 K_∞ 类函数，β 是 KL_∞ 类函数。文献 [19] 进一步发展了文献 [2] 的思想，提出时间采样方法，这种方法基于对轨迹的分析，并利用闭环混杂系统的串级结构。时间采样方法对时延具有鲁棒性。文献 [20] 在文献 [2] 基础上，进一步给出了 Zooming-in/Zooming-out 量化控制方法，不仅在未知干扰界条

件下，可以获得系统的 Input-to-State 稳定性，而且在干扰为 0 的条件下码率可以任意接近最小码率。文献 [21] 指出，如果不限制量化器等级数，相对于二次 Lyapunov 函数，保证系统稳定的最有效量化器是对数量化器。文献 [22-24] 考虑在给定量化器等级数条件下，保证系统吸引性的对数量化器和一致量化器设计方法。文献 [25] 采用扇区界方法研究采用对数量化器的系统，保证系统二次稳定性和 H_2/H_∞ 性能指标。文献 [26-28] 采用 Zooming-in/Zooming-out 方法，在允许量化器和编码器有记忆的条件下，获得系统的渐进稳定。文献 [29] 利用已有的 Markov 链的稳定结果，研究在无噪声信道条件下，具有高斯噪声的离散线性系统的二阶矩稳定性问题。文献 [30] 在控制器事先设计好的前提下，给出了系统信噪比与平均信道码率之间的约束关系。文献 [31] 利用文献 [30] 的结果，在保证给定系统性能的前提下，分别给出最小平均码率和信噪比的界。

在鲁棒性方面，文献 [32] 研究了在有限信道码率和一类信源（信源不确定性）条件下，获得系统可观性和稳定性的必要条件。给出信源类熵（Entropy for a Class of Sources）的概念（定义为在一类信源中，香农熵的最大值），并给出信源类的香农信息传输理论 [为保证可靠通信，信道容量应大于或等于最小—最大率失真（Mini-Max Rate Distortion）]。文献 [33] 在加性白噪声信道和信源不确定性条件下，研究系统均方可观性和鲁棒性问题。文献 [34] 考虑不确定离散系统在信道容量受限条件下的鲁棒性问题。文献 [35] 考虑码率变化的鲁棒量化问题，证明如果无噪声连续线性系统在无记忆条件下采用量化控制，则对数据包传输时间变化最鲁棒的方法是小采样时间的二进制量化。文献 [1, 11] 考虑存在有界干扰的系统稳定性。

文献 [2, 36-42] 将上述方法推广到非线性系统。文献 [2, 40] 应用 Zooming 方法将 Input-to-State 稳定的非线性系统转变为渐进稳定系统。文献 [42] 将一类稳定非线性系统的码率条件与拓扑反馈熵（Topological Feedback Entropy）概念联系起来，这个概念推广了已有的无输入非线性系统的拓扑熵概念。文献 [41] 将对数量化方法推广到仿射非线性系统。文献 [39] 获得保证具有前馈结构的非线性系统稳定的码率界。

2）随机系统

以上介绍的结果都针对确定性系统，文献 [43-49] 考虑了随机系统。文献 [43] 考虑部分可观测线性高斯系统在码率受限条件下保二次型代价控制问题，表明如果测量信号通过最小方差滤波器，且选择滤波器的输出为量化器的输入，则编码器与控制器可分别设计（分离原理）。文献 [48] 在更一般条件下考虑线性高斯系统的分离原理和确定性等价原理，给出加性高斯白噪声信道和无噪声信道的码率失真的理论下界。文献 [49] 给出在线性定常控制器条件下，使用一致量化器和变长编码，保证单输入单输出线性定常高斯系统稳定的充要条件。文献 [47] 考虑具有非高斯噪声的线性系统的均方稳定问题，得到时间渐进均方状态范数（Time-Asymptotic Mean Square State Norm）的下界。这个下界表明当码率接近系统的本征熵率（Intrinsic Entropy Rate）H 时，不管何种编码方案和控制方案，状态的均方值都将变得任意大。文献 [44] 也有类似的结果，显示当反馈信道的香农容量 C 向 H 降低时，控制器控制系统输入功率谱的能力降低。

1.2.2 噪声信道条件下的量化控制研究

一些文献考虑噪声信道条件下的量化控制，如二进制擦除信道[9,50-51]、二进制对称信道[45,52-53]、截断信道[54] 等。如果信道是噪声信道，系统的稳定性问题将变得非常复杂，结果依赖稳定性的不同概念及编码器是否获得关于信道的边信息（Side-Information）。一般不能采用香农容量 C 作为控制系统中衡量信道的指标。尽管 $C > H$ 是在无信道边信息条件下系统几乎处处渐进稳定的充分必要条件，但不是其他稳定性的充分必要条件，如均方稳定性。原因是在香农编码理论中，以接近传输率 C 进行可靠传输是以增加编码时延为代价的，然而随着时延增加，系统状态将更远离原点，因此需要更多的信息稳定系统。但如果信道是加性高斯白噪声信道，且系统是线性高斯系统，则 $C > H$ 仍然是系统均方稳定的充要条件[48,52,55]。文献 [52] 引入任意时间容量（Anytime Capacity）概念，指出如果控制目标是矩稳定的，则任意时间容量才是噪声信道的度量标准，而不是香农容量。然而，不像香农容量，任意时间容量没有简单的表达式便于计算。

当系统的反馈回路包括噪声信道时（如图 1-2 所示），渐进稳定的定义必须做适当的修改，因为确定性系统的渐进稳定的定义不再适用于具有噪声信道的系统。我们介绍两种稳定性：几乎处处稳定和 m 阶矩稳定。

1）几乎处处稳定

定义 1.1[51] 如果存在编码器/解码器和控制器使得 $||x_t||$ 几乎处处趋于 0，则系统式 (1-1) 是几乎处处稳定的。

定义 1.2[56] 给定信道 $\{P(W_t|V^t, W^{t-1})\}$，在 $[0,T]$ 时间上的香农容量定义为

$$C_T^{\text{cap}} = \sup_{P(V^{t-1})} I(V^{t-1}, W^{t-1}) \tag{1-5}$$

这里 $I(\cdot,\cdot)$ 是互信息，V 是输入字符集，$V^t=\{V_1,V_2,\cdots,V_t\}$，$W$ 是输出字符集，$W^{t-1}=\{W_0,W_1,W_2,\cdots,W_{t-1}\}$。

对于定义 1.1，不等式 (1-2) 给出的码率界不再有效，需要一个新的条件保证系统几乎处处稳定。

确定性信道与随机信道的差别在于：在 $(0,T)$ 时间内，无噪声信道的信道容量是 $C_T^{\mathrm{cap}}=TR$，R 是码率；而对于噪声信道，不同的噪声信道有不同的信道容量。时延信道的信道容量 $C_T^{\mathrm{cap}}=(T-\Delta)R$，$\Delta$ 是时延；对于擦除概率为 α 的擦除信道，信道容量 $C_T^{\mathrm{cap}}=(1-\alpha)R$；无记忆高斯信道的信道容量 $C_T^{\mathrm{cap}}=(T/2)\log_2(1+\rho)$，$\rho$ 为噪声功率。文献 [51] 在香农容量基础上给出保证系统几乎处处稳定的必要条件。这个条件与噪声信道的类型无关，因为使用极限 $C^{\mathrm{cap}}=\liminf_{t\to\infty}(1/t)C_T^{\mathrm{cap}}$ 代替与信道类型有关的信道容量 C_T^{cap}。

定理 1.2[51]　对系统式 (1-1)，在 $(\boldsymbol{A},\boldsymbol{B})$ 是可稳定的条件下，系统几乎处处稳定的必要条件是

$$C^{\mathrm{cap}}\geqslant\sum_{\lambda(\boldsymbol{A})}\max\{0,\log_2|\lambda(\boldsymbol{A})|\}\tag{1-6}$$

文献 [57] 考虑有界干扰系统的输入—状态几乎处处稳定问题，给出擦除信道条件下保证系统稳定的丢包条件。

2）m 阶矩稳定

文献 [52] 引入任意时间容量（Anytime Capacity）概念，指出如果控制目标是矩稳定的，则任意时间容量才是噪声信道的指标，而不是香农容量。考虑下面的一阶系统（见图 1-3）：

$$x_{t+1}=\lambda x_t+u_t+\omega_t,\ t\geqslant 0\tag{1-7}$$

式中，x_t 是系统状态，u_t 是控制输入，ω_t 是有界干扰噪声。$||\omega_t||\leqslant\frac{\Omega}{2}$，假设初始状态 $x_0=0$。

定义 1.3[52]　如果存在一个常数 K 使得对于所有 t 满足

$$E\{||x_t||^m\}\leqslant K\tag{1-8}$$

系统式 (1-7) 是 m 阶矩稳定的。

定义 1.4[52]　对于某一常数 K、任意 d 和任意 t，信道的 α 任意时间容量 $C_{\mathrm{anytime}}(\alpha)$ 是保证式 (1-9) 成立的信道码率的最小上界：

$$P(\hat{M}_{t-d}(t)\neq M_{t-d}(t))\leqslant K\cdot 2^{-\alpha d}\tag{1-9}$$

式中，$M_i(t)$ 是编码器 i 时刻收到的 R 位信息，$\hat{M}_i(t)$ 是解码器对 t 时刻信息 i 的最优估计，d 是时延。

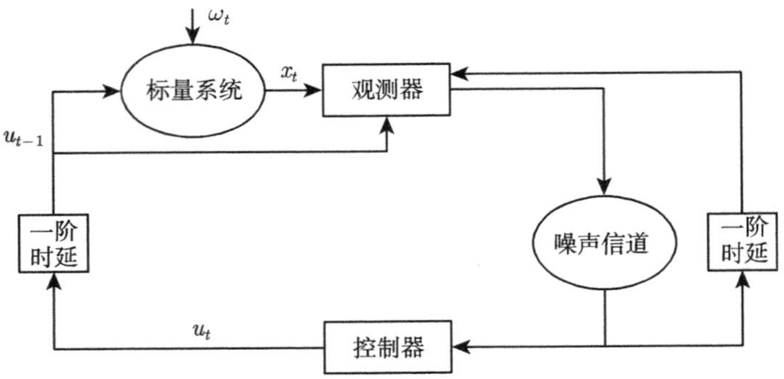

图 1-3　文献 [52] 考虑的系统

定理 1.3[52]（必要条件）：对于给定的噪声信道，如果存在观测器和控制器使得对于噪声 $\omega_t(-\frac{\Omega}{2} \leqslant \omega_t \leqslant \frac{\Omega}{2})$，系统式 (1-3) 满足 $E\{||x_t||^m\} \leqslant K$，那么带有无噪声反馈信道的信道码率应满足

$$C_{\text{anytime}}(m\log_2\lambda) \geqslant \log_2\lambda \tag{1-10}$$

定理 1.4[52]（充分条件）：如果带反馈的信道满足 $C_{\text{anytime}}(m\log_2\lambda+\varepsilon) \geqslant \log_2\lambda$，$\varepsilon > 0$ 且观测器能准确观测到噪声信道的输出和状态，则系统式 (1-3) 的状态满足 $E\{||x_t||^m\} \leqslant K$。

不像香农容量，一般来说，任意时间容量没有简单的表达式便于计算。文献 [54] 考虑更一般的情况，即系统既有外部干扰，参数不确定，又有码率随机变化的信道情况：

$$x(k+1) = \alpha(k)(1+z_\alpha(k))x(k) + u(k) + G_f(k) + d(k) \tag{1-11}$$

式中，$z_\alpha(k)$ 代表 $\alpha(k)$ 的不确定性，$G_f(k)$ 代表反馈不确定环节的输出，$d(k)$ 代表有界扰动。

文献 [54] 指出这种情况下的矩稳定要求平均码率必须满足 $C > R+\alpha+\beta$，这里 C 代表反馈回路中可靠传输的平均码率，R 是与系统矩阵特征值有关的量，α、$\beta \geqslant 0$ 分别表示与信道不确定性和系统不确定性有关的量。这表明在系统存在信道不确定性和系统参数不确定性时，仅 $C > R$ 对于系统矩稳定性是不充分的。文献 [54] 进一步说明，C 越大，系统克服信道不确定性和系统不确定性的能力越强。

文献 [58] 考虑在擦除信道条件下，保证离散线性时不变系统均方稳定的最小码率问题。文献 [59] 利用已有的 Markov 链的稳定结果，研究擦除信道条件下，具有高斯噪声的离散线性系统的二阶矩稳定性问题。同样，文献 [60] 利用 Markov 链的稳定结果，考虑在上行信道和下行信道条件下，由布朗运动驱动的连续线性时不变系统的稳定问题。文献 [61] 考虑具有标量擦除信道（Scalar Erasure Channel）的控制系统，证明在二阶矩意义下，这种信道等价于具有瞬时信噪比约束的白噪声信道。

受经典控制理论中关于系统性能的 Bode 积分不等式的启发，一些学者研究网络控制系统的 "Bode 积分不等式"[44]，给出反馈回路存在信道条件下，系统性能的限制条件，如图 1-4 所示。

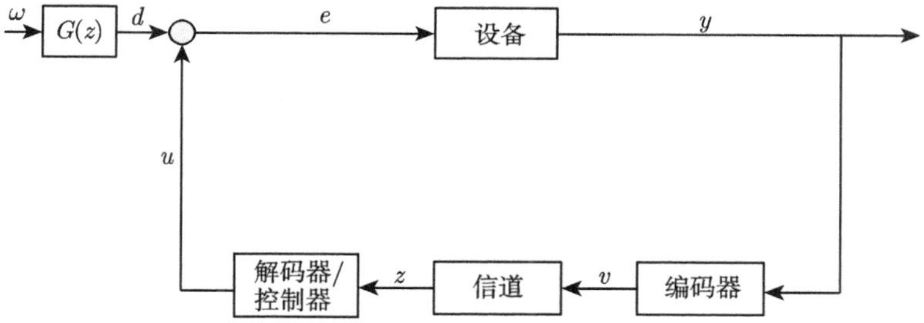

图 1-4 文献 [44] 考虑的系统

文献 [44] 得到不等式

$$L_{-} \geqslant \sum \max\{0, \log(|\lambda_i(\boldsymbol{A})|)\} - C_{\text{channel}} \tag{1-12}$$

这里 L_{-} 是干扰抑制的度量，$\boldsymbol{A}$ 是系统矩阵，C_{channel} 是信道的香农容量。L_{-} 是非正数且 L_{-} 越小，对于干扰的抑制程度越大，即 $C_{\text{channel}} - \sum \max\{0, \log(|\lambda_i(\boldsymbol{A})|)\}$ 决定干扰抑制的基本限制。如果系统稳定，L_{-} 是系统对数灵敏度的积分描述。文献 [62] 考虑码率受限、时变信道条件下，保证具有任意干扰的线性离散系统稳定性的码率问题。假设信道码率变化较慢，接收器和发送器可通过信道的反馈估计信道的质量，利用通信理论和控制理论的方法给出系统稳定的充分和必要条件。

以上文献所给出的很多结果是在编码器/解码器可获得系统状态和控制输入量的过去和当前的信息条件下获得的。例如，获得保证系统稳定所需码率的严格界就要求编码器/解码器需要知道系统状态和控制输入量的过去和当前的信息，即编码器/解码器有记忆。如果在无记忆或有限记忆条件下，问题将变得复杂。原因是码率与控制器耦合在一起，最小码率与所选择的控制器有关[11]。在实际应用中，编码器/解码器可获得系统状态和控制输入量的过去和当前的信息这一条件是十分苛刻的。例如，在编码/解码时，如果编码器需要当前时刻的控制量，则需要在控制器与编码器之间另设一专线（码率无限大的无噪声信道）。这样实现起来必然增加系统成本，并且维护不方便。另外，编码器/解码器可获得系统状态和控制量的过去信息意味着每个编码器/解码器要拥有相当大的存储容量，这给实际应用带来困难。显然只使用系统当前状态或输出信息的编码器/解码器是十分理想的。因此在编码器/解码器只使用系统当前状态或输出信息的条件下，研究保证量化控制系统稳定的编码方案设计问题是十分有意义的，已有一些结果[19-21,25-26,47,63-68]，但仍存在一些问题，见 1.3节。本书将在这方面展开研究。

1.3 目前的研究方法存在的问题

如 1.1 节所介绍，网络控制系统所具有的优势使其在实时分布式控制领域得到广泛应用。然而，受网络通信带宽的限制，数据在通过网络传输之前需要进行量化和编码。量化将产生量化误差，量化误差对系统的稳定性及系统性能均有影响。这样就产生了量化控制领域的两个基本研究方向：一个方向是确定保证系统稳定的最小码率，另一个方向是设计适当的编码方案使得在量化误差存在的条件下保证系统稳定。

在确定最小码率方面，研究人员已经获得了一些有价值的理论结果[9-11,19,47,73]。其中最基本、最重要的结果是建立了保证系统稳定的条件下，系统动态演化速度与信道传输率（码率）之间的关系。如文献 [11] 给出了在 $(\boldsymbol{A},\boldsymbol{B})$ 是可稳定的条件下，线性时不变离散系统式 (1-1) 可渐进稳定的充要条件是码率 R 满足 $R \geqslant \sum\limits_{\lambda(\boldsymbol{A})} \max\{0, \log_2|\lambda(\boldsymbol{A})|\}$。文献 [1, 9-10, 18-19, 47, 73] 也给出了系统在不同条件下保持稳定时最小码率应满足的条件。这些结果基于以下假设：信道无噪声、无时延且编码器/解码器可获得系统状态和控制输入量的过去和当前的信息。

在实际应用中，编码器/解码器可获得系统状态和控制输入量的过去和当前的信息这一条件是十分苛刻的。例如，在编码/解码时，如果编码器需要当前时刻的控制量，则需要在控制器与编码器之间另设专线，这样实现起来必然增加系统成本，并且维护不方便。另外，编码器/解码器可获得系统状态和控制量的过去信息意味着每个编码器/解码器要拥有相当大的存储容量，这给实际应用带来困难。显然只使用系统当前状态或输出信息的编码器/解码器是十分理想的。因此在编码器/解码器只使用系统当前状态或输出信息的条件下，研究保证量化控制系统稳定的编码方案设计问题是非常有意义的。

在这方面，已有的编码方案设计多采用均匀量化方法（Uniform Quantization）或对数量化方法（Logarithmic Quantization），以及它们的改进方法（见文献 [19-21, 25-26, 47, 67-68]）。Liberzon 及其合作者利用均匀量化方法在这方面做了很多工作，如在文献 [26] 中利用均匀量化方法和 Zooming-in/Zooming-out 技术，设计编码/解码方案，保证具有任意初始条件下无噪声离散线性系统的稳定性；在文献 [20] 中考虑保证带有界干扰的离散线性系统输入—输出稳定（Input-to-State Stabilization）的编码方案设计问题。国内学者在这方面也做了很多工作，例如，文献 [74-75] 利用均匀量化方法研究网络系统 H_∞ 量化控制问题，文献 [76] 获得时滞依赖网络控制系统的时滞上界和均匀量化状态反馈控制器增益，文献 [77] 考虑不确定大系统的状态量化分散反馈镇定问题，文献 [78] 考虑量化反馈控制系统渐进稳定性问题。另外，Elia 和 Mitter 提出并利用对数量化方法（Logarithmic Quantization）设计编码方案保证单输入离散系统稳定[21]。文献 [25] 将文献 [21] 的结果推广到多输入多输出系统。文献 [68] 又对文献 [25] 进行了改进，减小设计的保守性。国内在对数量化方法研究方面，文献 [79] 研究多输入多输出线性离散系统采用对数量化方法的 H_∞ 滤波器设计问题，文献 [80] 研究一类非线性网络控制系统的量化保成本控制问题，文献 [81] 考虑一类非线性网络化系统的状态量化 H_∞ 控制。

采用均匀量化方法或对数量化方法设计的编码方案向实用化方向迈进了一步，因为这样的编码方案只需要系统的当前状态信息或输出信息。但应该注意到，对采用均匀量化方法设计的编码方案，量化器参数的选取和系统稳定性分析相对复杂，并且编码方案与控制器是孤立地设计的，而没有将编码方案设计与控制器设计两者很好地结合起来，这样就无法从整体上考虑系统的通信性能和控制性能。对于采用对数量化方法设计的编码方案，量化区域越接近原点，量化分割将越来越密集，因此这种编码方案所需码率不能是固定且有限的。这意味着在实际应用中将受到限制。

综上所述，从实际应用角度出发，迫切需要设计一种新的编码方案。这种编码方案能克服上述两种编码方案的缺点。针对实际网络控制系统的有限带宽，新编码方案要求必须使用有限码率。为了应用方便，编码方案所用的码率应是固定的，而不是时变的。另外，理解信息理论与控制理论的相互关系对量化控制系统的设计是很重要的。在设计量化控制系统时，应将编码方案设计与控制器设计紧密结合起来，而不是孤立地设计。只有将编码方案设计与控制器设计结合起来，才能从整体上考虑系统的通信性能和控制性能以及两者之间的折中。为此本书提出基于球极坐标的编码方案，并在这种编码方案设计及具体应用方面展开研究。

1.4 本书的主要研究工作

本书内容由两大部分组成：第一部分（第 2 章）针对目前常用的均匀量化器和对数量化器在设计量化控制系统时的不足，提出基于球极坐标的编码方案。已有的文献是在笛卡儿坐标系下对系统的信息进行编码。与之不同的是，本书提出的编码方案基于球极坐标系。这种编码方案的一个优点是可以建立量化数据与量化误差的确定关系，这个确定关系是均匀量化方法所不具备的，它便于系统的稳定性分析；另一个优点是编码方案只需要有限且固定的信道码率，而这一点是对数量化方法所不具备的。此外，这种编码方案在编码/解码时不需要系统控制输入和系统状态的过去信息，只需要系统的当前信息，适合实际应用。

第二部分（第 3~10 章）将所提出的球极坐标编码方案应用于若干种不同条件下的量化控制系统，保证量化控制系统的稳定性，同时这些应用也证实了球极坐标编码方案的上述优点。第 3 章考虑反馈回路存在无噪声信道的线性离散时不变系统。应用球极坐标编码方案给出系统渐进稳定的充分条件，该条件反映了系统控制性能与通信性能之间的折中关系，并给出编码器/解码器和控制器设计的具体步骤。在第 3 章基础上，第 4 章、第 5 章分别考虑反馈回路存在擦除信道的线性离散时不变系统和具有网络时延的线性连续时不变系统。应用球极坐标编码方案分别给出保证系统渐进稳定的充分条件。利用这些条件，可以从整体上考虑系统的控制性能与通信性能。第 6 章进一步研究解码器可以利用控制输入信息的条件下网络时延系统的编码方案设计与稳定性分析问题。第 7 章研究量化控制系统的输入—状态稳定性，提出了捕获时间一致有界的概念，并证明量化控制系统输入—状态稳定的充分必要条件是编码方案所用的捕获时间是一致有界的。第 8 章研究具有无界噪声的量化控制系统的稳定性及噪声抑制性能问题，给出保证系统稳定性及给定噪声抑制性能的充分条件及量化器设计过程。第 9 章研究具有饱和输入的量化控制系统的设计及稳定性问题。基于球极坐标量化器的特性，给出新的量化非线性条件，利用该条件可获得更大的吸引域。第 10 章研究一类连续时间量化控制系统的渐进稳定性问题，利用时变的球极坐标量化器，可消除系统的滑模运动，并获得系统的渐进稳定性。

第 2 章　球极坐标量化器

在量化控制领域中，目前文献广泛采用两种量化方法：均匀量化方法与对数量化方法。均匀量化方法是在笛卡儿坐标系中，将 N 维空间均匀分割成相同的小块（量化块）。当系统的状态或输出落入某个量化块时，以该量化块的中心（或块中某一点，根据实际需要而定）作为实际状态或输出的量化值，即用量化值代替实际值。量化值经网络传输，用于量化控制。图 2-1 所示为二维均匀量化器。均匀量化方法是比较简单的量化方法，被广泛使用[19-20,26,47,67]。在这种方法中，量化误差与实际值之间没有固定的关系。在图 2-1 中，X 和 X_1 是系统实际状态，$\bar{X}$ 和 $\bar{X}_1$ 分别是 X 和 X_1 的量化值。在 X 和 $\bar{X}$ 所在的量化块中，量化误差 e_X 的模与实际值 X 的模的比值 δ_X 为

$$\delta_X = \frac{||e_X||}{||X||} = \frac{||X - \bar{X}||}{||X||}$$

当 X 为 A 点时，比值 $\delta_X = \delta_A$ 达到该量化块中的最大值。显然，对于不同的量化块，这个比值的最大值不同。例如，在 X_1 和 $\bar{X}_1$ 所在的量化块中，当 X_1 为原点 O 时，该比值无穷大。由于量化误差与实际值之间没有固定的关系（比值无界），因此不便于系统稳定性分析。另外，这种方案孤立地、分别地设计编码方案与控制器，而没有将编码方案设计与控制器设计很好地结合起来，这样就无法从整体上考虑系统的通信性能和控制性能。

对数量化方法是 Elia 和 Mitter 提出的一种量化方法[21]，如图 2-2 所示为对数量化器。量化器将 v 轴上的实际值量化为 u 轴上的量化值。量化器函数 f 满足：

$$f(v) = \begin{cases} u_i, & \dfrac{1}{1+\delta}u_i < v \leqslant \dfrac{1}{1-\delta}u_i, v > 0 \\ 0, & v = 0 \\ -f(-v), & v < 0 \end{cases}$$

这里 $u_{i-1} = \dfrac{1-\delta}{1+\delta}u_i$，$0 < \delta < 1$。采用对数量化器，量化误差 e_v 与实际值 v 的比值 δ_v 满足

$$||\delta_v|| = \left\|\frac{e_v}{v}\right\| = \left\|\frac{f(v)-v}{v}\right\| \leqslant \delta$$

但这种量化器的量化区域越接近原点，量化分割越密集，因此所需码率不是有限固定的。这意味着对数量化器在实际应用中将受到限制。

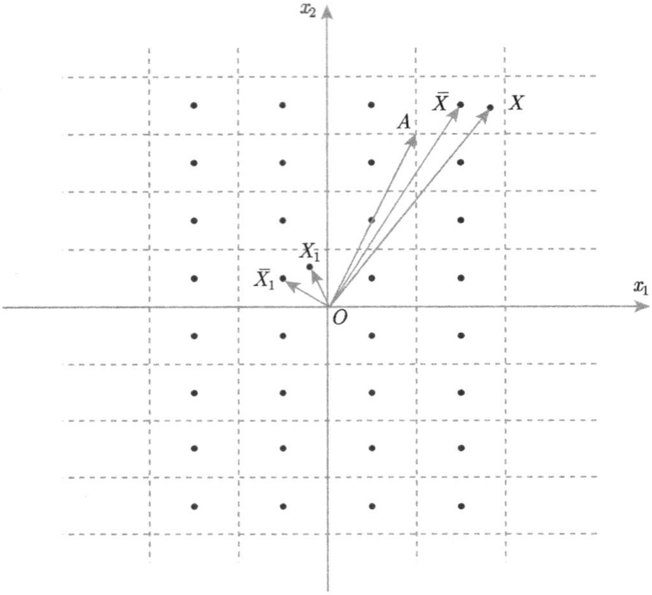

图 2-1　二维均匀量化器

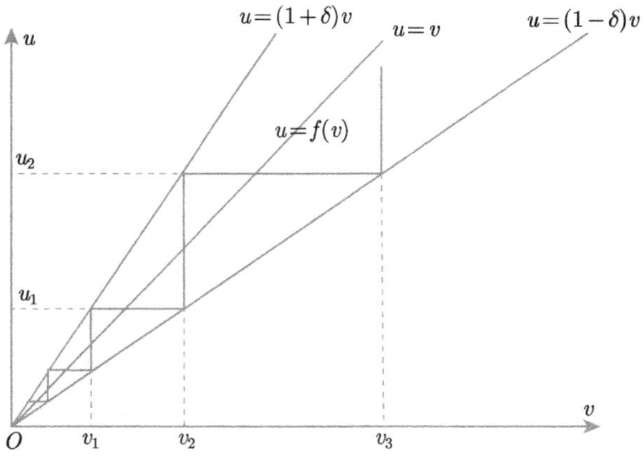

图 2-2　对数量化器

针对均匀量化方法与对数量化方法的上述不足，本书提出并应用基于球极坐标系的量化器（简称球极坐标量化器）解决量化控制系统分析与设计问题。球极坐标量化器首先将直角坐标系表示的系统状态转换为球极坐标系表示的形式，然后在球极坐标系中进行量化。下面具体介绍球极坐标量化器，并给出这种量化器的一个重要性质。

2.1 球极坐标量化器简介

对于笛卡儿坐标系中的向量 $\boldsymbol{X}=[x_1\quad x_2\quad \cdots\quad x_{d-1}\quad x_d]^{\mathrm{T}}\in\mathbb{R}^d$，利用坐标变换

$$
\begin{aligned}
x_1 &= r\cos\theta_1 \\
x_2 &= r\sin\theta_1\cos\theta_2 \\
&\ \ \vdots \\
x_{d-1} &= r\sin\theta_1\sin\theta_2\cdots\sin\theta_{d-2}\cos\theta_{d-1} \\
x_d &= r\sin\theta_1\sin\theta_2\cdots\sin\theta_{d-2}\sin\theta_{d-1}
\end{aligned}
$$

和

$$
\begin{aligned}
r &= \sqrt{(x_1)^2+(x_2)^2+\cdots+(x_d)^2} \\
\theta_1 &= \arccos\frac{x_1}{\sqrt{(x_1)^2+(x_2)^2+\cdots+(x_d)^2}} \\
\theta_2 &= \arccos\frac{x_2}{\sqrt{(x_2)^2+(x_3)^2+\cdots+(x_d)^2}} \\
&\ \ \vdots \\
\theta_{d-2} &= \arccos\frac{x_{d-2}}{\sqrt{(x_{d-2})^2+(x_{d-1})^2+(x_d)^2}} \\
\theta_{d-1} &= \begin{cases} \arccos\dfrac{x_{d-1}}{\sqrt{(x_{d-1})^2+(x_d)^2}}, & x_d\geqslant 0 \\ 2\pi-\arccos\dfrac{x_{d-1}}{\sqrt{(x_{d-1})^2+(x_d)^2}}, & x_d<0 \end{cases}
\end{aligned}
$$

可以将其转换为球极坐标表达形式：

$$
\begin{bmatrix} r \\ \theta_1 \\ \theta_2 \\ \vdots \\ \theta_{d-2} \\ \theta_{d-1} \end{bmatrix}\in\mathbb{B}^d:=\left\{\begin{bmatrix} r \\ \theta_1 \\ \theta_2 \\ \vdots \\ \theta_{d-2} \\ \theta_{d-1} \end{bmatrix}:0\leqslant r<\infty,0\leqslant\theta_1,\theta_2,\cdots,\theta_{d-2}\leqslant\pi,0\leqslant\theta_{d-1}\leqslant 2\pi\right\}
$$

我们先给出球极坐标量化器的抽象定义，然后给出具体解释。

定义 2.1 球极坐标量化器是一个四元组 (L, N, a, M)，其中，实数 $L > 0$ 表示支撑球的半径，正整数 $N \geqslant 2$ 表示比例同心球的数目，实数 $a > 0$ 表示比例系数，正整数 $M \geqslant 2$ 表示将角弧度 π 平均分割的数目。量化器按如下方法将支撑球

$$\Lambda = \left\{X \in \mathbb{R}^d : r < L\right\}$$

分割为 $2(N-1)M^{d-1}+1$ 个小的量化块。

（1）量化块集合 $\{X \in \mathbb{R}^d : \frac{L}{(1+2a)^{N-1-i}} \leqslant r < \frac{L}{(1+2a)^{N-2-i}}, j_k\frac{\pi}{M} \leqslant \theta_k \leqslant (j_k+1)\frac{\pi}{M}, k=1,2,\cdots,d-2, s\frac{\pi}{M} \leqslant \theta_{d-1} \leqslant (s+1)\frac{\pi}{M}\}$，由 $(i, j_1, j_2, \cdots, j_{d-2}, s)$ 索引，其中，$i = 0,1,2,\cdots,N-2$；$j_k = 0,1,2,\cdots,M-1$；$k = 1,2,3,\cdots,d-2$。$s = 0,1,2,\cdots,2M-1$。量化块的数目为 $(N-1)\cdot M^{d-2}\cdot 2M = 2(N-1)M^{d-1}$。

（2）量化块 $\{X \in \mathbb{R}^d : r < \frac{L}{(1+2a)^{N-1}}\}$。

图 2-3 所示为二维球极坐标量化器。

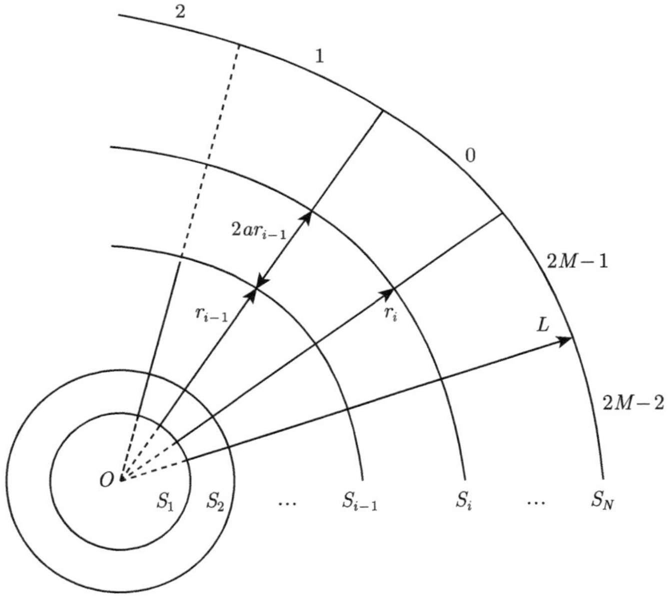

图 2-3 二维球极坐标量化器

我们现在解释定义 2.1 的分割方法，对支撑球 $\Lambda = \left\{X \in \mathbb{R}^d : r < L\right\}$ 按下面步骤分割成 $2(N-1)M^{d-1}+1$ 个小的量化块：

（1）先沿半径方向按比例分割支撑球。用 N 个同心球面 S_i $(i = 1,2,3,\cdots,$

N)，沿半径 r 方向分割支撑球，同心球面 S_i 的半径 r_i 满足 $r_i/r_{i-1}=1+2a$，即同心球半径成比例。最大球 S_N 的半径 $r_N=L$。

（2）再沿 $d-1$ 个角度方向均匀分割支撑球。将角弧度 π 分割成 M 等份，将角弧度 2π 分割成 $2M$ 等份。

（3）最里面包含原点的球 $S_1=\{X\in\mathbb{R}^d: r<\frac{L}{(1+2a)^{N-1}}\}$ 不再分割。

注意到 $0\leqslant\theta_1,\theta_2,\cdots,\theta_{d-2}\leqslant\pi$，$0\leqslant\theta_{d-1}\leqslant 2\pi$，这样支撑球 $\varLambda$ 被分割成 $2(N-1)M^{d-1}+1$ 个量化块。球极坐标量化器的参数 a、M 和 N 决定系统所需的信道码率，并影响系统稳定性。如何确定这些参数将在以后章节中具体介绍。

为获得球极坐标量化器的一个重要性质，下面我们定义编码映射和解码映射。对于量化器 (L,N,a,M)，$\varSigma$ 表示一个元素为 $2(N-1)M^{d-1}+1$ 的集合，每个元素代表一个量化块。$\varSigma$ 也被称为码书。

定义 2.2　映射

$$q:\varLambda\to\varSigma\ \text{取}$$

$$X\mapsto X\ \text{所在的量化块}\ \sigma$$

称为编码映射。对位于量化块边界上的点 X，可按约定好的规则将其映射为码书 $\varSigma$ 中的一个元素。

定义 2.3　满足下面条件的映射

$$h:\varSigma\to\mathbb{R}^d\ \text{取}$$

$$\sigma\mapsto X$$

称为解码映射。

如果 σ 表示索引为 $(i,j_1,j_2,j_3,\cdots,j_{d-2},s)$ 的量化块，其中，$i=0,1,2,\cdots,N-2$；$j_k=0,1,2,\cdots,M-1$；$k=1,2,3,\cdots,d-2$；$s=0,1,2,\cdots,2M-1$，则 h 将 σ 映射为 X，X 的球极坐标为

$$r=\frac{(1+a)}{(1+2a)^{N-1-i}}L;\ \theta_k=\left(j_k+\frac{1}{2}\right)\frac{\pi}{M},\ k=1,2,3,\cdots,d-2;\ \theta_{d-1}=\left(s+\frac{1}{2}\right)\frac{\pi}{M}$$

如果 σ 表示量化块 $\{X\in\mathbb{R}^d: r<\frac{L}{(1+2a)^{N-1}}\}$，则 h 将 σ 映射为 $0\in\mathbb{R}^d$。

2.2 球极坐标量化器的性质

现在给出球极坐标量化器的一个重要性质，利用这个性质可以简化系统稳定性的分析。先给出一个引理。

引理 2.1 $[r\ \ \theta_1\ \ \theta_2\ \ \cdots\ \ \theta_{d-2}\ \ \theta_{d-1}]^{\mathrm{T}}$ 和 $[\tilde{r}\ \ \tilde{\theta}_1\ \ \tilde{\theta}_2\ \ \cdots\ \ \tilde{\theta}_{d-2}\ \ \tilde{\theta}_{d-1}]^{\mathrm{T}}$ 分别表示 $X, Y\in\mathbb{R}^d$ 的球极坐标，则有

$$||Y-X||_2\leqslant|\tilde{r}-r|+r\sum_{k=1}^{d-1}|\tilde{\theta}_k-\theta_k|$$

这里 $\|\cdot\|_2$ 表示向量的 2 范数。

证明： 用 $d-1$ 个球极坐标

$$\begin{gathered}
[r\ \ \tilde{\theta}_1\ \ \tilde{\theta}_2\ \ \cdots\ \ \tilde{\theta}_{d-2}\ \ \tilde{\theta}_{d-1}]^{\mathrm{T}}\\
[r\ \ \theta_1\ \ \tilde{\theta}_2\ \ \cdots\ \ \tilde{\theta}_{d-2}\ \ \tilde{\theta}_{d-1}]^{\mathrm{T}}\\
\vdots\\
[r\ \ \theta_1\ \ \theta_2\ \ \cdots\ \ \theta_{d-2}\ \ \tilde{\theta}_{d-1}]^{\mathrm{T}}
\end{gathered}$$

分别表示 $d-1$ 个点 $Z_1,Z_2,\cdots,Z_{d-1}\in\mathbb{R}^d$，则有

$$||Y-X||_2\leqslant||Y-Z_1||_2+||Z_1-Z_2||_2+\cdots+||Z_{d-2}-Z_{d-1}||_2+||Z_{d-1}-X||_2$$

并且

$$\begin{aligned}
||Y-Z_1||_2&=|\tilde{r}-r|\sqrt{(\cos\tilde{\theta}_1)^2+\cdots+(\sin\tilde{\theta}_1\sin\tilde{\theta}_2\cdots\sin\tilde{\theta}_{d-2}\sin\tilde{\theta}_{d-1})^2}\\
&=|\tilde{r}-r|
\end{aligned}$$

为估计 $||Z_1-Z_2||_2$，考虑连接点 Z_1 和 Z_2 的弧 γ：

$$\gamma:\begin{cases}
x_1=r\cos\psi\\
x_2=r\sin\psi\cos\tilde{\theta}_2\\
\quad\vdots\\
x_{d-1}=r\sin\psi\sin\tilde{\theta}_2\cdots\sin\tilde{\theta}_{d-2}\cos\tilde{\theta}_{d-1}\\
x_d=r\sin\psi\sin\tilde{\theta}_2\cdots\sin\tilde{\theta}_{d-2}\sin\tilde{\theta}_{d-1}
\end{cases}$$

这里，参数 ψ 在 θ_1 和 $\tilde{\theta}_1$ 之间变化。显然

$$||Z_1-Z_2||_2\leqslant\operatorname{length}(\gamma)$$

进一步注意到

$$
\begin{cases}
\dfrac{\mathrm{d}x_1}{\mathrm{d}\psi} = -r\sin\psi \\
\dfrac{\mathrm{d}x_2}{\mathrm{d}\psi} = r\cos\psi\cos\tilde{\theta}_2 \\
\quad\vdots \\
\dfrac{\mathrm{d}x_{d-1}}{\mathrm{d}\psi} = r\cos\psi\sin\tilde{\theta}_2\cdots\sin\tilde{\theta}_{d-2}\cos\tilde{\theta}_{d-1} \\
\dfrac{\mathrm{d}x_d}{\mathrm{d}\psi} = r\cos\psi\sin\tilde{\theta}_2\cdots\sin\tilde{\theta}_{d-2}\sin\tilde{\theta}_{d-1}
\end{cases}
$$

则有

$$
\begin{aligned}
\text{length}(\gamma) &= \left|\int_{\theta_1}^{\tilde{\theta}_1}\sqrt{\left(\frac{\mathrm{d}x_1}{\mathrm{d}\psi}\right)^2+\left(\frac{\mathrm{d}x_2}{\mathrm{d}\psi}\right)^2+\cdots+\left(\frac{\mathrm{d}x_d}{\mathrm{d}\psi}\right)^2}\mathrm{d}\psi\right| \\
&= r\left|\int_{\theta_1}^{\tilde{\theta}_1} 1\mathrm{d}\psi\right| \\
&= r\left|\tilde{\theta}_1-\theta_1\right|
\end{aligned}
$$

因此有

$$||Z_1 - Z_2||_2 \leqslant r|\tilde{\theta}_1 - \theta_1|$$

类似地，得到其他的估计，这样就完成证明。

图 2-4 为引理 2.1 的图示。

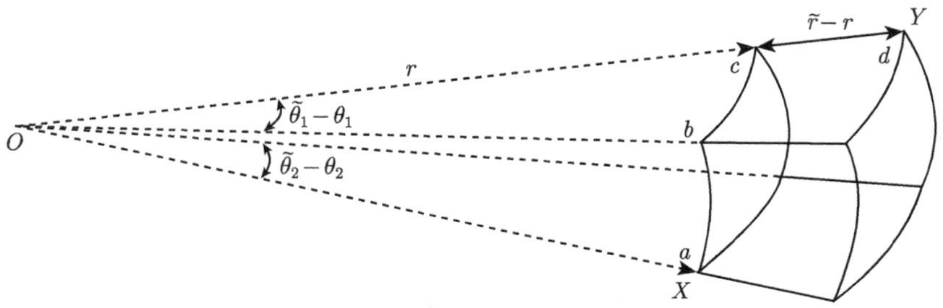

图 2-4 引理 2.1 的图示

定理 2.1 对于量化器 (L, N, a, M)、编码映射 q 和解码映射 h，任意

$$X \in \Lambda \setminus \left\{X \in \mathbb{R}^d : r < \frac{L}{(1+2a)^{N-1}}\right\}$$

的量化误差满足

$$||h(q(X)) - X||_2 \leqslant ||X||_2 \left\{ a + (d-1)\frac{\pi}{2m} \right\}$$

证明： 由于 $X \in \Lambda \setminus \{X \in \mathbb{R}^d : r < \frac{L}{(1+2a)^{N-1}}\}$，所以 X 位于由 $(i, j_1, j_2, \cdots, j_{d-2}, s)$ 索引的量化块内（见定义 2.1）。X 的球极坐标 $[r \;\; \theta_1 \;\; \theta_2 \;\; \cdots \;\; \theta_{d-2} \;\; \theta_{d-1}]^{\mathrm{T}}$ 满足

$$\frac{L}{(1+2a)^{N-1-i}} \leqslant r < \frac{L}{(1+2a)^{N-2-i}},$$
$$j_k \frac{\pi}{M} \leqslant \theta_k \leqslant (j_k + 1)\frac{\pi}{M}, \; k = 1, 2, 3, \cdots, d-2,$$
$$s\frac{\pi}{M} \leqslant \theta_{d-1} \leqslant (s+1)\frac{\pi}{M}$$

则 X 的量化值 $h(q(X))$ 为

$$\tilde{r} = \frac{(1+a)L}{(1+2a)^{N-1-i}},$$
$$\tilde{\theta}_k = \left(j_k + \frac{1}{2}\right)\frac{\pi}{M}, \; k = 1, 2, 3, \cdots, d-2,$$
$$\tilde{\theta}_{d-1} = \left(s + \frac{1}{2}\right)\frac{\pi}{M}$$

注意到 $r = ||X||_2$，由引理 2.1 可得

$$\begin{aligned} ||h(q(X)) - X||_2 &\leqslant \frac{aL}{(1+2a)^{N-1-i}} + r(d-1)\frac{1}{2}\frac{\pi}{M} \\ &\leqslant r\left\{ a + (d-1)\frac{\pi}{2M} \right\} \\ &= ||X||_2 \left\{ a + (d-1)\frac{\pi}{2M} \right\} \end{aligned}$$

注解 2.1 由定理 2.1，在 $\Lambda \setminus \{X \in \mathbb{R}^d : r < \frac{L}{(1+2a)^{N-1}}\}$ 中被量化的数据 X 和对应的量化误差 $h(q(X)) - X$ 之间的关系很自然地反映了一个直觉概念：当 $||X||_2$ 趋于 0 时，量化器的分辨率变得精细；反之，当 $||X||_2$ 远离 0 时，量化器的分辨率变得粗糙。

注解 2.2 为获得有限码率，包含原点的最小球 $S_1(k)$ 被看作一个量化块，不再被分割。

2.3 小结

本章针对目前文献中广泛采用的均匀量化器和对数量化器的不足，提出了基于球极坐标系的量化器；给出了编码/解码的具体方法，并建立了量化数据和量化误差之间的确定关系，利用这种关系可便于系统稳定性分析。这种量化器的优点体现在以下方面。

（1）使用球极坐标量化器，可以建立量化数据与量化误差之间的确定关系，便于系统稳定性分析，也便于确定保证系统稳定的编码器/解码器参数与控制器参数之间的约束条件。使用球极坐标量化器，可将编码方案设计与控制器设计结合起来，从整体上考虑系统的通信性能和控制性能以及两者之间的折中。而对于采用均匀量化方法的编码器/解码器，量化数据与量化误差之间的关系是不易建立的，采用均匀量化方法时将编码方案设计与控制器设计分开进行，从而无法从整体上考虑系统的通信性能和控制性能以及两者之间的折中。

（2）系统稳定性分析可以不采用其他文献常用的 Lyapunov 方法，而是利用量化数据与量化误差之间的关系，将系统的稳定性分析转化为一个正项级数的收敛性分析，从而使得稳定性分析简化（见第 3~5 章中的系统稳定性分析）。而在系统存在量化误差条件下，有时使用 Lyapunov 方法不仅导致系统稳定性分析复杂，而且导致编码器参数选取变得复杂[26]。

（3）求解保证系统稳定的球极坐标量化器参数与控制器参数之间约束条件的问题可转化为一组线性矩阵不等式的求解问题，这可利用已有的工具软件可靠地求解球极坐标量化器参数和控制器参数。

（4）球极坐标量化器使用有限且固定的码率，并只利用系统当前状态或输出信息，便于实际应用。

第 3 章　基于球极坐标编码方案的无噪声信道系统稳定性分析

在以下的三章里，本书将基于球极坐标系的编码方案（简称球极坐标编码方案）应用于三种不同条件下的控制系统，以验证这种编码方案在量化控制系统设计和稳定性分析方面的有效性。球极坐标编码方案是基于球极坐标量化器的编码方案，由基于球极坐标量化器的编码器（简称球极坐标编码器）和基于球极坐标量化器的解码器（简称球极坐标解码器）构成。我们所考虑的控制系统分别是：无噪声信道条件下的控制系统、擦除信道条件下的控制系统和无噪声信道条件下的时延控制系统。

基于球极坐标编码方案，本章考虑在码率受限的无噪声信道条件下控制系统的设计和稳定性分析。具体地说，任务是在码率受限的无噪声信道条件下设计球极坐标编码器、球极坐标解码器和控制器使得离散线性时不变系统渐进稳定。文献 [26] 已考虑过这个问题，他们将编码方案与控制器分开设计，因此不能得到系统控制性能与通信性能约束条件，而且他们采用 Lyapunov 方法使得系统稳定性分析变得复杂。而采用球极坐标编码方案，不仅使系统稳定性分析简化，而且可得到反映系统控制性能与通信性能之间折中关系的约束条件。

3.1 问题描述

考虑下面的离散线性时不变系统

$$X_{t+1} = \boldsymbol{A}X_t + \boldsymbol{B}U_t \tag{3-1}$$

这里 $X_t \in \mathbb{R}^d$ 和 $U_t \in \mathbb{R}^m$ 分别是系统状态和输入，$\boldsymbol{A}$ 和 $\boldsymbol{B}$ 是适当维数的矩阵，$\boldsymbol{A}$、$\boldsymbol{B}$ 是可控的。为了简单且不失一般性 [11]，假设初始状态在一个有界球内，即

$$||X_0||_2 < r_0 \tag{3-2}$$

其中，r_0 已知，$||\cdot||_2$ 表示向量的 2 范数。

反馈回路中的信道是无噪声信道，在每个采样时刻传送一个码字 $\sigma \in \Sigma$。即在每个采样时刻信道可无误差地传送 $R = \log|\Sigma|$ 位信息。这里 Σ 表示码字的集合，也被称为码书，$|\Sigma|$ 表示集合的势，log 表示以 2 为底的对数。我们考虑信道码率 R 有限的系统（见图 3-1）的稳定性问题。码率 R 可以像系统矩阵 $\boldsymbol{A}$ 和 $\boldsymbol{B}$ 一样事先知道，也可以是待设计的未知量，这取决于信道是事先给定还是待设计。本章考虑的问题是设计球极坐标编码器、解码器和控制器以保证系统渐进稳定。显然，球极坐标编码器、解码器和控制器的设计与码率 R 有关。

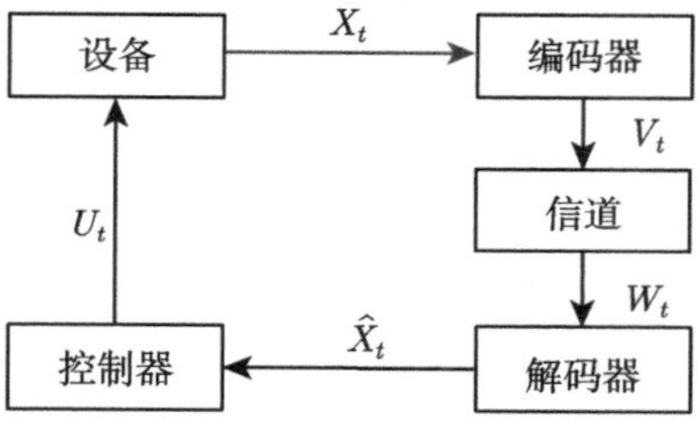

图 3-1　信道码率 R 有限的系统的结构

3.2 编码器/解码器设计及系统稳定性分析

本节将用球极坐标编码方案解决离散线性时不变系统的稳定性问题，给出球极坐标编码器/解码器的设计方法，并证明系统的渐进稳定性。

定义 3.1[11]　系统是渐进稳定的，如果存在编码器/解码器和控制器满足下列条件：

（1）稳定性：对于任意 $\varepsilon > 0$，存在 $\delta(\varepsilon)$，使得当 $||x_0||_2 \leqslant \delta(\varepsilon)$ 时，$||x_t||_2 \leqslant \varepsilon$，$\forall t \geqslant 0$。

（2）一致吸引性：对于任意 $\varepsilon > 0$，$\delta > 0$，存在 $T(\varepsilon, \delta)$，使得当 $||x_0||_2 \leqslant \delta$ 时，$||x_t||_2 \leqslant \varepsilon$，$\forall t \geqslant T$。

为获得主要结果，我们给出下面引理。

引理 3.1　如果 $\boldsymbol{R} \in \mathbb{R}^{d\times d}$ 满足 $\rho(\boldsymbol{R}) < 1$，则存在可逆矩阵 $\boldsymbol{P} \in \mathbb{R}^{d\times d}$ 使得

$$\delta(\boldsymbol{PRP}^{-1}) < 1$$

其中，$\rho(\boldsymbol{R}) := \max\{|\lambda| : \lambda \in \mathbb{C} \text{ 是 } \boldsymbol{R} \text{ 的特征值}\}$，$\delta(\boldsymbol{R})$ 表示矩阵 $\boldsymbol{R}$ 的最大奇异值。

证明：由 $\rho(\boldsymbol{R})<1$，即 $\boldsymbol{R}$ 稳定，一定存在一个正定对称矩阵 $\overline{\boldsymbol{P}}$ 使得

$$\boldsymbol{R}^{\mathrm{T}}\overline{\boldsymbol{P}}\boldsymbol{R}-\overline{\boldsymbol{P}}<0 \tag{3-3}$$

令 $\overline{\boldsymbol{P}}=\boldsymbol{P}^{\mathrm{T}}\boldsymbol{P}$。矩阵 $\overline{\boldsymbol{P}}$ 的对称正定性保证可逆矩阵 $\boldsymbol{P}$ 的存在性。由式 (3-3)，有

$$\boldsymbol{R}^{\mathrm{T}}\boldsymbol{P}^{\mathrm{T}}\boldsymbol{P}\boldsymbol{R}-\boldsymbol{P}^{\mathrm{T}}\boldsymbol{P}<0 \tag{3-4}$$

分别用 $\boldsymbol{P}^{-\mathrm{T}}$ 和它的转置左乘和右乘式 (3-4)，可得到

$$\boldsymbol{P}^{-\mathrm{T}}\boldsymbol{R}^{\mathrm{T}}\boldsymbol{P}^{\mathrm{T}}\boldsymbol{P}\boldsymbol{R}\boldsymbol{P}^{-1}<\boldsymbol{I}$$

这表明

$$\delta(\boldsymbol{P}\boldsymbol{R}\boldsymbol{P}^{-1})<1$$

下面我们给出控制器和编码器/解码器的设计方法。

第一步：求 $\boldsymbol{K}$ 和 $\boldsymbol{P}$，使得

$$\delta(\boldsymbol{P}^{-1}(\boldsymbol{A}+\boldsymbol{B}\boldsymbol{K})\boldsymbol{P})<1 \tag{3-5}$$

解的存在性由引理 3.1 和 $(\boldsymbol{A},\boldsymbol{B})$ 的可控性保证。

第二步：求 (a,M,N)，满足下面的不等式

$$\begin{cases}\delta(\boldsymbol{P}^{-1}\boldsymbol{B}\boldsymbol{K}\boldsymbol{P})\left\{a+(d-1)\dfrac{\pi}{2M}\right\}<1-\delta(\boldsymbol{P}^{-1}(\boldsymbol{A}+\boldsymbol{B}\boldsymbol{K})\boldsymbol{P})\\ \delta(\boldsymbol{P}^{-1}\boldsymbol{A}\boldsymbol{P})\dfrac{1}{(1+2a)^{N-1}}<1\end{cases} \tag{3-6}$$

式中，实数 $a>0$，正整数 $M\geqslant 2$，$N\geqslant 2$。解的存在性是显然的。取码书 $\varSigma$ 使得 $|\varSigma|=2(N-1)M^{d-1}+1$，令码率

$$\boldsymbol{R}=\lceil\log(2(N-1)M^{d-1}+1)\rceil \tag{3-7}$$

第三步：令

$$\eta:=\max\left\{\delta(\boldsymbol{P}^{-1}(\boldsymbol{A}+\boldsymbol{B}\boldsymbol{K})\boldsymbol{P})+\delta(\boldsymbol{P}^{-1}\boldsymbol{B}\boldsymbol{K}\boldsymbol{P})\left(a+(d-1)\frac{\pi}{2M}\right),\right.$$
$$\left.\delta(\boldsymbol{P}^{-1}\boldsymbol{A}\boldsymbol{P})\frac{1}{(1+2a)^{N-1}}\right\} \tag{3-8}$$

满足

$$\eta < 1 \tag{3-9}$$

由式 (3-6)，定义

$$L_0 = \delta(P^{-1}) \cdot r_0 \tag{3-10}$$

$$L_{t+1} = \eta \cdot L_t,\ t = 0, 1, 2, \cdots \tag{3-11}$$

构造码书为 Σ 的量化器 (L_t, N, a, M)、编码映射 q_t 和解码映射 $h_t, t = 0, 1, 2, \cdots$。

第四步：定义 t 时刻的编码器为

$$\begin{aligned} \mathcal{E}_t : \mathbb{R}^d &\to \Sigma \text{ 取} \\ X_t &\mapsto q_t(\boldsymbol{P}^{-1} X_t) \end{aligned} \tag{3-12}$$

t 时刻的解码器为

$$\begin{aligned} \mathcal{D}_t : \Sigma &\to \mathbb{R}^d \text{ 取} \\ \sigma_t &\mapsto \boldsymbol{P} h_t(\sigma_t),\ t = 0, 1, 2, \cdots \end{aligned} \tag{3-13}$$

定理 3.1　如果 $(\boldsymbol{A}, \boldsymbol{B})$ 是可控的，则由式 (3-5)、式 (3-7)、式 (3-12) 和式 (3-13) 定义的四元组 $(K, R, \{\mathcal{E}_t, t \geqslant 0\}, \{\mathcal{D}_t, t \geqslant 0\})$ 可使系统渐进稳定。

证明：令

$$Y_t = \boldsymbol{P}^{-1} X_t$$

则闭环系统等价于

$$Y_{t+1} = (\boldsymbol{P}^{-1}\boldsymbol{A}\boldsymbol{P})Y_t + (\boldsymbol{P}^{-1}\boldsymbol{B}\boldsymbol{K}\boldsymbol{P})[\boldsymbol{P}^{-1}\mathcal{D}_t(\mathcal{E}_t(\boldsymbol{P}Y_t))] \tag{3-14}$$

由式 (3-12) 和式 (3-13) 可得

$$\begin{aligned} \mathcal{E}_t(\boldsymbol{P}Y_t) &= q_t(\boldsymbol{P}^{-1}(\boldsymbol{P}Y_t)) \\ &= q_t(Y_t) \end{aligned}$$

和

$$\begin{aligned} \boldsymbol{P}^{-1}\mathcal{D}_t(\sigma_t) &= \boldsymbol{P}^{-1}(\boldsymbol{P}h_t(\sigma_t)) \\ &= h_t(\sigma_t) \end{aligned}$$

所以式 (3-14) 变为

$$Y_{t+1}=(\boldsymbol{P}^{-1}\boldsymbol{A}\boldsymbol{P})Y_t+(\boldsymbol{P}^{-1}\boldsymbol{B}\boldsymbol{K}\boldsymbol{P})h_t(q_t(Y_t)) \tag{3-15}$$

下面只需要证明系统式 (3-15) 是渐进稳定的。由式 (3-2) 和式 (3-10)，可得到

$$\begin{aligned}||Y_0||_2&=||\boldsymbol{P}^{-1}X_0||_2\\&\leqslant\delta(\boldsymbol{P}^{-1})||X_0||_2\\&\leqslant\delta(\boldsymbol{P}^{-1})\cdot r_0\\&=L_0\end{aligned} \tag{3-16}$$

证明可分成以下三部分。

（1）原点 $0\in\mathbb{R}^d$ 是平衡点。

令 $Y_0=0$，由式 (3-15) 有

$$\begin{aligned}Y_1&=(\boldsymbol{P}^{-1}\boldsymbol{A}\boldsymbol{P})0+(\boldsymbol{P}^{-1}\boldsymbol{B}\boldsymbol{K}\boldsymbol{P})h_0(q_0(0))\\&=(\boldsymbol{P}^{-1}\boldsymbol{B}\boldsymbol{K}\boldsymbol{P})h_0(q_0(0))\end{aligned}$$

由于 $\sigma_0=q_0(0)$ 代表量化器 (L_0,N,a,M) 的量化块

$$\left\{Y\in\mathbb{R}^d:r<\frac{L_0}{(1+2a)^{N-1}}\right\}$$

因此由定义 2.3 有 $h_0(q_0(0))=0$，这样 $Y_1=0$。继续这一过程，则 $Y_t=0$，$t=1,2,3,\cdots$。

（2）对初始值 Y_0，系统轨迹一致收敛到原点。只要证明

$$Y_t\in\varLambda_t:=\{Y_t\in R^d:||Y_t||_2<L_t\} \tag{3-17}$$

$t=0,1,2,3,\cdots$。由式 (3-9) 和式 (3-11)，这蕴含结论成立。用数学归纳法来证明。首先，当 $t=0$ 时，式 (3-16) 蕴含式 (3-17)。其次，假设式 (3-17) 成立，需要证明

$$||Y_{t+1}||_2<L_{t+1} \tag{3-18}$$

如果 $Y_t\in\varLambda_t\setminus\left\{Y_t\in\mathbb{R}^d:||Y_t||_2<\frac{L_t}{(1+2a)^{N-1}}\right\}$，那么由定理 2.1 有

$$||h(q(Y_t))-Y_t||_2\leqslant||Y_t||_2\left\{a+(d-1)\frac{\pi}{2m}\right\}$$

所以由式 (3-15) 有

$$\begin{aligned}||Y_{t+1}||_2 &= ||(\boldsymbol{P}^{-1}\boldsymbol{AP})Y_t + (\boldsymbol{P}^{-1}\boldsymbol{BKP})h_t(q_t(Y_t))||_2 \\ &= ||(\boldsymbol{P}^{-1}(\boldsymbol{A}+\boldsymbol{BK})\boldsymbol{P})Y_t + (\boldsymbol{P}^{-1}\boldsymbol{BKP})\{h_t(q_t(Y_t)) - Y_t\}||_2 \\ &\leqslant ||(\boldsymbol{P}^{-1}(\boldsymbol{A}+\boldsymbol{BK})\boldsymbol{P})Y_t||_2 + ||(\boldsymbol{P}^{-1}\boldsymbol{BKP})\{h_t(q_t(Y_t)) - Y_t\}||_2 \\ &\leqslant \left\{\delta(\boldsymbol{P}^{-1}(\boldsymbol{A}+\boldsymbol{BK})\boldsymbol{P}) + \delta(\boldsymbol{P}^{-1}\boldsymbol{BKP})\left\{a+(d-1)\frac{\pi}{2m}\right\}\right\}L_t\end{aligned} \tag{3-19}$$

另外，如果 $Y_t \in \{Y_t \in \mathbb{R}^d : ||Y_t||_2 < \frac{L_t}{(1+2a)^{N-1}}\}$，则由式 (3-15)、定义 2.2 和定义 2.3，有

$$\begin{aligned}||Y_{t+1}||_2 &= ||(\boldsymbol{P}^{-1}\boldsymbol{AP})Y_t + (\boldsymbol{P}^{-1}\boldsymbol{BKP})h_t(q_t(Y_t))||_2 \\ &= ||(\boldsymbol{P}^{-1}\boldsymbol{AP})Y_t||_2 \\ &\leqslant \delta(\boldsymbol{P}^{-1}\boldsymbol{AP})\frac{L_t}{(1+2a)^{N-1}}\end{aligned} \tag{3-20}$$

结合式 (3-8)、式 (3-19) 和式 (3-20)，可得式 (3-18)。

（3）平衡点 $0 \in \mathbb{R}^d$ 是稳定的。

任给一实数 $\epsilon > 0$，由式 (3-9) 和式 (3-11)，取正整数 $T(\epsilon)$ 使得

$$L_{T(\epsilon)} < \epsilon \tag{3-21}$$

设定

$$\delta_0(\epsilon) = \begin{cases} \dfrac{1}{2}\cdot\dfrac{1}{(\delta(\boldsymbol{P}^{-1}\boldsymbol{AP}))^{L_{T(\epsilon)}}}\cdot\dfrac{L_{T(\epsilon)}}{(1+2a)^{N-1}}, & \delta(\boldsymbol{P}^{-1}\boldsymbol{AP}) > 1 \\ \dfrac{1}{2}\cdot\dfrac{L_{T(\epsilon)}}{(1+2a)^{N-1}}, & \delta(\boldsymbol{P}^{-1}\boldsymbol{AP}) \leqslant 1\end{cases} \tag{3-22}$$

取

$$\delta(\epsilon) = \min\left\{\frac{L_0}{(1+2a)^{N-1}}, \delta_0(\epsilon)\right\} \tag{3-23}$$

令

$$||Y_0||_2 < \delta(\epsilon) \tag{3-24}$$

需要证明

$$||Y_t||_2 < \epsilon,\ t = 0,1,2,3,\cdots \tag{3-25}$$

首先，对 $t=0$，式 (3-25) 显然成立，容易看出反馈控制项

$$h_t(q_t(Y_t))=0,\ t=0,1,2,\cdots,T(\epsilon)-1$$

所以有

$$Y_{t+1}=(\boldsymbol{P}^{-1}\boldsymbol{A}\boldsymbol{P})^{t+1}Y_0$$

再由式 (3-21)～式 (3-24)，进一步有

$$\begin{aligned}||Y_{t+1}||_2 &\leqslant (\delta(\boldsymbol{P}^{-1}\boldsymbol{A}\boldsymbol{P}))^{t+1}||Y_0||_2\\ &\leqslant \frac{1}{2}\cdot\frac{L_{T(\epsilon)}}{(1+2a)^{N-1}}\end{aligned}$$

这表明

$$||Y_{t+1}||_2<\epsilon,\ t=0,1,2,\cdots,T(\epsilon)-1$$

和

$$||Y_{T(\epsilon)}||_2<L_{T(\epsilon)} \tag{3-26}$$

最后，式 (3-21) 和式 (3-26) 表明

$$||Y_{t+1}||_2<\epsilon,\ t=T(\epsilon),T(\epsilon)+1,T(\epsilon)+2,T(\epsilon)+3,\cdots$$

这样就完成了证明。

注解 3.1 由于编码方案的设计可保证系统状态 $||Y_t||_2<L_t, t=1,2,3,\cdots$，又由式 (3-9) 和式 (3-11) 知，$L_t$ 可收敛到 0，所以系统状态一定趋于原点。这样在式 (3-11) 中，η 刻画了系统的收敛速率，η 中的变量 M、N、a（量化器参数）决定信道码率，如式 (3-8) 和式 (3-7) 所示。当 M、N 取大数值（对应大码率）时，系统的收敛速率变快，反之则变慢，从而式 (3-9) 体现了系统通信性能与控制性能之间的折中关系。

注解 3.2 本章的工作和已有关于动态量化研究的文献不同。在文献 [26] 中，采用均匀量化器并使用 Lyapunov 函数方法分析系统的稳定性；在文献 [20] 中，均匀量化器采用三种工作模式 (Zoom-out、Zoom-in/Measurement、Zoom-in/Escape Detection) 获得输入—状态稳定。这些量化器没有具体参数化，因此它们不能给出收敛速率与信道码率的约束关系。本章中，基于球极坐标系的量化器是一种参数化的量化器，明确地给出了收敛速率 η 与信道码率 R 的约束关系，该约束关系体现了系统控制性能与通信性能之间的折中。

给定矩阵 $(\boldsymbol{A},\boldsymbol{B})$，定义下面三个集合

$$\mathcal{K} := \{\boldsymbol{K} : \rho(\boldsymbol{A}+\boldsymbol{B}\boldsymbol{K}) < 1\} \tag{3-27}$$

$$\mathcal{L} := \left\{(\boldsymbol{K},\boldsymbol{P}) : \boldsymbol{P}\ \text{是可逆的，且}\ \delta(\boldsymbol{P}^{-1}(\boldsymbol{A}+\boldsymbol{B}\boldsymbol{K})\boldsymbol{P}) < 1\right\} \tag{3-28}$$

$$\mathcal{M} := \left\{(\boldsymbol{W},\boldsymbol{Q}) : \begin{bmatrix} -\boldsymbol{Q} & \boldsymbol{Q}\boldsymbol{A}^{\mathrm{T}}+\boldsymbol{W}^{\mathrm{T}}\boldsymbol{B}^{\mathrm{T}} \\ \boldsymbol{A}\boldsymbol{Q}+\boldsymbol{B}\boldsymbol{W} & -\boldsymbol{Q} \end{bmatrix} < 0\right\} \tag{3-29}$$

定理 3.2　如果 $(\boldsymbol{A},\boldsymbol{B})$ 是可控的，则下列结论成立：

（1）集合 $\mathcal{K}$、$\mathcal{L}$ 和 $\mathcal{M}$ 非空；

（2）$\mathcal{K} = \left\{\boldsymbol{K} : \text{存在}\ \boldsymbol{P}\ \text{使得}\ (\boldsymbol{K},\boldsymbol{P}) \in \mathcal{L}\right\}$；

（3）$\mathcal{M} = \left\{(\boldsymbol{K}\boldsymbol{P}\boldsymbol{P}^{\mathrm{T}},\boldsymbol{P}\boldsymbol{P}^{\mathrm{T}}) : (\boldsymbol{K},\boldsymbol{P}) \in \mathcal{L}\right\}$。

证明：（1）由于 $(\boldsymbol{A},\boldsymbol{B})$ 是可控的，由极点配置定理（见文献 [85]）可得，$\mathcal{K}$ 是非空的。这样由结论（2）和结论（3）可得，$\mathcal{L}$ 和 $\mathcal{M}$ 是非空的。

（2）由引理 3.1 可得

$$\mathcal{K} \subseteq \{\boldsymbol{K} : \exists \boldsymbol{P},\ (\boldsymbol{K},\boldsymbol{P}) \in \mathcal{L}\}$$

反之，由于

$$\delta(\boldsymbol{P}^{-1}(\boldsymbol{A}+\boldsymbol{B}\boldsymbol{K})\boldsymbol{P}) \geqslant \rho(\boldsymbol{P}^{-1}(\boldsymbol{A}+\boldsymbol{B}\boldsymbol{K})\boldsymbol{P})$$

和

$$\rho(\boldsymbol{P}^{-1}(\boldsymbol{A}+\boldsymbol{B}\boldsymbol{K})\boldsymbol{P}) = \rho(\boldsymbol{A}+\boldsymbol{B}\boldsymbol{K})$$

有

$$\mathcal{K} \supseteq \{\boldsymbol{K} : \exists \boldsymbol{P},\ (\boldsymbol{K},\boldsymbol{P}) \in \mathcal{L}\}$$

（3）这可由下面的等价关系得到：

$$\delta(\boldsymbol{P}^{-1}(\boldsymbol{A}+\boldsymbol{B}\boldsymbol{K})\boldsymbol{P}) < 1$$

$$\Updownarrow$$

$$(\boldsymbol{P}^{-1}(\boldsymbol{A}+\boldsymbol{B}\boldsymbol{K})\boldsymbol{P})(\boldsymbol{P}^{-1}(\boldsymbol{A}+\boldsymbol{B}\boldsymbol{K})\boldsymbol{P})^{\mathrm{T}} < \boldsymbol{I}$$

$$\Updownarrow$$

$$(\boldsymbol{A}+\boldsymbol{BK})\boldsymbol{PP}^{\mathrm{T}}(\boldsymbol{A}+\boldsymbol{BK})^{\mathrm{T}}-\boldsymbol{PP}^{\mathrm{T}}<0$$

$$\Updownarrow$$

$$\begin{bmatrix} -\boldsymbol{I} & \boldsymbol{P}^{\mathrm{T}}(\boldsymbol{A}+\boldsymbol{BK})^{\mathrm{T}} \\ (\boldsymbol{A}+\boldsymbol{BK})\boldsymbol{P} & -\boldsymbol{PP}^{\mathrm{T}} \end{bmatrix}<0$$

$$\Updownarrow$$

$$\begin{bmatrix} -\boldsymbol{PP}^{\mathrm{T}} & \boldsymbol{PP}^{\mathrm{T}}(\boldsymbol{A}+\boldsymbol{BK})^{\mathrm{T}} \\ (\boldsymbol{A}+\boldsymbol{BK})\boldsymbol{PP}^{\mathrm{T}} & -\boldsymbol{PP}^{\mathrm{T}} \end{bmatrix}<0$$

关于 $(\boldsymbol{W},\boldsymbol{Q})$ 的线性矩阵不等式

$$\begin{bmatrix} -\boldsymbol{Q} & \boldsymbol{QA}^{\mathrm{T}}+\boldsymbol{W}^{\mathrm{T}}\boldsymbol{B}^{\mathrm{T}} \\ \boldsymbol{AQ}+\boldsymbol{BW} & -\boldsymbol{Q} \end{bmatrix}<0 \tag{3-30}$$

有可靠的数值解法，因此定理 3.2 实际上给出第一步中的不等式 (3-5) 的解法。对于 $\boldsymbol{Q}>0$，$\boldsymbol{Q}^{-1}$ 也有可靠的数值解法，这样所给的设计方法是数值可行的。

注解 3.3 Liberzon 在文献 [26] 中指出，只要线性系统是能控的，就可以采用 Lyapunov 函数方法设计均匀量化器保证系统稳定。而定理 3.2 表明球极坐标量化器的存在性不依赖控制器的选择，即只要系统能控，则一定存在球极坐标量化器使得系统稳定。因此，采用球极坐标量化器和采用 Lyapunov 函数方法设计的均匀量化器在保证系统稳定性方面是等价的。也就是说，如果采用球极坐标量化器使系统稳定，则一定可以采用 Lyapunov 函数方法设计均匀量化器使系统稳定，反之亦然。

3.3 仿真

取

$$\boldsymbol{A}=\begin{bmatrix} 3 & 0 & 0 & 0 \\ 0 & 1 & 0 & 0 \\ 0 & 0 & 2 & 1 \\ 0 & 0 & 0 & 2 \end{bmatrix},\ \boldsymbol{B}=\begin{bmatrix} 1 & 1 \\ 2 & 3 \\ 2 & 1 \\ 1 & 3 \end{bmatrix}$$

$\boldsymbol{A}$ 有不稳定特征值 3、1、2、2，且 $(\boldsymbol{A},\boldsymbol{B})$ 是可控的。

（1）求矩阵不等式 (3-30)，得到 $(\boldsymbol{W},\boldsymbol{Q})\in\mathcal{M}$ 为

$$\boldsymbol{W}=\begin{bmatrix} -11.2119 & -19.7421 & -69.6383 & 29.0612 \\ 3.7837 & -11.1768 & 42.4123 & -29.1295 \end{bmatrix}$$

$$\boldsymbol{Q}=\begin{bmatrix} 2.4551 & 10.7185 & 9.2488 & -0.0794 \\ 10.7185 & 84.2556 & 11.2865 & 28.6383 \\ 9.2488 & 11.2865 & 66.1789 & -30.3233 \\ -0.0794 & 28.6383 & -30.3233 & 29.5901 \end{bmatrix}$$

（2）由定理 3.2，可得 $(\boldsymbol{K},\boldsymbol{P})\in\mathcal{L}$，有

$$\boldsymbol{K}=\boldsymbol{W}\boldsymbol{Q}^{-1}=\begin{bmatrix} -12.0773 & 0.0514 & 1.9591 & 2.9076 \\ 6.5872 & 0.1331 & -1.5164 & -2.6495 \end{bmatrix}$$

$$\boldsymbol{P}=\begin{bmatrix} 0.2393 & 0.0596 & 1.5473 & -0.0146 \\ 0 & 3.0826 & 6.8583 & 5.2647 \\ 0 & 0 & 5.9249 & -5.5745 \\ 0 & 0 & 0 & 5.4397 \end{bmatrix}$$

其中，$\boldsymbol{P}$ 利用 Cholesky 分解 $\boldsymbol{Q}=\boldsymbol{P}\boldsymbol{P}^{\mathrm{T}}$ 得到。

（3）注意到 $\rho(\boldsymbol{A}+\boldsymbol{B}\boldsymbol{K})=0.2261<1$。尽管 $\boldsymbol{A}+\boldsymbol{B}\boldsymbol{K}$ 是 Schur 稳定的，它的最大奇异值，即谱范数为

$$\delta(\boldsymbol{A}+\boldsymbol{B}\boldsymbol{K})=20.9156>1$$

然而，有

$$\delta(\boldsymbol{P}^{-1}(\boldsymbol{A}+\boldsymbol{B}\boldsymbol{K})\boldsymbol{P})=0.5304<1$$

（4）注意到 $\delta(\boldsymbol{P}^{-1}\boldsymbol{B}\boldsymbol{K}\boldsymbol{P})=9.3098$，$\delta(\boldsymbol{P}^{-1}\boldsymbol{A}\boldsymbol{P})=9.3078$。这样可取量化器的一组参数 $N=65$，$a=0.018$，$M=175$ 和 $\eta=0.95$ 满足式 (3-6) 和式 (3-8)。最后由式 (3-7)，得到码率 $R=30$。

（5）系统的状态响应 $\boldsymbol{X}_t$ 如图 3-2 所示。初始状态 $\boldsymbol{X}_0=[0.1,-0.2,0.3,-0.1]^{\mathrm{T}}$，$r_0=0.5>||\boldsymbol{X}_0||_2$，$L_0=\delta(\boldsymbol{P}^{-1})\cdot r_0=2.2017$。

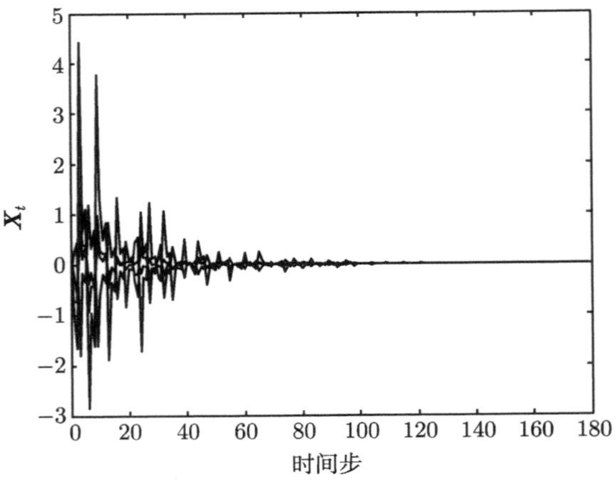

图 3-2　系统状态 $\boldsymbol{X}_t$ 的响应

（6）定义

$$g(t):=\begin{cases}1, & \dfrac{L_t}{(1+2a)^{N-1}}<||\boldsymbol{Y}_t||_2\leqslant L_t\\ -1, & ||\boldsymbol{Y}_t||_2\leqslant \dfrac{L_t}{(1+2a)^{N-1}}\end{cases}$$

这里 $\boldsymbol{Y}_t=\boldsymbol{P}^{-1}\boldsymbol{X}_t$ 是系统式 (3-14) 的状态。函数 $g(t)$ 表示 $\boldsymbol{Y}_t$ 落入支撑球的哪个区域。图 3-3 显示状态 $\boldsymbol{Y}_t$ 在区域 $\left\{\boldsymbol{Y}:\frac{L_t}{(1+2a)^{N-1}}<||\boldsymbol{Y}||_2\leqslant L_t\right\}$ 和 $\left\{\boldsymbol{Y}:||\boldsymbol{Y}||_2\leqslant\frac{L_t}{(1+2a)^{N-1}}\right\}$ 之间频繁切换。尽管 $\boldsymbol{Y}_t$ 频繁地出入区域 $\left\{Y:||Y||_2\leqslant\frac{L_t}{(1+2a)^{N-1}}\right\}$，但由于 $||\boldsymbol{Y}_t||_2\leqslant L_t$ 并且 $L_t\to 0$，因此 $\boldsymbol{Y}_t$ 是收敛的，如图 3-4 所示。

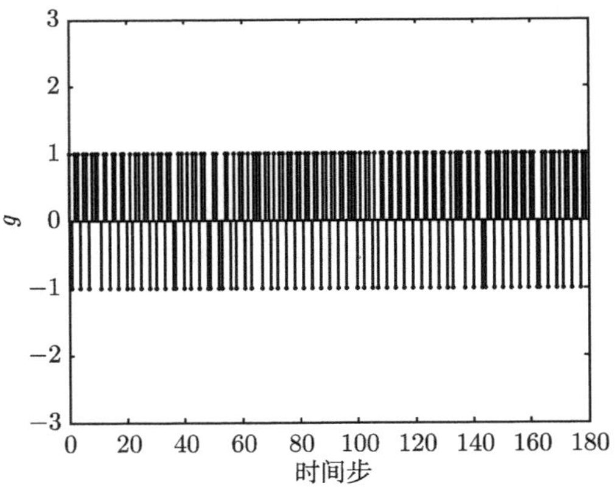

图 3-3　系统式 (3-14) 的状态 $\boldsymbol{Y}_t$ 所处的区域

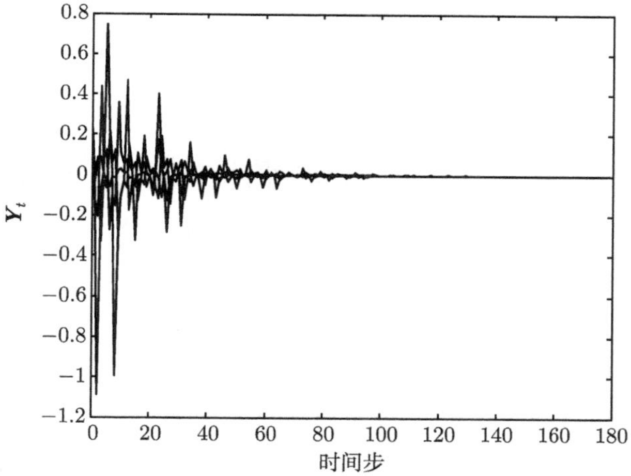

图 3-4　系统式 (3-14) 的状态 $\boldsymbol{Y}_t$ 的响应

3.4 小结

本章基于所提出的球极坐标量化器，给出保证离散线性时不变系统渐进稳定的球极坐标编码器、解码器和控制器设计的具体方法。这可通过求解若干不等式来实现。这些不等式有可靠的数值解法。不等式中包含控制器增益矩阵、信道码率及编码器、解码器的参数，反映了系统控制性能与通信性能之间的折中关系。

第 4 章　基于球极坐标编码方案的噪声信道系统稳定性分析

本章考虑在反馈回路包括有限码率的噪声信道条件下离散线性时不变系统的稳定性问题。噪声信道位于传感器和控制器之间。本章的任务是在此条件下设计球极坐标编码器、解码器和控制器分别使得系统平均渐进稳定和几乎处处渐进稳定。

近年来，量化反馈控制领域已取得很大进展，如文献 [11-12, 47, 51, 73, 86] 考虑系统可稳性问题和可观性问题，文献 [44, 63, 87-91] 考虑系统控制性能与通信性能之间的折中，文献 [5, 19-20, 23, 25-26, 28, 55, 65, 67, 92] 考虑保证性能的编码方案设计。在确定信道条件下，保证量化反馈控制系统的可稳性和可观性条件已被广泛研究[11-12,47,73]。在噪声信道条件下，相应的条件也已经被研究。例如，采用香农信道容量的概念，文献 [51] 给出了噪声信道条件下几乎处处渐进稳定性和可观性的必要条件：$C^{\mathrm{cap}} \geqslant \sum_{\lambda(\boldsymbol{A})} \max\{0, \log|\lambda(\boldsymbol{A})|\}$。这里 $\lambda(\boldsymbol{A})$ 表示系统矩阵 $\boldsymbol{A}$ 的特征值，C^{cap} 定义为 $\liminf_{T\to\infty} \frac{1}{T} C_T^{\mathrm{cap}}$，$C_T^{\mathrm{cap}}$ 是时长为 T 的香农容量。为保证有界矩意义下的稳定性，文献 [86] 引入任意时间容量（Anytime Capacity）的概念，并给出矩稳定性的充分必要条件。有关噪声信道的其他方面的工作，参见文献 [33, 55, 91, 93-96]。

这些条件都基于一个假设：编码器可以使用系统状态和控制输入的过去和当前信息。在实际应用中，编码器获得控制输入信号将导致成本太高且使用不方便。因此，我们更需要编码器不使用控制输入的编码方案。然而，文献 [11] 指出在编码器不使用控制输入的条件下，获得可稳性和可观性的最小信道码率是很困难的，因为对这种编码器来说，控制输入对系统状态的影响不能从观测值中分离出来，文献 [11] 称为第二类编码器（Encoder Class Two）。结果就是，所需的信道码率将依赖由被控对象和控制器构成的闭环系统的动态，而不仅仅依赖被控对象的动态。这样，在寻找保证具有噪声信道的系统稳定的最小信道码率之前，需要研究不使用控制输入的编码方案。

本章利用球极坐标量化器设计编码方案保证具有噪声信道的离散线性时不

变系统平均渐进稳定和几乎处处渐进稳定。球极坐标量化器利用从直角坐标系到球极坐标系的非线性变换，对系统状态的球极坐标进行量化。编码器/解码器基于系统状态的球极坐标系。

4.1 问题描述

考虑下面的离散线性时不变系统

$$x(k+1) = \boldsymbol{A}x(k) + \boldsymbol{B}u(k) \tag{4-1}$$

式中，$x(k) \in \mathbb{R}^d$ 和 $u(k) \in \mathbb{R}^m$ 分别是系统状态和输入，$\boldsymbol{A}$ 和 $\boldsymbol{B}$ 是适当维数的系统矩阵。不失一般性，假设 $\boldsymbol{A}$ 是不稳定的。与文献 [11] 一样，我们也假设初始状态 $x(0)$ 在一个有界区域内，即

$$||x(0)||_2 \leqslant \bar{r} \tag{4-2}$$

$\bar{r}$ 对编码器和解码器都是已知的。编码器对状态量 $x(k)$ 编码，然后通过擦除信道发送到解码器。擦除信道的擦除概率为 p。如文献 [95] 一样，假设解码器可反馈给编码器一个确认信号，以确认信道中擦除是否发生，因此编码器知道解码器收到什么信息。系统结构如图 4-1 所示。

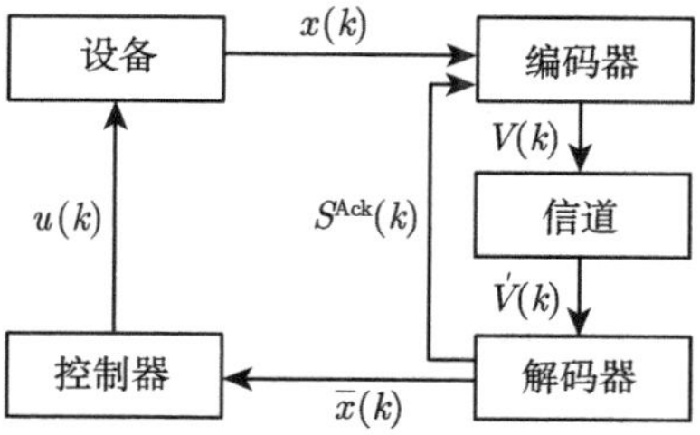

图 4-1　系统结构

用 $S^{\rm Ack}(k) \in \{0,1\}$ 表示在 k 时刻的确认信号，它由解码器发送，由编码器接收。进一步，定义随机变量

$$S^{\rm Ack}(k) = \begin{cases} 0, & \text{在 } k \text{ 时刻无擦除发生} \\ 1, & \text{在 } k \text{ 时刻有擦除发生} \end{cases}$$

$S^{\mathrm{Ack}}(k)$ $(k=0,1,2,3,\cdots)$ 是独立同分布的，其分布为：$P_r(S^{\mathrm{Ack}}(k)=0)=1-p$，$P_r(S^{\mathrm{Ack}}(k)=1)=p$。

（1）编码器：k 时刻的编码器是一个从 $(x(k),S^{\mathrm{Ack}}(k-1))$ 到 $V(k)\in\Sigma$ 的映射 $\mathcal{E}_k$，即

$$V(k)=\mathcal{E}_k(x(k),S^{\mathrm{Ack}}(k-1)) \tag{4-3}$$

Σ 是码字的集合（码书）。注意：编码器不能获得控制输入。

（2）擦除信道：编码器在信道发送端发送 $V(k)$，受噪声等影响，在接收端变为 $\acute{V}(k)$，被解码器接收。擦除信道是无记忆的，并且满足概率条件 $P_r(\acute{V}(k)=V(k))=1-p$，$P_r(\acute{V}(k)=e)=p$。这里 e 是擦除符号，表示擦除发生。

（3）解码器：k 时刻的解码器是一个从 $(\acute{V}(k),S^{\mathrm{Ack}}(k-1))$ 到 $\bar{x}(k)$ 的映射 $\mathcal{D}_k$。其中 $\bar{x}(k)$ 是 $x(k)$ 的估计，即

$$\bar{x}(k)=\mathcal{D}_k(\acute{V}(k),S^{\mathrm{Ack}}(k-1))\in\mathbb{R}^d \tag{4-4}$$

（4）控制器：控制器 $\mathcal{K}$ 是一个从 $\bar{x}(k)$ 到 $u(k)\in\mathbb{R}^m$ 的映射，即

$$u(k)=\mathcal{K}(\bar{x}(k))\in\mathbb{R}^m \tag{4-5}$$

为简单起见，我们采用状态反馈控制器 $u(k)=\boldsymbol{K}\bar{x}(k)$，反馈增益矩阵为 $\boldsymbol{K}$。

定义 4.1 具有噪声信道的系统式 (4-1) 是平均渐进稳定的，如果存在编码器、解码器和控制器使得对于由式 (4-1)、式 (4-3)～式 (4-5) 构成的闭环系统，原点 $0\in\mathbb{R}^d$ 是平衡点，且 $E(||x_k||_2)\to 0$，$k\to\infty$。其中，$E(\cdot)$ 表示数学期望。

定义 4.2 具有噪声信道的系统式 (4-1) 是几乎处处渐进稳定的，如果存在编码器、解码器和控制器使得对于由式 (4-1)、式 (4-3)～式 (4-5) 构成的闭环系统，原点 $0\in\mathbb{R}^d$ 是平衡点，且当 $k\to\infty$，$||x_k||_2$ 几乎处处趋于 0。

在编码方案不使用控制信号的条件下，我们考虑的问题如下。

问题 4.1 给定具有噪声信道的系统式 (4-1)，设计状态反馈矩阵 $\boldsymbol{K}$、球极坐标编码器 $\{\mathcal{E}_k,k\geqslant 0\}$ 和球极坐标解码器 $\{\mathcal{D}_k,k\geqslant 0\}$ 使得系统式 (4-1) 是平均渐进稳定的。

问题 4.2 给定具有噪声信道的系统式 (4-1)，设计状态反馈矩阵 $\boldsymbol{K}$、球极坐标编码器 $\{\mathcal{E}_k,k\geqslant 0\}$ 和球极坐标解码器 $\{\mathcal{D}_k,k\geqslant 0\}$ 使得系统式 (4-1) 是几乎处处渐进稳定的。

4.2 球极坐标编码/解码方案

1. 编码

在 k 时刻，根据所收到的确认信号 $S^{\mathrm{Ack}}(k-1)$ 和系统的演化行为 [见式 (4-9)]，编码器 $\mathcal{E}_k$ 更新量化器 (L_k, N, a, M) 的参数 L_k。它为支撑球 Λ_k 中的 $2(N-1)M^{d-1}+1$ 量化块编号，将 $x(k)$ 编码为 $V(k)$，即 $x(k)$ 所在量化块的编号。位于几个量化块交界上的点按预定好的规则指定为其中一个量化块的编号。

2. 解码

如果信道没有擦除发生，即 $\acute{V}(k)=V(k)$，解码器反馈给编码器确认信号 $S^{\mathrm{Ack}}(k)=0$。同时，如果 $\acute{V}(k)$ 代表由 $(i, j_1, j_2, \cdots, j_{d-2}, s)$ 索引的量化块，解码器将 $\bar{x}(k)$ 指定为球极坐标

$$r=\frac{(1+a)}{(1+2a)^{N-1-i}}L;\ \theta_n=\left(j_n+\frac{1}{2}\right)\frac{\pi}{M},\ n=1,2,3,\cdots;d-2;\ \theta_{d-1}=\left(s+\frac{1}{2}\right)\frac{\pi}{M}$$

如果 $\acute{V}(k)$ 代表量化块 $S_1(k)$，则令 $\bar{x}(k)=0$。

如果信道有擦除发生，即 $\acute{V}(k)=e$，解码器反馈给编码器确认信号 $S^{\mathrm{Ack}}(k))=1$，并且令 $\bar{x}(k)=0$。

这样如果 $\acute{V}(k)$ 代表量化块 $S_1(k)$ 或在 k 时刻擦除发生，都有 $\bar{x}(k)=0$。这种策略可以保证原点 $0\in\mathbb{R}^d$ 是平衡点；见定理 4.1 的证明。

4.3 系统稳定性分析和控制器设计

基于上述编码方案，下面给出关于闭环系统平均渐进稳定和几乎处处渐进稳定的结果。

采用状态反馈控制器 $u(k)=\boldsymbol{K}\bar{x}(k)$，见式 (4-3) ~ 式 (4-5)。控制器接收的状态估计 $\bar{x}(k)$ 可以写成 $\bar{x}(k)=x(k)+e_x(k)$，其中 $e_x(k)$ 是量化误差。这样闭环系统变为

$$\begin{aligned}x(k+1)&=\boldsymbol{A}x(k)+\boldsymbol{BK}\bar{x}(k)\\&=(\boldsymbol{A}+\boldsymbol{BK})x(k)+\boldsymbol{BK}e_x(k)\end{aligned}\tag{4-6}$$

引理 4.1 定义

$$\Lambda_{k+1}=\begin{cases}\left\{x\in\mathbb{R}^d:||x||_2\leqslant \mu L_k\right\}, & S^{\text{Ack}}(k)=0\\ \left\{x\in\mathbb{R}^d:||x||_2\leqslant \delta(\boldsymbol{A})L_k\right\}, & S^{\text{Ack}}(k)=1\end{cases}$$

如果 $x(k)\in\Lambda_k$，则 $x(k+1)\in\Lambda_{k+1}$。这里 $\mu=\max\left\{\delta(\boldsymbol{A}+\boldsymbol{BK})+\eta\delta(\boldsymbol{BK}),\frac{\delta(\boldsymbol{A})}{(1+2a)^{N-1}}\right\}$，$\eta=\left\{a+(d-1)\frac{\pi}{2m}\right\}$（见定理 2.1），$\delta(\cdot)$ 表示矩阵的最大奇异值。

证明： 首先，令 $S^{\text{Ack}}(k)=0$。如果 $x(k)\in S_N(k)\backslash S_1(k)$，由定理 2.1，有

$$\begin{aligned}||x(k+1)||_2&=||(\boldsymbol{A}+\boldsymbol{BK})x(k)+\boldsymbol{BK}e_x(k)||_2\\&\leqslant(\delta(\boldsymbol{A}+\boldsymbol{BK})+\eta\delta(\boldsymbol{BK}))||x(k)||_2\\&\leqslant(\delta(\boldsymbol{A}+\boldsymbol{BK})+\eta\delta(\boldsymbol{BK}))L_k\end{aligned}\tag{4-7}$$

如果 $x(k)\in S_1(k)$，则 $\overline{x}(k)=0$ 且

$$\begin{aligned}||x(k+1)||_2&=||\boldsymbol{A}x(k)||_2\\&\leqslant\delta(\boldsymbol{A})||x(k)||_2\\&\leqslant\frac{\delta(\boldsymbol{A})L_k}{(1+2a)^{N-1}}\end{aligned}\tag{4-8}$$

因此，由式 (4-7) 和式 (4-8)，有

$$||x||_2\leqslant\mu L_k$$

其次，令 $S^{\text{Ack}}(k)=1$。在这种情况下，有 $\overline{x}(k)=0$，注意到 $x(k)\in\Lambda_k$，因此

$$||x(k+1)||_2\leqslant\delta(\boldsymbol{A})||x(k)||_2\leqslant\delta(\boldsymbol{A})L_k$$

由该引理，可以根据

$$L_{k+1}=\begin{cases}\mu L_k, & S^{\text{Ack}}(k)=0\\ \delta(\boldsymbol{A})L_k, & S^{\text{Ack}}(k)=1\end{cases}\tag{4-9}$$

更新量化器 (L_{k+1},N,a,M) 的参数 L_{k+1}。

定理 4.1 如果量化器的参数 (L_k,N,a,M) 和增益矩阵 $\boldsymbol{K}$ 满足式 (4-9) 和

$$\mu(1-p)+\delta(\boldsymbol{A})p<1\tag{4-10}$$

则具有噪声信道的系统式 (4-1) 是平均渐进稳定的。

证明：证明分两部分。

（1）原点 $0 \in \mathbb{R}^d$ 是平衡点。令 $x(0)=0$，由于 $x(0) \in S_1(0)$，根据编码方案，无论信道是否有擦除发生，都有 $u(0)=\boldsymbol{K}\bar{x}(0)=0$，因此有

$$x(1)=\boldsymbol{A}x(0)=0$$

继续这一过程，可得到 $x(k)=0$，$k=2,3,4,\cdots$。

（2）$E(||x_k||_2)$ 收敛到 0。由式 (4-9)，有条件期望

$$E(L_{k+1}|L_k)=\mu L_k(1-p)+\delta(\boldsymbol{A})L_k p$$

两边取条件期望，可得

$$\begin{aligned}E(L_{k+1})&=E(E(L_{k+1}|L_k))\\&=(\mu(1-p)+\delta(\boldsymbol{A})p)E(L_k)\end{aligned}$$

因此 $E(L_k)=(\mu(1-p)+\delta(\boldsymbol{A})p)^k E(L_0)$。由式 (4-10)，则 $k\to\infty$，$E(L_k)\to 0$。由于 $||x(k)||_2 \leqslant L_k$，因此当 $k\to\infty$，$E(||x_k||_2)\to 0$。

定理 4.2　如果量化器 (L_k,N,a,M) 的参数和增益矩阵 $\boldsymbol{K}$ 满足式 (4-9) 和

$$\mu^{(1-p)}[\delta(\boldsymbol{A})]^p<1 \tag{4-11}$$

则具有噪声信道的系统式 (4-1) 是几乎处处渐进稳定的。

证明：仅需要证明 L_k 几乎处处趋于 0。

式 (4-9) 可以写为下面的随机差分方程

$$L_{k+1}=\Delta(k)L_k$$

式中，随机变量 $\Delta(k)$ 是独立同分布的，且其分布为 $P_r(\Delta(k)=\mu)=1-p$，$P_r(\Delta(k)=\delta(\boldsymbol{A}))=p$。由于 $L_k=L_0\prod\limits_{j=0}^{k-1}\Delta(j)$，需要证明 $\prod\limits_{j=0}^{k-1}\Delta(j)\to 0$ a.s.。其中，“a.s.” 表示 “几乎处处”。由大数定律，有

$$\frac{1}{k}\sum_{j=0}^{k-1}\log\Delta(j)\to E(\log\Delta)\ \text{a.s.}$$

进一步，有

$$E(\log\Delta)=(1-p)\log\mu+p\log\delta(A)$$

$$=\log(\mu^{(1-p)}[\delta(\boldsymbol{A})]^p)$$

这样，由式 (4-11)，$E(\log \Delta) < 0$ 成立，有

$$\prod_{j=0}^{k-1}\Delta(j) = 2^{k((1/k)\sum\limits_{j=0}^{k-1}\log \Delta(j))} \to 0 \text{ a.s.}$$

给定反馈矩阵 $\boldsymbol{K}$，即使 $\boldsymbol{A}+\boldsymbol{BK}$ 的每个特征值的绝对值都小于 1，即 $\boldsymbol{A}+\boldsymbol{BK}$ 是 Schur 稳定的，$\delta(\boldsymbol{A}+\boldsymbol{BK})$ 却可以大于 1。这样不等式 (4-10) 和式 (4-11) 将没有解。为解决这一问题，可以利用引理 3.1。

令 $\widehat{x}(k)=\boldsymbol{P}x(k)$，$\widehat{\overline{x}}(k)=\boldsymbol{P}\overline{x}(k)$，其中 $\boldsymbol{P}$ 是一个可逆矩阵。由式 (4-6)，有

$$\begin{aligned}\widehat{x}(k+1) &= \boldsymbol{PAP}^{-1}\widehat{x}(k)+\boldsymbol{PB}u(k)\\ &= \boldsymbol{PAP}^{-1}\widehat{x}(k)+\boldsymbol{PBKP}^{-1}\widehat{\overline{x}}(k)\\ &= \boldsymbol{P}(\boldsymbol{A}+\boldsymbol{BK})\boldsymbol{P}^{-1}\widehat{x}(k)+\boldsymbol{PBKP}^{-1}\widehat{e}_x(k)\end{aligned} \tag{4-12}$$

其中，$\widehat{e}_x(k)=\widehat{\overline{x}}(k)-\widehat{x}(k)$。

推论 4.1 如果量化器 (L_k,N,a,M) 的参数和反馈矩阵 $\boldsymbol{K}$ 满足

$$L_{k+1}=\begin{cases}\mu_c L_k, & S^{\text{Ack}}(k)=0\\ \delta(\boldsymbol{PAP}^{-1})L_k, & S^{\text{Ack}}(k)=1\end{cases} \tag{4-13}$$

和

$$\mu_c(1-p)+\delta(\boldsymbol{PAP}^{-1})p<1 \tag{4-14}$$

这里

$$\mu_c=\max\left\{\delta(\boldsymbol{P}(\boldsymbol{A}+\boldsymbol{BK})\boldsymbol{P}^{-1})+\eta\delta(\boldsymbol{PBKP}^{-1}),\frac{\delta(\boldsymbol{PAP}^{-1})}{(1+2a)^{N-1}}\right\} \tag{4-15}$$

则具有噪声信道的闭环系统式 (4-12) 是平均渐进稳定的。

推论 4.2 如果量化器 (L_k,N,a,M) 的参数和反馈矩阵 $\boldsymbol{K}$ 满足式 (4-13) 和

$$\mu_c^{(1-p)}[\delta(\boldsymbol{PAP}^{-1})]^p<1 \tag{4-16}$$

则具有噪声信道的闭环系统式 (4-12) 是几乎处处渐进稳定的。

现在给出问题 4.1 和问题 4.2 的解法如下。

（1）控制器设计：对于问题 4.1，求解 $\boldsymbol{K}$ 和 $\boldsymbol{P}$ 使得

$$\delta(\boldsymbol{P}(\boldsymbol{A}+\boldsymbol{BK})\boldsymbol{P}^{-1})(1-p)+\delta(\boldsymbol{PAP}^{-1})p<1 \tag{4-17}$$

对于问题 4.2，求解 $\boldsymbol{K}$ 和 $\boldsymbol{P}$ 使得

$$\delta(\boldsymbol{P}(\boldsymbol{A}+\boldsymbol{BK})\boldsymbol{P}^{-1})^{(1-p)}\delta(\boldsymbol{PAP}^{-1})^{p}<1 \tag{4-18}$$

注意到如果 $\boldsymbol{K}$ 和 $\boldsymbol{P}$ 满足式 (4-17) 或式 (4-18)，那么 $\boldsymbol{A}+\boldsymbol{BK}$ 是 Schur 稳定的。由式 (4-17) 或式 (4-18) 求解 $\boldsymbol{K}$ 和 $\boldsymbol{P}$ 的算法在 4.4 节中给出。

（2）量化器设计: 对于问题 4.1，获得 $\boldsymbol{K}$ 和 $\boldsymbol{P}$ 后，我们选择 a 和 M 使得

$$(\delta(\boldsymbol{P}(\boldsymbol{A}+\boldsymbol{BK})\boldsymbol{P}^{-1})+\eta\delta(\boldsymbol{P}(\boldsymbol{BK})\boldsymbol{P}^{-1})(1-p)+\delta(\boldsymbol{PAP}^{-1})p<1 \tag{4-19}$$

其中，$\eta=a+(d-1)\frac{\pi}{2M}$（见定理 2.1）。

对于问题 4.2，选择 a 和 M 使得

$$[\delta(\boldsymbol{P}(\boldsymbol{A}+\boldsymbol{BK})\boldsymbol{P}^{-1})+\eta\delta(\boldsymbol{P}(\boldsymbol{BK})\boldsymbol{P}^{-1})]^{(1-p)}[\delta(\boldsymbol{PAP}^{-1})]^{p}<1 \tag{4-20}$$

然后，选择 N 使得

$$\frac{\delta(\boldsymbol{PAP}^{-1})}{(1+2a)^{N-1}}\leqslant\delta(\boldsymbol{P}(\boldsymbol{A}+\boldsymbol{BK})\boldsymbol{P}^{-1})+\eta\delta(\boldsymbol{P}(\boldsymbol{BK})\boldsymbol{P}^{-1}) \tag{4-21}$$

最后，根据式 (4-13) 和

$$L_0=\delta(\boldsymbol{P}\overline{r})$$

确定 L_k。这里 $\overline{r}$ 是初始状态 $x(0)$ 的上界，见式 (4-2)。

（3）编码器设计。

令 $S^{\mathrm{Ack}}(-1)=0$。

① 接收状态信号 $x(k)$，将其变换为 $\widehat{x}(k)=\boldsymbol{P}x(k)$。

② 利用量化器 (L_k,N,a,M) 将 $\widehat{x}(k)$ 编码为 $V(k)=\mathcal{E}_k(\widehat{x}(k),S^{\mathrm{Ack}}(k-1))$。

③ 发送 $V(k)$ 给解码器，接收解码器的确认信号 $S^{\mathrm{Ack}}(k)$。

④ 更新时间 $k=k+1$，返回第一步。

（4）解码器设计。

① 在 k 时刻，如果没有擦除发生，设定 $S^{\mathrm{Ack}}(k)=0$，$\acute{V}(k)=V(k)$；如果有擦除发生，设定 $S^{\mathrm{Ack}}(k)=1$，$\acute{V}(k)=e$。

② 将 $\acute{V}(k)$ 解码为 $\overline{\overline{x}}(k)=\mathcal{D}_k(\acute{V}(k),S^{\mathrm{Ack}}(k-1))$，发送确认信号 $S^{\mathrm{Ack}}(k)$ 给编码器。

③ 将 $\overline{\overline{x}}(k)$ 变换为 $\bar{x}(k)=\boldsymbol{P}^{-1}\overline{\overline{x}}(k)$。

④ 更新时间 $k=k+1$，返回第一步。

为保证量化器可以工作，所需信道码率 R 应满足

$$R \geqslant \lceil \log_2(2(N-1)M^{d-1}+1) \rceil \tag{4-22}$$

式中，$\lceil\cdot\rceil$ 是 Ceiling 函数，即大于自变量的最小整数。

注解 4.1 在式 (4-14) 和式 (4-16) 中，η 是与信道性能有关的参数，见式 (4-15)、式 (4-21) 和式 (4-22)。另外，$\mu_c(1-p)+\delta(\boldsymbol{PAP}^{-1})p$ 和 $\mu_c^{(1-p)}[\delta(\boldsymbol{PAP}^{-1})]^p$ 描述与系统收敛速率有关的控制性能，见定理 4.1 和定理 4.2 的证明。因此，不等式 (4-14) 和式 (4-16) 在某种意义上显示系统控制性能和通信性能的折中。

注解 4.2 由式 (4-14) 和式 (4-16) 可以看出，当擦除概率 $p=p_0$ 满足式 (4-14) 和式 (4-16) 时，则 $p<p_0$ 也一定满足这两个不等式。因此，如果在擦除概率 $p=p_0$ 的条件下设计量化器和控制器保证系统平均渐进稳定和几乎处处渐进稳定，则该量化器和控制器一定可在 $p<p_0$ 时保证系统平均渐进稳定和几乎处处渐进稳定。

4.4 求解控制器的算法

仅给出由式 (4-17) 求解 $\boldsymbol{K}$ 和 $\boldsymbol{P}$ 的算法。由式 (4-18) 求解 $\boldsymbol{K}$ 和 $\boldsymbol{P}$ 的算法与之类似。

首先选择一适当的 γ 满足 $0<\gamma<1$，解下面的关于未知矩阵 $\boldsymbol{Q}$ 和 $\boldsymbol{W}$ 的矩阵不等式

$$\begin{pmatrix} -\left(\dfrac{1-\gamma}{p}\right)^2 & \boldsymbol{QAQ} \\ \boldsymbol{Q}^{\mathrm{T}}\boldsymbol{A}^{\mathrm{T}} & -\boldsymbol{Q} \end{pmatrix} < 0 \tag{4-23}$$

$$\begin{pmatrix} -\left(\dfrac{\gamma}{1-p}\right)^2\boldsymbol{Q} & \boldsymbol{AQ}+\boldsymbol{BW} \\ \boldsymbol{Q}^{\mathrm{T}}\boldsymbol{A}^{\mathrm{T}}+\boldsymbol{W}^{\mathrm{T}}\boldsymbol{B}^{\mathrm{T}} & -\boldsymbol{Q} \end{pmatrix} < 0 \tag{4-24}$$

得到 $\boldsymbol{K}=\boldsymbol{WQ}^{-1}$，利用 Cholesky 分解，由 $\boldsymbol{Q}=\boldsymbol{P}^{-1}\boldsymbol{P}^{-\mathrm{T}}$ 可获得 $\boldsymbol{P}$。

对上面的算法做一些说明。

利用 $\boldsymbol{K}=\boldsymbol{W}\boldsymbol{Q}^{-1}$ 和 $\boldsymbol{Q}=\boldsymbol{P}^{-1}\boldsymbol{P}^{-\mathrm{T}}$，式 (4-23) 和式 (4-24) 可分别写为

$$\begin{pmatrix} -\left(\dfrac{1-\gamma}{p}\right)^2\boldsymbol{P}^{-1}\boldsymbol{P}^{-\mathrm{T}} & \boldsymbol{A}\boldsymbol{P}^{-1}\boldsymbol{P}^{-\mathrm{T}} \\ \boldsymbol{P}^{-1}\boldsymbol{P}^{-\mathrm{T}}\boldsymbol{A}^{\mathrm{T}} & -\boldsymbol{P}^{-1}\boldsymbol{P}^{-\mathrm{T}} \end{pmatrix}<0 \tag{4-25}$$

$$\begin{pmatrix} -\left(\dfrac{\gamma}{1-p}\right)^2\boldsymbol{P}^{-1}\boldsymbol{P}^{-\mathrm{T}} & (\boldsymbol{A}+\boldsymbol{B}\boldsymbol{K})\boldsymbol{P}^{-1}\boldsymbol{P}^{-\mathrm{T}} \\ \boldsymbol{P}^{-1}\boldsymbol{P}^{-\mathrm{T}}(\boldsymbol{A}+\boldsymbol{B}\boldsymbol{K})^{\mathrm{T}} & -\boldsymbol{P}^{-1}\boldsymbol{P}^{-\mathrm{T}} \end{pmatrix}<0 \tag{4-26}$$

分别用 diag $[\boldsymbol{P},\boldsymbol{I}]$ 和它的转置左乘和右乘式 (4-25) 和式 (4-26)，可得

$$\begin{pmatrix} -\left(\dfrac{1-\gamma}{p}\right)^2\boldsymbol{I} & \boldsymbol{P}\boldsymbol{A}\boldsymbol{P}^{-1}\boldsymbol{P}^{-\mathrm{T}} \\ \boldsymbol{P}^{-1}\boldsymbol{P}^{-\mathrm{T}}\boldsymbol{A}^{\mathrm{T}}\boldsymbol{P}^{\mathrm{T}} & -\boldsymbol{P}^{-1}\boldsymbol{P}^{-\mathrm{T}} \end{pmatrix}<0$$

$$\begin{pmatrix} -\left(\dfrac{\gamma}{1-p}\right)^2\boldsymbol{I} & \boldsymbol{P}(\boldsymbol{A}+\boldsymbol{B}\boldsymbol{K})\boldsymbol{P}^{-1}\boldsymbol{P}^{-\mathrm{T}} \\ \boldsymbol{P}^{-1}\boldsymbol{P}^{-\mathrm{T}}(\boldsymbol{A}+\boldsymbol{B}\boldsymbol{K})^{\mathrm{T}}\boldsymbol{P}^{\mathrm{T}} & -\boldsymbol{P}^{-1}\boldsymbol{P}^{-\mathrm{T}} \end{pmatrix}<0$$

由 Schur 补引理，得到

$$\boldsymbol{P}\boldsymbol{A}\boldsymbol{P}^{-1}\boldsymbol{P}^{-\mathrm{T}}\boldsymbol{A}^{\mathrm{T}}\boldsymbol{P}^{\mathrm{T}}<\left(\frac{1-\gamma}{p}\right)^2\boldsymbol{I}$$

和

$$\boldsymbol{P}(\boldsymbol{A}+\boldsymbol{B}\boldsymbol{K})\boldsymbol{P}^{-1}\boldsymbol{P}^{-\mathrm{T}}(\boldsymbol{A}+\boldsymbol{B}\boldsymbol{K})^{\mathrm{T}}\boldsymbol{P}^{\mathrm{T}}<\left(\frac{\gamma}{1-p}\right)^2\boldsymbol{I}$$

这蕴含

$$\delta(\boldsymbol{P}\boldsymbol{A}\boldsymbol{P}^{-1})p<1-\gamma$$

和

$$\delta(\boldsymbol{P}(\boldsymbol{A}+\boldsymbol{B}\boldsymbol{K})\boldsymbol{P}^{-1})(1-p)<\gamma$$

这样就有了式 (4-17)。

4.5 仿真

取

$$\boldsymbol{A}=\begin{bmatrix} 1.2 & 0 & 0 & 0 \\ 0 & -1 & 0 & 0 \\ 0 & 0 & -1.5 & 1 \\ 0 & 0 & 0 & -1.5 \end{bmatrix}, \quad \boldsymbol{B}=\begin{bmatrix} 1 & 1 \\ -0.2 & 0.3 \\ 0.2 & 1 \\ 1 & 0.3 \end{bmatrix}$$

$\boldsymbol{A}$ 有不稳定特征值 1.2、−1、−1.5、−1.5，并且 $(\boldsymbol{A},\boldsymbol{B})$ 是可控的。令擦除概率 $p=0.15$。

对于系统的平均渐进稳定性，用 4.4 节所给的算法，可得

$$\boldsymbol{Q}=\begin{bmatrix} 28.6841 & -6.2524 & -19.3874 & -6.0060 \\ -6.2524 & 3.7171 & 9.1648 & 2.1960 \\ -19.3874 & 9.1648 & 25.5101 & 7.1899 \\ -6.0060 & 2.1960 & 7.1899 & 2.4477 \end{bmatrix}$$

$$\boldsymbol{W}=\begin{bmatrix} -2.3112 & -0.0373 & 1.6434 & 1.2227 \\ -27.0468 & 9.3996 & 26.2186 & 7.1143 \end{bmatrix}$$

因此有 $\boldsymbol{K}=\boldsymbol{W}\boldsymbol{Q}^{-1}=\begin{bmatrix} -0.0242 & 1.0969 & -1.1315 & 2.7798 \\ -0.5264 & -2.3188 & 2.4363 & -3.4612 \end{bmatrix}$。用 Cholesky 分解，得到

$$\boldsymbol{P}=\begin{bmatrix} 0.2819 & -0.8807 & 0.6566 & -0.4467 \\ 0 & 3.8122 & -2.3570 & 3.5032 \\ 0 & 0 & 0.4773 & -1.4019 \\ 0 & 0 & 0 & 0.6392 \end{bmatrix}$$

满足 $\boldsymbol{Q}=\boldsymbol{P}^{-1}\boldsymbol{P}^{-\mathrm{T}}$。

确定量化器 (L_k,N,a,M) 的参数：取 $\eta=0.028$，$a=0.002$，$M=182$，$N=436$ 满足式 (4-19) 和式 (4-21)，$\eta=\left\{a+(d-1)\frac{\pi}{2m}\right\}$。由式 (4-22) 可得，码率 $R\geqslant 33$。图 4-2 所示为状态响应曲线，其中初始状态 $\boldsymbol{x}(0)=[10,-5,8,-7]^{\mathrm{T}}$，

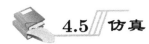

界 $\bar{r}=16$。定义

$$g(k):=\begin{cases}1, & \dfrac{L_k}{(1+2a)^{N-1}}<||\widehat{x}(k)||_2\leqslant L_k \text{ 且 } k \text{ 时刻无擦除发生}\\ 0.5, & ||\widehat{x}(k)||_2\leqslant \dfrac{L_k}{(1+2a)^{N-1}} \text{ 且 } k \text{ 时刻无擦除发生}\\ -1, & k \text{ 时刻发生擦除}\end{cases}$$

函数 $g(k)$ 表示 $\widehat{x}(k)$ 落入支撑球的哪个区域，如图 4-3 所示。用同样的量化器和控制器，擦除概率 $p=0.1$ 的状态响应曲线和函数 $g(k)$ 分别如图 4-4 和图 4-5 所示。这表明在大擦除概率条件下设计的量化器和控制器可以在小擦除概率条件下保证系统平均渐进稳定。

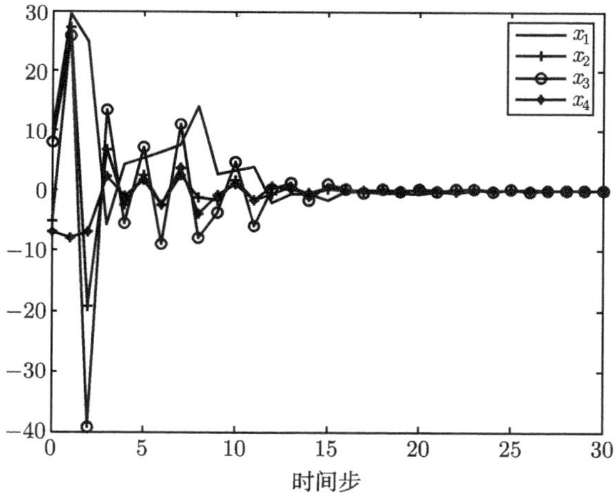

图 4-2　当 $p=0.15$ 时平均渐进稳定条件下系统状态 x 的响应曲线

类似地，对于几乎处处渐进稳定性，得到

$$\boldsymbol{K}=\begin{bmatrix}-0.0582 & 1.8009 & -1.5631 & 3.3197\\ -0.5216 & -1.2870 & 1.8464 & -2.6364\end{bmatrix}$$

$$\boldsymbol{P}=\begin{bmatrix}3.5901 & 3.6447 & 0.7475 & 4.2633\\ 0 & 9.1182 & -5.2597 & 7.5737\\ 0 & 0 & 2.0467 & -0.2635\\ 0 & 0 & 0 & 1.8450\end{bmatrix}$$

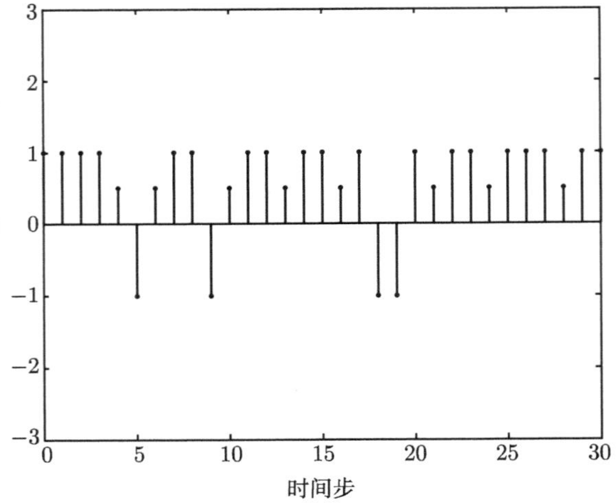

图 4-3　当 $p=0.15$ 时平均渐进稳定条件下系统式 (4-12) 的状态 $\widehat{x}(k)$ 所处的区域

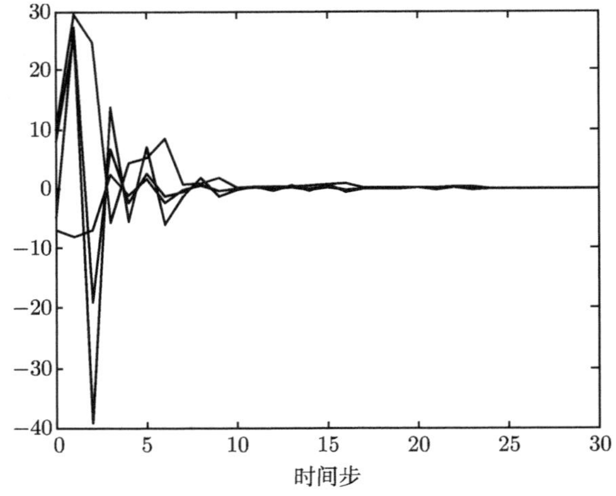

图 4-4　当 $p=0.1$ 时平均渐进稳定条件下系统状态 x 的响应

确定量化器 (L_k, N, a, M) 的参数：取 $\eta = 0.0614$，$a = 0.007$，$M = 87$，$N = 152$ 满足式 (4-20) 和式 (4-21)，$\eta = \left\{a + (d-1)\frac{\pi}{2m}\right\}$。由式 (4-22)，码率 $R \geqslant 28$。图 4-6 所示为状态响应曲线，其中初始状态 $\boldsymbol{x}(0)$ 和界 $\bar{r}$ 同上。函数 $g(k)$ 如图 4-7 所示。用同样的量化器和控制器，擦除概率 $p=0.1$ 的状态响应曲线和函数 $g(k)$ 分别如图 4-8 和图 4-9 所示。这表明在大擦除概率条件下设计的量化器和控制器可以在小擦除概率条件下保证系统几乎处处渐进稳定。

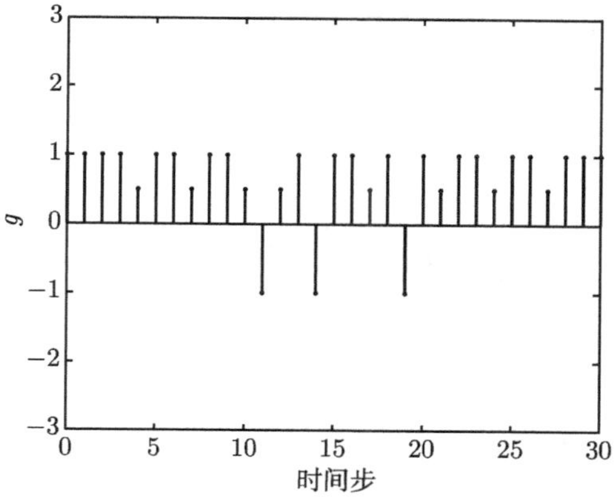

图 4-5　当 $p=0.1$ 时平均渐进稳定条件下系统式 (4-12) 的状态 $\widehat{x}(k)$ 所处的区域

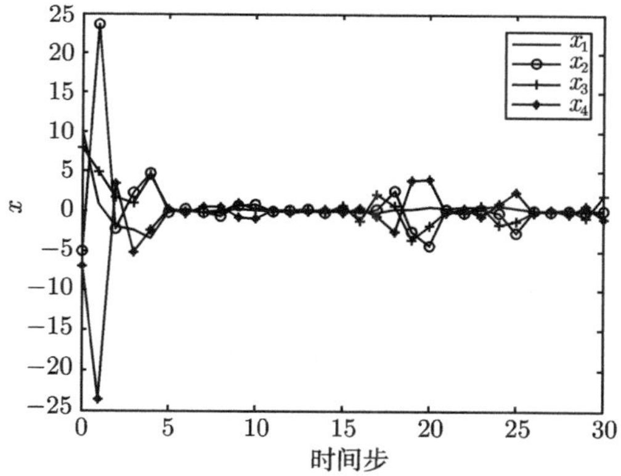

图 4-6　当 $p=0.15$ 时几乎处处渐进稳定条件下系统状态 x 的响应

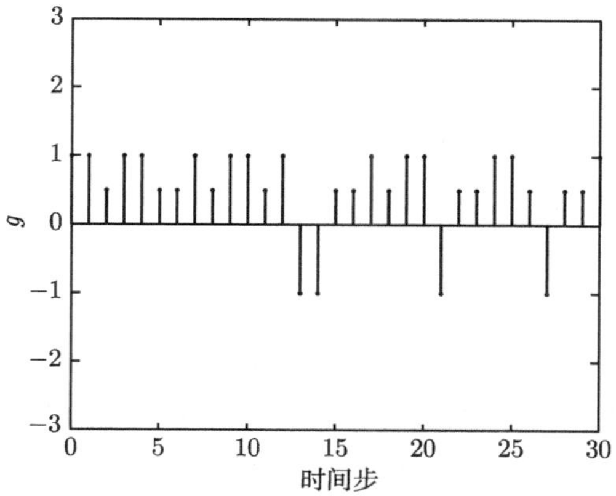

图 4-7　当 $p=0.15$ 时几乎处处渐进稳定条件下系统式 (4-12) 的状态 $\widehat{x}(k)$ 所处的区域

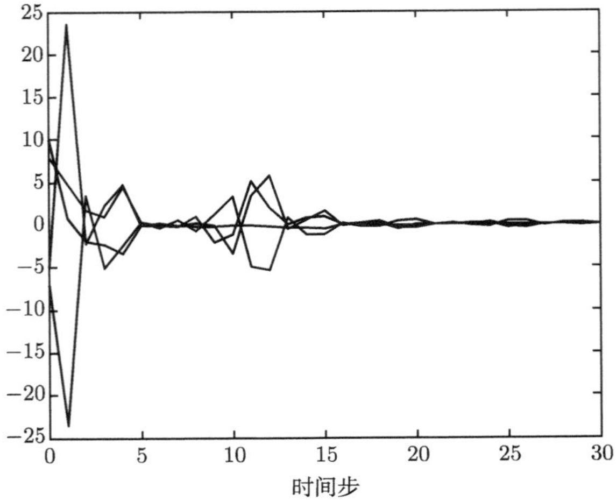

图 4-8　当 $p = 0.1$ 时几乎处处渐进稳定条件下系统状态 x 的响应

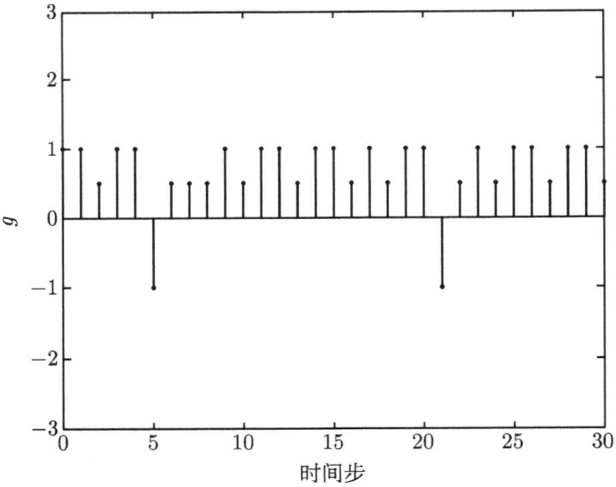

图 4-9　当 $p = 0.1$ 时几乎处处渐进稳定条件下系统式 (4-12) 的状态 $\hat{x}(k)$ 所处的区域

4.6 小结

本章考虑具有擦除信道系统的稳定性问题。在反馈回路存在有限码率的擦除信道条件下，球极坐标编码方案可保证系统平均渐进稳定和几乎处处渐进稳定。本章给出了保证两种稳定性的充分条件，并给出控制器、量化器的设计方法和编码/解码步骤。这些条件反映了系统控制性能与通信性能的折中关系。

如前文所述，在编码器不能获得控制输入的条件下，要获得最小信道码率是很困难的。文献 [51] 给出的最小码率 $R_{\min} = \frac{p}{1-p}\sum_{\lambda(\boldsymbol{A})} \max\{0, \log|\lambda(\boldsymbol{A})|\} = 2$ 远小于上面给出的码率 R。但是，保证系统渐进稳定的量化器和控制器的参数不唯一，可以利用这一自由度降低信道码率。这将在今后研究。

第 5 章　基于球极坐标编码方案的网络时延系统稳定性分析

本章考虑反馈回路，包括码率受限信道系统的稳定性问题。系统是线性时不变连续系统，并且受信道传输时延的影响。信道是无噪声的，位于传感器和控制器之间。本章的任务是在反馈回路包括码率受限信道的条件下设计球极坐标编码器、球极坐标解码器和控制器保证网络时延系统渐进稳定。

同前两章一样，本章主要关心编码器不能获得控制输入信号条件下的编码方案，因为这种编码方案在实际应用中具有成本低、使用方便的优点。本章在编码器不能获得控制输入信号的条件下，采用球极坐标编码方案使具有网络时延线性时不变连续系统渐进稳定。采用球极坐标编码方案，可以获得包含球极坐标量化器和控制器参数的解析表达式 [见式 (5-14)~ 式 (5-17)]。这些表达式对于理解编码方案和控制策略之间的相互作用和对于量化控制系统的有效分析和综合是很重要的。本章给出保证具有网络诱导时延系统渐进稳定的充分条件。基于这个条件，本章给出控制器和量化器的设计过程，并给出获得控制器和量化器参数的算法。算法利用非线性的球极坐标变换和系统的线性变换，保证算法数值可行。

5.1 问题描述

考虑下面线性时不变连续系统，系统的传感器与控制器通过无噪声信道连接。

$$\dot{x}(t) = \boldsymbol{H}x(t) + \boldsymbol{W}u_c(t) \tag{5-1}$$

式中，$x(t) \in \mathbb{R}^n$ 和 $u_c(t) \in \mathbb{R}^m$ 分别是系统状态和输入，$\boldsymbol{H}$ 和 $\boldsymbol{W}$ 是适当维数的系统矩阵。首先系统状态 $x(t)$ 以采样周期 T 被采样，采样值为 $x(k) = x(kT)$，$k = 0, 1, 2, 3, \cdots$，然后采样值被编码，通过网络传输后，解码为 $\overline{x}(k)$。控制器接收到 $\overline{x}(k)$ 后产生控制量 $u(k) = \boldsymbol{K}\overline{x}(k)$，由于网络时延，因此作用到系统的

实际控制量为 $u_c(t)$，其中，$\boldsymbol{K}$ 为状态反馈增益矩阵。$u_c(t)$ 与 $u(k)$ 的关系为

$$u_c(t) = \begin{cases} u(k-1), & t \in [kT, kT+\tau(k)) \\ u(k), & t \in [kT+\tau(k), (k+1)T) \end{cases} \tag{5-2}$$

这里 $\tau(k)$ 是传感器到控制器的网络时延。不失一般性，假设初始状态是有界的，不确定参数 $\tau(k)$ 也是有界的，并且满足

$$0 < \underline{\tau} \leqslant \tau(k) \leqslant \overline{\tau} < T \tag{5-3}$$

式中，$\overline{\tau}$ 为上界，$\underline{\tau}$ 为下界。系统式 (5-1) 被离散化为下面的系统

$$x(k+1) = \boldsymbol{A}x(k) + \Gamma^0(\tau(k))u(k) + \Gamma^1(\tau(k))u(k-1) \tag{5-4}$$

这里 $\boldsymbol{A} = \mathrm{e}^{Ht}$,

$$\Gamma^1(\tau(k)) = \int_{T-\tau(k)}^{T} \mathrm{e}^{Ht}\mathrm{d}tW$$

$$\begin{aligned} \Gamma^0(\tau(k)) &= \int_{0}^{T-\tau(k)} \mathrm{e}^{Ht}\mathrm{d}tW \\ &= \boldsymbol{B} - \Gamma^1(\tau(k)) \end{aligned}$$

其中

$$\boldsymbol{B} = \int_0^T \mathrm{e}^{Ht}\mathrm{d}tW$$

应用状态反馈控制器

$$\begin{aligned} u(k) &= \boldsymbol{K}\overline{x}(k) \\ &= \boldsymbol{K}x(k) + \boldsymbol{K}e(k) \end{aligned} \tag{5-5}$$

闭环系统为

$$\begin{aligned} x(k+1) = \boldsymbol{A}x(k) + \Gamma^0(\tau(k))[\boldsymbol{K}x(k) + \boldsymbol{K}e(k)] + \\ \Gamma^1(\tau(k))[\boldsymbol{K}x(k-1) + \boldsymbol{K}e(k-1)] \end{aligned} \tag{5-6}$$

其中，$\overline{x}(k) = x(k) + e(k)$，量化误差 $e(k)$ 由编码/解码过程产生。

位于传感器和控制器之间的信道是无噪声信道，可以在每个采样周期内传送一个码字，用 $V(k) \in \Sigma$ 表示，其中 Σ 表示码字集合（码书）。这样在每个采样周期内，信道可无误差地传送 $R = \log|\Sigma|$ 位信息，这里 $|\Sigma|$ 表示集合的势。我们考虑具有有限码率信道的网络诱导时延系统的渐进稳定问题。

问题 5.1 给定系统矩阵 $\boldsymbol{H}$、$\boldsymbol{W}$ 和初始状态的界，设计球极坐标编码器 $\{\mathcal{E}_k, k \geqslant 0\}$ [见式 (5-7)]，球极坐标解码器 $\{\mathcal{D}_k, k \geqslant 0\}$ [见式 (5-8)]，并求信道码率 $R = \log|\Sigma|$ 和状态反馈矩阵 $\boldsymbol{K}$ 使得闭环网络时延控制系统式 (5-6) 渐进稳定。

5.2 球极坐标编码方案

基于球极坐标量化器，我们给出适合网络时延系统的编码/解码方案。

1. 编码器

令 Σ 是势为 $|\Sigma| = 2(N-1)M^{d-1}+1$ 的码书，它的每个元素 $V(k)$ 代表量化器 (L_k, N, a, M) 的一个量化块。在 k 时刻，编码器 $\mathcal{E}_k$ 取 $x(k) \in \mathbb{R}^d \longmapsto V(k)$，即

$$V(k) = \mathcal{E}_k(x(k)) \in \Sigma \tag{5-7}$$

并根据系统的演化行为更新量化器 (L_k, N, a, M) 的参数 L_k。$V(k)$ 代表 $x(k)$ 所在的量化块的码字，位于几个量化块交界上的点按预定好的规则指定为其中一个量化块的编码。注意编码器 $\mathcal{E}_k$ 不使用控制输入信号。

2. 解码器

收到来自编码器的码字 $V(k)$，解码器 $\mathcal{D}_k$ 取 $V(k) \longmapsto \bar{x}(k)$，即

$$\bar{x}(k) = \mathcal{D}_k(V(k)) \in \mathbb{R}^d \tag{5-8}$$

并且同编码器一样更新量化器 (L_k, N, a, M) 的参数 L_k。这里 $\bar{x}(k)$ 是 $x(k)$ 的估计值。如果 $V(k)$ 代表索引 $(i, j_1, j_2, \cdots, j_{d-2}, s)$，$i = 0, 1, 2, \cdots, N_k - 2$；$j_n = 0, 1, 2, \cdots, M-1$，$n = 1, 2, 3, \cdots, d-2$；$s = 0, 1, 2, \cdots, 2M-1$ 的量化块，则 $\bar{x}(k)$ 的球极坐标指定为

$$r = \frac{(1+a)}{(1+2a)^{N_k-1-i}} L_k,\ \theta_n = \left(j_n + \frac{1}{2}\right)\frac{\pi}{M},$$
$$n = 1, 2, 3, \cdots, d-2,\ \theta_{d-1} = \left(s + \frac{1}{2}\right)\frac{\pi}{M}$$

如果 $V(k)$ 代表 $S_1(k) = \{x \in \mathbb{R}^d : r < \frac{L_k}{(1+2a)^{N-1}}\}$，则令 $\bar{x}(k) = 0 \in \mathbb{R}^d$。

5.3 系统稳定性分析

下面基于球极坐标编码方案，我们分析网络时延系统的渐进稳定性。

5.3.1 闭环系统的四种不同情况

闭环系统式 (5-6) 可以写成一个增广系统

$$\hat{x}(k+1)=\hat{\boldsymbol{A}}(k)\hat{x}(k)+\hat{\boldsymbol{B}}(k)\hat{e}(k) \tag{5-9}$$

其中

$$\hat{\boldsymbol{A}}(k)=\begin{bmatrix}\boldsymbol{A}+\Gamma^0(\tau(k))\boldsymbol{K} & \Gamma^1(\tau(k))\boldsymbol{K}\\ \boldsymbol{I} & 0\end{bmatrix},$$

$$\hat{\boldsymbol{B}}(k)=\begin{bmatrix}\Gamma^0(\tau(k))\boldsymbol{K} & \Gamma^1(\tau(k))\boldsymbol{K}\\ 0 & 0\end{bmatrix}$$

$$\hat{x}(k)=\begin{bmatrix}x(k)\\ x(k-1)\end{bmatrix}\in\mathbb{R}^{2n},\ \hat{e}(k)=\begin{bmatrix}e(k)\\ e(k-1)\end{bmatrix}\in\mathbb{R}^{2n}$$

尽管计算控制输入 $u(k)$ 需要状态 $x(k)$ 的估计值 $\bar{x}(k)$，量化器 (L_k,N,a,M) 并不直接量化 $x(k)\in\mathbb{R}^n$，而是量化增广系统的状态 $\hat{x}(k)=\begin{bmatrix}x(k)\\ x(k-1)\end{bmatrix}\in\mathbb{R}^{2n}$（原因见下文）。量化器将状态 $\hat{x}(k)$ 所处的支撑球 $\Lambda_k=\{X\in\mathbb{R}^{2n}:r<L_k\}$ 分割为若干小块。在观测到 $\hat{x}(k)$ 后，量化器 (L_k,N,a,M) 确定 $\hat{x}(k)$ 落入哪个量化块中，令 $V(k)$ 代表包含 $\hat{x}(k)$ 的量化块，然后由编码器发送 $V(k)$ 给解码器。在解码 $V(k)$ 后，解码器得到 $\overline{\hat{x}}(k)=\mathcal{D}_k(\mathcal{E}_k(\hat{x}(k)))=\begin{bmatrix}\bar{x}(k)\\ \bar{x}(k-1)\end{bmatrix}$，即 $\hat{x}(k)$ 的估计值。从 $\overline{\hat{x}}(k)$ 中控制器可得到状态 $x(k)$ 的估计值 $\bar{x}(k)$，用以产生控制输入。

根据 5.2 节中对编码器和解码器的描述，我们需要考虑闭环系统的以下四种情况。

（1）如果 $\hat{x}(k)\in S_N(k)\backslash S_1(k)$ 并且 $\hat{x}(k-1)\in S_N(k-1)\backslash S_1(k-1)$，那么 $u(k)=\boldsymbol{K}x(k)+\boldsymbol{K}e(k)$ 且 $u(k-1)=\boldsymbol{K}x(k-1)+\boldsymbol{K}e(k-1)$。闭环系统式 (5-6) 可写为式 (5-9)。

（2）如果 $\hat{x}(k) \in S_N(k)\backslash S_1(k)$ 并且 $\hat{x}(k-1) \in S_1(k-1)$，那么 $u(k) = \boldsymbol{K}x(k) + \boldsymbol{K}e(k)$ 且 $u(k-1) = 0$。闭环系统式 (5-6) 可写为

$$\hat{x}(k+1) = \hat{\boldsymbol{A}}_1(k)\hat{x}(k) + \hat{\boldsymbol{B}}_1(k)\hat{e}(k) \tag{5-10}$$

其中

$$\hat{\boldsymbol{A}}_1(k) = \begin{bmatrix} \boldsymbol{A} + \Gamma^0(\tau(k))\boldsymbol{K} & 0 \\ \boldsymbol{I} & 0 \end{bmatrix},\ \hat{\boldsymbol{B}}_1(k) = \begin{bmatrix} \Gamma^0(\tau(k))\boldsymbol{K} & 0 \\ 0 & 0 \end{bmatrix}$$

（3）如果 $\hat{x}(k) \in S_1(k)$ 并且 $\hat{x}(k-1) \in S_N(k-1)\backslash S_1(k-1)$，那么 $u(k) = 0$ 且 $u(k-1) = \boldsymbol{K}x(k-1) + \boldsymbol{K}e(k-1)$。闭环系统式 (5-6) 可写为

$$\hat{x}(k+1) = \hat{\boldsymbol{A}}_2(k)\hat{x}(k) + \hat{\boldsymbol{B}}_2(k)\hat{e}(k) \tag{5-11}$$

其中

$$\hat{\boldsymbol{A}}_2(k) = \begin{bmatrix} \boldsymbol{A} & \Gamma^1(\tau(k))\boldsymbol{K} \\ \boldsymbol{I} & 0 \end{bmatrix},\ \hat{\boldsymbol{B}}_2(k) = \begin{bmatrix} 0 & \Gamma^1(\tau(k))\boldsymbol{K} \\ 0 & 0 \end{bmatrix}$$

（4）如果 $\hat{x}(k) \in S_1(k)$ 并且 $\hat{x}(k-1) \in S_1(k-1)$，那么 $u(k) = 0$ 且 $u(k-1) = 0$。闭环系统式 (5-6) 可写为

$$\hat{x}(k+1) = \hat{\boldsymbol{A}}_0\hat{x}(k) \tag{5-12}$$

其中

$$\hat{\boldsymbol{A}}_0 = \begin{bmatrix} \boldsymbol{A} & 0 \\ \boldsymbol{I} & 0 \end{bmatrix}$$

为引用方便，下文将时变矩阵 $\hat{\boldsymbol{A}}(k)$、$\hat{\boldsymbol{A}}_1(k)$ 和 $\hat{\boldsymbol{A}}_2(k)$ 分别表示为 $\hat{\boldsymbol{A}}$、$\hat{\boldsymbol{A}}_1$ 和 $\hat{\boldsymbol{A}}_2$，将 $\hat{\boldsymbol{B}}(k)$、$\hat{\boldsymbol{B}}_1(k)$ 和 $\hat{\boldsymbol{B}}_2(k)$ 分别表示为 $\hat{\boldsymbol{B}}$、$\hat{\boldsymbol{B}}_1$ 和 $\hat{\boldsymbol{B}}_2$。

假设初始状态 $\hat{x}(0)$ 未知但位于一个有界的支撑球中

$$\left\{\hat{x} \in \mathbb{R}^{2n} : ||\hat{x}||_2 < r_0\right\}$$

界 r_0 对编码器和解码器是已知的，所有的系统状态可以被测量到。令支撑球的半径初始值 $L_0 = r_0$。

5.3.2　稳定性分析

基于上述编码方案，现在给出保证网络时延控制系统渐进稳定的充分条件。

定理 5.1　闭环系统式 (5-6) 是渐进稳定的，如果量化器 (L_k, N, a, M) 的参数 L_k 按下式更新

$$L_{k+1} = \mu L_k \tag{5-13}$$

并且反馈增益矩阵 $\boldsymbol{K}$ 和所给的编码方案满足

$$\delta(\hat{\boldsymbol{A}}) + \eta\left(1+\frac{1}{\mu^2}\right)^{1/2}\delta(\hat{\boldsymbol{B}}) < 1 \tag{5-14}$$

$$\delta(\hat{\boldsymbol{A}}_1) + \eta\delta(\hat{\boldsymbol{B}}_1) < 1 \tag{5-15}$$

$$\frac{\delta(\hat{\boldsymbol{A}}_2)}{(1+2a)^{N-1}} + \frac{\eta}{\mu}\delta(\hat{\boldsymbol{B}}_2) < 1 \tag{5-16}$$

$$\frac{\delta(\hat{\boldsymbol{A}}_0)}{(1+2a)^{N-1}} < 1 \tag{5-17}$$

其中，$\eta = a + (2n-1)\frac{\pi}{2M}$，

$$\mu = \max\{\delta(\hat{\boldsymbol{A}}) + \eta\left(1+\frac{1}{\mu^2}\right)^{1/2}\delta(\hat{\boldsymbol{B}}), \delta(\hat{\boldsymbol{A}}_1) + \eta\delta(\hat{\boldsymbol{B}}_1),$$
$$\frac{\delta(\hat{\boldsymbol{A}}_2)}{(1+2a)^{N-1}} + \frac{\eta}{\mu}\delta(\hat{\boldsymbol{B}}_2), \frac{\delta(\hat{\boldsymbol{A}}_0)}{(1+2a)^{N-1}}\}$$

证明：分为以下三部分。

（1）原点 $0 \in \mathbb{R}^{2n}$ 是平衡点。

令 $\hat{x}(0) = \hat{x}(1) = 0$。由于 $\hat{x}(0) \in S_1(0)$ 和 $\hat{x}(1) \in S_1(1)$，由式 (5-12), 有

$$\hat{x}(2) = \hat{\boldsymbol{A}}_0\hat{x}(1) = 0$$

继续这一过程，有 $\hat{x}(k) = 0, k = 3, 4, 5, \cdots$。

（2）状态 $\hat{x}(k)$ 对初始值 $\hat{x}(0)$ 一致收敛到原点。由式 (5-13) 可知，只需证明如果状态 $\hat{x}(k) \in S_N(k)$，则对任意 $k \geqslant 0$，$\hat{x}(k+1) \in S_N(k+1)$。因此由式 (5-14)～式 (5-17) 可得，当 $k \to \infty$ 时 $L_k \to 0$，所以当 $k \to \infty$ 时 $\hat{x}(k) \to 0$。

根据所设计的编码方案，闭环系统可写为

$$\hat{x}(k+1)=\begin{cases}\hat{\boldsymbol{A}}\hat{x}(k)+\hat{\boldsymbol{B}}\hat{e}(k), & \hat{x}(k)\in S_N(k)\backslash S_1(k),\\ & \hat{x}(k-1)\in S_N(k-1)\backslash S_1(k-1)\\ \hat{\boldsymbol{A}}_1(k)\hat{x}(k)+\hat{\boldsymbol{B}}_1(k)\hat{e}(k), & \hat{x}(k)\in S_N(k)\backslash S_1(k),\\ & \hat{x}(k-1)\in S_1(k-1)\\ \hat{\boldsymbol{A}}_2(k)\hat{x}(k)+\hat{\boldsymbol{B}}_2(k)\hat{e}(k), & \hat{x}(k)\in S_1(k),\\ & \hat{x}(k-1)\in S_N(k-1)\backslash S_1(k-1)\\ \hat{\boldsymbol{A}}_0\hat{x}(k), & \hat{x}(k)\in S_1(k),\ \hat{x}(k-1)\in S_1(k-1)\end{cases}$$

进一步，有

$$||\hat{x}(k+1)||_2\leqslant$$

$$\begin{cases}\left(\delta(\hat{\boldsymbol{A}})+\eta\left(1+\dfrac{1}{\mu^2}\right)^{1/2}\delta(\hat{\boldsymbol{B}})\right)L_k, & \hat{x}(k)\in S_N(k)\backslash S_1(k)\ ,\\ & \hat{x}(k-1)\in S_N(k-1)\backslash S_1(k-1)\\ (\delta(\hat{\boldsymbol{A}}_1)+\eta\delta(\hat{\boldsymbol{B}}_1))L_k, & \hat{x}(k)\in S_N(k)\backslash S_1(k),\\ & \hat{x}(k-1)\in S_1(k-1)\\ \left(\dfrac{\delta(\hat{\boldsymbol{A}}_2)}{(1+2a)^{N-1}}+\dfrac{\eta}{\mu}\delta(\hat{\boldsymbol{B}}_2)\right)L_k, & \hat{x}(k)\in S_1(k),\\ & \hat{x}(k-1)\in S_N(k-1)\backslash S_1(k-1)\\ \dfrac{\delta(\hat{\boldsymbol{A}}_0)}{(1+2a)^{N-1}}L_k, & \hat{x}(k)\in S_1(k),\ \hat{x}(k-1)\in S_1(k-1)\end{cases}\tag{5-18}$$

式 (5-18) 的第一个表达式是根据事实：由定理 2.1 有 $||e(k)||_2\leqslant\eta||\hat{x}(k)||_2\leqslant\eta L_k$ 和 $||e(k-1)||_2\leqslant\eta||\hat{x}(k-1)||_2\leqslant\eta L_{k-1}=\frac{\eta}{\mu}L_k$。所以

$$\begin{aligned}||\hat{x}(k+1)||_2&\leqslant||\hat{\boldsymbol{A}}(k)||_2||\hat{x}(k)||_2+||\hat{\boldsymbol{B}}(k)||_2\left\|\begin{bmatrix}e(k)\\ e(k-1)\end{bmatrix}\right\|_2\\ &\leqslant\delta(\hat{\boldsymbol{A}})L_k+\delta(\hat{\boldsymbol{B}})\eta\left(1+\frac{1}{\mu^2}\right)^{1/2}L_k\end{aligned}$$

第二个表达式根据事实：由 $\hat{\boldsymbol{B}}_1$ 的结构，有 $||\hat{\boldsymbol{B}}_1(k)\hat{e}(k)||_2\leqslant\delta(\hat{\boldsymbol{B}}_1)||e(k)||_2\leqslant\delta(\hat{\boldsymbol{B}}_1)\eta L_k$。第三个表达式根据事实：由 $\hat{x}(k)\in S_1(k)$ 和 $\hat{\boldsymbol{B}}_2$ 的结构，有 $||\hat{\boldsymbol{A}}_2(k)$

$\hat{x}(k)|| \leqslant \frac{\delta(\hat{\boldsymbol{A}}_2)L_k}{(1+2a)^{N-1}}$ 和 $||\hat{\boldsymbol{B}}_2(k)\hat{e}(k)|| \leqslant \delta(\hat{\boldsymbol{B}}_2)||e(k-1)||_2 \leqslant \delta(\hat{\boldsymbol{B}}_2)\frac{\eta}{\mu}L_k$。最后的表达式是显然的。

由式 (5-14)~ 式 (5-17)、式 (5-18) 和式 (5-13)，有

$$||\hat{x}(k+1)||_2 < \mu L_k = L_{k+1}$$

因此 $\hat{x}(k+1) \in S_N(k+1)$。

（3）平衡点 $0 \in \mathbb{R}^{2n}$ 是稳定的。

由于 $L_{k+1} = \mu L_k < L_k$，任意给定一实数 $\epsilon > 0$，可取一正整数 $T(\epsilon)$ 使得

$$L_{T(\epsilon)} < \epsilon \tag{5-19}$$

得

$$\delta(\epsilon) = \frac{1}{2} \cdot \frac{1}{(\delta(\hat{\boldsymbol{A}}_0))^{T(\epsilon)}} \cdot \frac{L_{T(\epsilon)}}{(1+2a)^{N-1}} \tag{5-20}$$

再令

$$||\hat{x}(0)||_2 < \delta(\epsilon) \tag{5-21}$$

需要证明

$$||\hat{x}(k)||_2 < \epsilon \tag{5-22}$$

$k = 0, 1, 2, 3, \cdots$。

首先，式 (5-22) 对 $k = 0$ 显然成立。由编码器/解码器的描述，容易得到

$$\mathcal{D}_k(\mathcal{E}_k(\hat{x}(k))) = 0 \in \mathbb{R}^{2n},\ k = 0, 1, 2, \cdots, T(\epsilon) - 1$$

所以有

$$\hat{x}(k+1) = \hat{\boldsymbol{A}}_0^{k+1}\hat{x}(0)$$

再由式 (5-19)~ 式 (5-21)，有

$$\begin{aligned} ||\hat{x}(k+1)||_2 &\leqslant (\delta(\hat{\boldsymbol{A}}_0))^{k+1}||\hat{x}(0)||_2 \\ &\leqslant \frac{1}{2} \cdot \frac{L_{T(\epsilon)}}{(1+2a)^{N-1}} \end{aligned}$$

这蕴含

$$||\hat{x}(k+1)||_2 < \epsilon,\ k = 0, 1, 2, \cdots, T(\epsilon) - 1$$

和

$$||\hat{x}(T(\epsilon))||_2 < L_{T(\epsilon)} \tag{5-23}$$

最后，式 (5-23) 和式 (5-13) 蕴含

$$||\hat{x}(k+1)||_2 < \epsilon,\ k = T(\epsilon), T(\epsilon)+1, T(\epsilon)+2, \cdots$$

这样就完成了证明。

注解 5.1 由定理 2.1，在 $S_N(k)\backslash S_1(k)$ 中被量化的数据 $\hat{x}(k)$ 和对应的量化误差 $\hat{e}(k) = ||\hat{x}(k) - \mathcal{D}_k(\mathcal{E}_k(\hat{x}(k))||_2$ 之间的关系很自然地反映了一个直觉概念：当 $||\hat{x}(k)||_2$ 趋于 0 时，量化器的分辨率应当精细；反之，当 $||\hat{x}(k)||_2$ 远离 0 时，量化器的分辨率应当粗糙。然而为获得有限码率，我们采用选择性量化方法。准确地说，包含原点的最小球 $S_1(k)$ 被看作一个量化块，不再被分割，而支撑球的其他区域被分割量化。这样上述关系在 $S_1(k)$ 内不成立。根据我们的编码方案，如果 $\hat{x}(k)$ 不属于系统的稳定子空间，当 $\hat{x}(k)$ 进入 $S_1(k)$ 后，存在 $k' > k$ 使得在时刻 k'，$\hat{x}(k')$ 将离开 $S_1(k')$，但是它不能离开 $S_N(k')$，并且还可以在某个时刻 $k'' > k'$ 再进入 $S_1(k'')$。因此，这种编码方案符合另一种直觉概念：如果状态收敛到原点快于期望，则可以停止控制系统一段时间，这与文献 [16] 类似。然而，在文献 [16] 中采用均匀量化器（Uniform Quantizer），只能获得某种实际稳定性（Practical Stability）：在某个初始集合内的状态可以被驱动到一个更小的集合内；而球极坐标编码方案在每个采样时刻收缩包含状态 $\hat{x}(k)$ 的支撑球，所以系统状态可被渐进驱动到原点。

实际上，除了范数 $||.||_2$ 外，如果其他某个向量范数和矩阵范数 $||.||$ 满足

$$||\hat{\boldsymbol{A}}|| + \eta(1+\frac{1}{\mu_e^2})^{1/2}||\hat{\boldsymbol{B}}|| < 1 \tag{5-24}$$

$$||\hat{\boldsymbol{A}}_1|| + \eta||\hat{\boldsymbol{B}}_1|| < 1 \tag{5-25}$$

$$\frac{||\hat{\boldsymbol{A}}_2||}{(1+2a)^{N-1}} + \frac{\eta}{\mu_e}||\hat{\boldsymbol{B}}_2|| < 1$$

$$\frac{||\hat{\boldsymbol{A}}_0||}{(1+2a)^{N-1}} < 1$$

那么定理 5.1 仍然成立。其中 $\mu_e = \max\{||\hat{\boldsymbol{A}}|| + \eta(1+\frac{1}{\mu_e^2})^{1/2}||\hat{\boldsymbol{B}}||, ||\hat{\boldsymbol{A}}_1|| + \eta||\hat{\boldsymbol{B}}_1||, \frac{||\hat{\boldsymbol{A}}_2||}{(1+2a)^{N-1}} + \frac{\eta}{\mu_e}||\hat{\boldsymbol{B}}_2||, \frac{||\hat{\boldsymbol{A}}_0||}{(1+2a)^{N-1}}\}$。然而，在这种情况下，存在两个困难：一是对于范数 $||.||$，在编码器不能获得控制输入条件下，不容易设计编码方案使被量化值与量化误差存在明确的关系，即 $||\hat{e}(k)|| \leqslant \eta||\hat{x}(k)||$；二是即使存在控制器 K 使

得 $\hat{\boldsymbol{A}}$ 和 $\hat{\boldsymbol{A}}_1$ 稳定，范数 $||\hat{\boldsymbol{A}}||$ 和 $||\hat{\boldsymbol{A}}_1||$ 可能大于 1，这导致不等式 (5-24) 和式 (5-25) 的解不存在。

但在向量范数 $||.||_2$ 和矩阵范数 $\delta(.)$ 意义下，前面给出的球极坐标编码方案已解决了第一个困难。为解决第二个困难，可利用引理 3.1。

取原闭环增广系统式 (5-9)～闭环增广系统式 (5-12) 的线性变换：$\widetilde{x}(k) = P^{-1}\widehat{x}(k)$ 和 $\widetilde{e}(k) = P^{-1}\hat{e}(k)$，分别得到新闭环增广系统

$$\widetilde{x}(k+1) = \boldsymbol{P}^{-1}\hat{\boldsymbol{A}}\boldsymbol{P}\widetilde{x}(k) + \boldsymbol{P}^{-1}\hat{\boldsymbol{B}}\boldsymbol{P}\widetilde{e}(k)$$

$$\widetilde{x}(k+1) = \boldsymbol{P}^{-1}\hat{\boldsymbol{A}}_1\boldsymbol{P}\widetilde{x}(k) + \boldsymbol{P}^{-1}\hat{\boldsymbol{B}}_1\boldsymbol{P}\widetilde{e}(k)$$

$$\widetilde{x}(k+1) = \boldsymbol{P}^{-1}\hat{\boldsymbol{A}}_2\boldsymbol{P}\widetilde{x}(k) + \boldsymbol{P}^{-1}\hat{\boldsymbol{B}}_2\boldsymbol{P}\widetilde{e}(k)$$

$$\widetilde{x}(k+1) = \boldsymbol{P}^{-1}\hat{\boldsymbol{A}}_0\boldsymbol{P}\widetilde{x}(k)$$

式中，$\boldsymbol{P}$ 是可逆矩阵。

推论 5.1　闭环系统式 (5-6) 是渐进稳定的，如果量化器 (L_k, N, a, M) 的参数 L_k 更新为

$$L_{k+1} = \mu_c L_k \tag{5-26}$$

并且存在状态反馈增益矩阵 $\boldsymbol{K}$，可逆矩阵 $\boldsymbol{P}$ 和所给的编码方案满足

$$\delta(\boldsymbol{P}^{-1}\hat{\boldsymbol{A}}\boldsymbol{P}) + \eta\left(1+\frac{1}{\mu_c^2}\right)^{1/2}\delta(\boldsymbol{P}^{-1}\hat{\boldsymbol{B}}\boldsymbol{P}) < 1 \tag{5-27}$$

$$\delta(\boldsymbol{P}^{-1}\hat{\boldsymbol{A}}_1\boldsymbol{P}) + \eta\delta(\boldsymbol{P}^{-1}\hat{\boldsymbol{B}}_1\boldsymbol{P}) < 1 \tag{5-28}$$

$$\frac{\delta(\boldsymbol{P}^{-1}\hat{\boldsymbol{A}}_2\boldsymbol{P})}{(1+2a)^{N-1}} + \frac{\eta}{\mu_c}\delta(\boldsymbol{P}^{-1}\hat{\boldsymbol{B}}_2\boldsymbol{P}) < 1 \tag{5-29}$$

$$\frac{\delta(\boldsymbol{P}^{-1}\hat{\boldsymbol{A}}_0\boldsymbol{P})}{(1+2a)^{N-1}} < 1 \tag{5-30}$$

式中，$\eta = a + (2n-1)\frac{\pi}{2M}$，$\mu_c = \max\{\delta(\boldsymbol{P}^{-1}\hat{\boldsymbol{A}}\boldsymbol{P}) + \eta(1+\frac{1}{\mu_c^2})^{1/2}\delta(\boldsymbol{P}^{-1}\hat{\boldsymbol{B}}\boldsymbol{P}),$ $\delta(\boldsymbol{P}^{-1}\hat{\boldsymbol{A}}_1\boldsymbol{P}) + \eta\delta(\boldsymbol{P}^{-1}\hat{\boldsymbol{B}}_1\boldsymbol{P})$, $\frac{\delta(\boldsymbol{P}^{-1}\hat{\boldsymbol{A}}_2\boldsymbol{P})}{(1+2a)^{N-1}} + \frac{\eta}{\mu_c}\delta(\boldsymbol{P}^{-1}\hat{B}_2\boldsymbol{P})$, $\frac{\delta(\boldsymbol{P}^{-1}\hat{\boldsymbol{A}}_0\boldsymbol{P})}{(1+2a)^{N-1}}\}$。进一步得到在所设计的编码方案条件下信道码率为

$$R = \lceil \log_2(2(N-1)M^{2n-1}+1) \rceil \tag{5-31}$$

其中

$$N \geqslant \left\lceil \frac{\max\left\{\log_2 \dfrac{\delta(\boldsymbol{P}^{-1}\hat{\boldsymbol{A}}_2\boldsymbol{P})}{1-\dfrac{\eta}{\mu_c}\delta(\boldsymbol{P}^{-1}\hat{\boldsymbol{B}}_2\boldsymbol{P})}, \log_2 \delta(\boldsymbol{P}^{-1}\hat{\boldsymbol{A}}_0\boldsymbol{P})\right\}}{\log_2\left(1+2\eta-(2n-1)\dfrac{\pi}{M}\right)} \right\rceil + 1 \tag{5-32}$$

注解 5.2 显然，如果找到满足 $\delta(\boldsymbol{P}^{-1}\hat{\boldsymbol{A}}\boldsymbol{P}) < 1$ 的矩阵 $\boldsymbol{K}$ 和 $\boldsymbol{P}$ 使系统式 (5-6) 稳定（这是一种保证时变系统稳定的控制器设计方法），那么存在量化器 (L_k, N, a, M) 满足式 (5-27)~ 式 (5-30)。因此式 (5-27)~ 式 (5-30) 不是对控制器附加的约束条件。

注解 5.3 球极坐标量化器的存在性不依赖于控制器的选择，即只要系统可由某一控制器稳定，一定存在球极坐标量化器使得系统在同样控制器并在反馈回路存在信道的条件下稳定。

5.4 控制器、编码器/解码器设计

基于上述讨论，下面给出控制器、量化器的设计方法及编码/解码过程。

5.4.1 控制器、量化器设计

（1）选择一个小于 1 的实数 μ_c，并找到 η、$\boldsymbol{K}$ 和 $\boldsymbol{P}$ 满足关于时变矩阵 $\hat{\boldsymbol{A}}$、$\hat{\boldsymbol{B}}$、$\hat{\boldsymbol{A}}_1$ 和 $\hat{\boldsymbol{B}}_1$ 的不等式

$$\delta(\boldsymbol{P}^{-1}\hat{\boldsymbol{A}}\boldsymbol{P}) + \eta\left(1+\frac{1}{\mu_c^2}\right)^{1/2}\delta(\boldsymbol{P}^{-1}\hat{\boldsymbol{B}}\boldsymbol{P}) \leqslant \mu_c$$

和

$$\delta(\boldsymbol{P}^{-1}\hat{\boldsymbol{A}}_1\boldsymbol{P}) + \eta\delta(\boldsymbol{P}^{-1}\hat{\boldsymbol{B}}_1\boldsymbol{P}) \leqslant \mu_c$$

寻找 η、$\boldsymbol{K}$ 和 $\boldsymbol{P}$ 的算法在 5.5 节给出。

（2）对于新闭环增广系统，确定量化器 (L_k, N, a, M) 的参数 N、a、M 和 L_k，已知 η，取 $M \in \mathbb{Z}^+$ 满足

$$a = \eta - (2n-1)\frac{\pi}{2M} > 0$$

取

$$N \geqslant \left\lceil \frac{\max\left\{\log_2 \dfrac{\delta(\boldsymbol{P}^{-1}\hat{\boldsymbol{A}}_2\boldsymbol{P})}{\mu_c - \dfrac{\eta}{\mu_c}\delta(\boldsymbol{P}^{-1}\hat{\boldsymbol{B}}_2\boldsymbol{P})}, \log_2 \dfrac{\delta(\boldsymbol{P}^{-1}\hat{\boldsymbol{A}}_0\boldsymbol{P})}{\mu_c}\right\}}{\log_2\left(1+2\eta-(2n-1)\dfrac{\pi}{M}\right)} \right\rceil + 1$$

满足

$$\frac{\delta(\boldsymbol{P}^{-1}\hat{\boldsymbol{A}}_2\boldsymbol{P})}{(1+2a)^{N-1}} + \frac{\eta}{\mu_c}\delta(\boldsymbol{P}^{-1}\hat{\boldsymbol{B}}_2\boldsymbol{P}) \leqslant \mu_c \tag{5-33}$$

和

$$\frac{\delta(\boldsymbol{P}^{-1}\hat{\boldsymbol{A}}_0\boldsymbol{P})}{(1+2a)^{N-1}} \leqslant \mu_c \tag{5-34}$$

更新 L_k 为

$$L_{k+1} = \mu_c L_k$$

其中，初始值 $L_0 = \delta(\boldsymbol{P}^{-1})r_0$。

5.4.2　编码/解码过程

1. 编码过程

（1）接收原系统的状态 $x(k)$，构造原增广系统的状态 $\hat{x}(k) = \begin{bmatrix} x(k) \\ x(k-1) \end{bmatrix}$。

（2）利用线性变换 $\widetilde{x}(k) = \boldsymbol{P}^{-1}\hat{x}(k)$，将 $\hat{x}(k)$ 变换为新增广系统的状态 $\widetilde{x}(k)$，再由上述编码方案将 $\widetilde{x}(k)$ 量化为 $V(k) = \mathcal{E}_k(\widetilde{x}(k))$。

（3）发送码字 $V(k)$ 给解码器。

（4）更新 L_k，设定 $L_{k+1} = \mu_c L_k$。

（5）更新时间 $K = k+1$，返回第（1）步。

2. 解码过程

（1）接收来自编码器的码字 $V(k)$，将 $V(k)$ 解码为 $\overline{\overline{x}}(k) = \mathcal{D}_k(V(k))$，即量化块 $V(k)$ 的中心。

（2）利用线性变换 $\overline{x}(k) = \boldsymbol{P}\overline{\overline{x}}(k)$，将 $\overline{\overline{x}}(k)$ 变换为原增广系统的状态 $\overline{x}(k) = \begin{bmatrix} \bar{x}(k) \\ \bar{x}(k-1) \end{bmatrix}$。

（3）由 $\hat{\overline{x}}(k)$ 获得 $\overline{x}(k)$，计算控制量 $u(k)=\boldsymbol{K}\overline{x}(k)$。

（4）与编码过程第（4）步一样更新 L_k。

（5）更新时间 $K=k+1$，返回第（1）步。

5.5 控制器设计方法

下面给出寻找 η、$\boldsymbol{K}$ 和 $\boldsymbol{P}$ 满足关于时变矩阵 $\hat{\boldsymbol{A}}$、$\hat{\boldsymbol{B}}$、$\hat{\boldsymbol{A}}_1$ 和 $\hat{\boldsymbol{B}}_1$ 的不等式

$$\delta(\boldsymbol{P}^{-1}\hat{\boldsymbol{A}}_1\boldsymbol{P})+\eta\delta(\boldsymbol{P}^{-1}\hat{\boldsymbol{B}}_1\boldsymbol{P})\leqslant\mu \tag{5-35}$$

和

$$\delta(\boldsymbol{P}^{-1}\hat{\boldsymbol{A}}\boldsymbol{P})+\eta\left(1+\frac{1}{\mu^2}\right)^{1/2}\delta(\boldsymbol{P}^{-1}\hat{\boldsymbol{B}}\boldsymbol{P})\leqslant\mu \tag{5-36}$$

的算法。这个算法也可见于文献 [98]。由 $\hat{\boldsymbol{A}}$、$\hat{\boldsymbol{B}}$、$\hat{\boldsymbol{A}}_1$ 和 $\hat{\boldsymbol{B}}_1$ 的结构可以看出，式 (5-36) 蕴含式 (5-35)。所以只需寻找 η、K 和 $\boldsymbol{P}$ 满足式 (5-36)。

将系统式 (5-9) 中的 $\Gamma^0(\tau(k))$ 和 $\Gamma^1(\tau(k))$ 进行 Taylor 级数展开，可得

$$\begin{aligned}\Gamma^1(\tau(k))&=-\sum_{i=1}^{\infty}(-\tau(k))^i\frac{H^{i-1}}{i!}\mathrm{e}^{Ht}W\\&=\Gamma^{1,h}(\tau(k))+\theta^h\end{aligned}$$

和

$$\begin{aligned}\Gamma^0(\tau(k))&=B+\sum_{i=1}^{\infty}(-\tau(k))^i\frac{H^{i-1}}{i!}\mathrm{e}^{Ht}W\\&=\Gamma^{0,h}(\tau(k))-\theta^h\end{aligned}$$

其中

$$\Gamma^{1,h}(\tau(k))=-\sum_{i=1}^{h}(-\tau(k))^i\frac{H^{i-1}}{i!}\mathrm{e}^{Ht}W$$

和

$$\Gamma^{0,h}(\tau(k))=B-\Gamma^{1,h}(\tau(k))$$

是系统矩阵式 (5-4) 的 h 阶 Taylor 级数近似项，

$$\theta^h=-\sum_{i=h+1}^{\infty}(-\tau(k))^i\frac{H^{i-1}}{i!}\mathrm{e}^{Ht}W$$

是 Taylor 级数展开的余项。

由文献 [99]，h 阶近似项 $\Gamma^{1,h}(\tau(k))$ 和 $\Gamma^{0,h}(\tau(k))$ 可以表示为矩阵凸多包体形式

$$\Gamma^{1,h}(\tau(k)) = \sum_{i=1}^{h+1}\mu_i(k)\boldsymbol{U}_i^{1,h}$$

$$\Gamma^{0,h}(\tau(k)) = \sum_{i=1}^{h+1}\mu_i(k)\boldsymbol{U}_i^{0,h}$$

$$\sum_{i=1}^{h+1}\mu_i(k) = 1$$

$$\mu_i(k) > 0,\ \forall i = 1,2,3,\cdots,h+1,\ \forall k \in \mathbb{Z}^+$$

这里多包体顶点为 $\boldsymbol{U}_i^{1,h} = [G_h,\cdots,G_3,G_2,G_1]\phi_i$ 和 $\boldsymbol{U}_i^{0,h} = \boldsymbol{B} - \boldsymbol{U}_i^{1,h}$，满足

$$G_i = (-1)^{i+1}\frac{H^{i-1}}{i!}\mathrm{e}^{Ht}W$$

和

$$\boldsymbol{\phi}_1 = \begin{pmatrix} \underline{\tau}^h\boldsymbol{I} \\ \underline{\tau}^{h-1}\boldsymbol{I} \\ \vdots \\ \underline{\tau}^2\boldsymbol{I} \\ \underline{\tau}^1\boldsymbol{I} \end{pmatrix}, \boldsymbol{\phi}_2 = \begin{pmatrix} \underline{\tau}^h\boldsymbol{I} \\ \underline{\tau}^{h-1}\boldsymbol{I} \\ \vdots \\ \underline{\tau}^2\boldsymbol{I} \\ \overline{\tau}^1\boldsymbol{I} \end{pmatrix}, \cdots, \boldsymbol{\phi}_{h+1} = \begin{pmatrix} \overline{\tau}^h\boldsymbol{I} \\ \overline{\tau}^{h-1}\boldsymbol{I} \\ \vdots \\ \overline{\tau}^2\boldsymbol{I} \\ \overline{\tau}^1\boldsymbol{I} \end{pmatrix}$$

因此，系统式 (5-9) 可表示为带有附加不确定项 $\boldsymbol{\theta}_a$ 和 $\boldsymbol{\theta}_b$ 的多包体模型

$$\begin{aligned} \hat{x}(k+1) &= \hat{\boldsymbol{A}}(k)\hat{x}(k) + \hat{\boldsymbol{B}}(k)\hat{e}(k) \\ &= (\overline{\boldsymbol{A}} + \boldsymbol{\theta}_a)\hat{x}(k) + (\overline{\boldsymbol{B}} + \boldsymbol{\theta}_b)\hat{e}(k) \end{aligned} \tag{5-37}$$

其中

$$\overline{\boldsymbol{A}} = \sum_{i=1}^{h+1}\mu_i(k)\boldsymbol{A}_i^{h+},\ \overline{\boldsymbol{B}} = \sum_{i=1}^{h+1}\mu_i(k)\boldsymbol{B}_i^{h+}$$

$$\boldsymbol{A}_i^{h+} = \begin{bmatrix} \boldsymbol{A} + \boldsymbol{U}_i^{0,h}\boldsymbol{K} & \boldsymbol{U}_i^{1,h}\boldsymbol{K} \\ \boldsymbol{I} & 0 \end{bmatrix},\ \boldsymbol{B}_i^{h+} = \begin{bmatrix} \boldsymbol{U}_i^{0,h}\boldsymbol{K} & \boldsymbol{U}_i^{1,h}\boldsymbol{K} \\ 0 & 0 \end{bmatrix}$$

$$\boldsymbol{\theta}_a = \boldsymbol{\theta}_b = \begin{bmatrix} -\theta^h \boldsymbol{K} & \theta^h \boldsymbol{K} \\ 0 & 0 \end{bmatrix}$$

由式 (5-37)，可知附加不确定项 $\boldsymbol{\theta}_a$ 和 $\boldsymbol{\theta}_b$ 是有界的。因此，存在一正数 r 使得

$$\sup_{\underline{\tau}\leqslant\tau\leqslant\overline{\tau}}\{||\boldsymbol{\theta}_a||_2^2\} = \sup_{\underline{\tau}\leqslant\tau\leqslant\overline{\tau}}\{||\boldsymbol{\theta}_b||_2^2\} \leqslant r \tag{5-38}$$

在引理 5.1 中，使用线性矩阵不等式（LMI）可保证限制条件式 (5-38) 成立。

引理 5.1 状态反馈控制器满足

$$\sup_{\underline{\tau}\leqslant\tau\leqslant\overline{\tau}}\{||\theta_j||_2^2\} \leqslant r$$

如果状态反馈增益 $\boldsymbol{K}$ 满足下列 LMI

$$\begin{pmatrix} -\dfrac{r}{m^2}\boldsymbol{I} & \Delta^{\mathrm{T}} \\ \Delta & -\boldsymbol{I} \end{pmatrix} < 0 \tag{5-39}$$

式中，$r > 0, j = a, b$。

$$m = ||H^{-1}\mathrm{e}^{Ht}W||_2\left(\mathrm{e}^{||H||_2\overline{\tau}} - \sum_{i=0}^{h}\frac{\overline{\tau}^i}{i!}||H||_2^i\right), \Delta = \begin{pmatrix} -K & K \\ 0 & 0 \end{pmatrix}$$

证明： 由于 $\underline{\tau} \leqslant \tau(k) \leqslant \overline{\tau}$,

$$\begin{aligned} \sup_{\underline{\tau}\leqslant\tau\leqslant\overline{\tau}}||\theta^h||_2 &\leqslant \sup_{\underline{\tau}\leqslant\tau\leqslant\overline{\tau}}\left(\sum_{i=h+1}^{\infty}||\frac{\tau(k)^i H^i}{i!}||_2||H^{-1}\mathrm{e}^{Ht}W||_2\right) \\ &\leqslant ||H^{-1}\mathrm{e}^{Ht}W||_2\sum_{i=h+1}^{\infty}\frac{\overline{\tau}^i}{i!}||H||_2^i \\ &= ||H^{-1}\mathrm{e}^{Ht}W||_2\left(\mathrm{e}^{||H||_2\overline{\tau}} - \sum_{i=0}^{h}\frac{\overline{\tau}^i}{i!}||H||_2^i\right) \end{aligned}$$

因此

$$\begin{aligned} \sup_{\underline{\tau}\leqslant\tau\leqslant\overline{\tau}}||\theta_j||_2 &\leqslant \sup_{\underline{\tau}\leqslant\tau\leqslant\overline{\tau}}||\theta^h||_2\left\|\begin{pmatrix} -\boldsymbol{K} & \boldsymbol{K} \\ 0 & 0 \end{pmatrix}\right\|_2 \\ &\leqslant m||\Delta||_2 \end{aligned}$$

式中，$j=a,b$。由式 (5-39)，有 $m^2\varDelta^{\mathrm{T}}\varDelta<r\boldsymbol{I}$。所以

$$\sup_{\underline{\tau}\leqslant\tau\leqslant\overline{\tau}}||\theta_j||_2^2\leqslant m^2||\varDelta||_2^2<r$$

下面通过定理 5.2 说明如何寻找 η、$\boldsymbol{P}$ 和 $\boldsymbol{K}$。

定理 5.2　给定 γ、μ，满足 $0<\gamma<\mu<1$。不等式 (5-36) 成立，如果存在下面优化问题的解 $(\eta, r, \mathbf{K}, \overline{\boldsymbol{P}}, \boldsymbol{E}, \boldsymbol{F})$，则

$$\min\frac{1}{\eta^2}\tag{5-40}$$

$$\begin{pmatrix}-\dfrac{r}{m^2}\boldsymbol{I} & \varDelta^{\mathrm{T}}\\ \varDelta & -\boldsymbol{I}\end{pmatrix}<0\tag{5-41}$$

$$\begin{pmatrix}r\boldsymbol{I}-\gamma^2\overline{\boldsymbol{P}} & (\boldsymbol{A}_i^{h+})^{\mathrm{T}}\boldsymbol{E} & (\boldsymbol{A}_i^{h+})^{\mathrm{T}}\boldsymbol{E}\\ \boldsymbol{E}\boldsymbol{A}_i^{h+} & \overline{\boldsymbol{P}}-2\boldsymbol{E} & 0\\ \boldsymbol{E}\boldsymbol{A}_i^{h+} & 0 & 2\boldsymbol{E}-\boldsymbol{I}\end{pmatrix}<0\tag{5-42}$$

$$\begin{pmatrix}r\boldsymbol{I}-\dfrac{(\mu-\gamma)^2}{\eta^2\left(1+\dfrac{1}{\mu^2}\right)}\overline{\boldsymbol{P}} & (\boldsymbol{B}_i^{h+})^{\mathrm{T}}\boldsymbol{F} & (\boldsymbol{B}_i^{h+})^{\mathrm{T}}\boldsymbol{F}\\ \boldsymbol{F}\boldsymbol{B}_i^{h+} & \overline{\boldsymbol{P}}-2\boldsymbol{F} & 0\\ \boldsymbol{F}\boldsymbol{B}_i^{h+} & 0 & 2\boldsymbol{F}-\boldsymbol{I}\end{pmatrix}<0\tag{5-43}$$

其中，$i=1,2,3,\cdots,h+1$，$\boldsymbol{K}$ 是控制器增益矩阵，$\overline{\boldsymbol{P}}$、$\boldsymbol{E}$ 和 $\boldsymbol{F}$ 是对称正定矩阵。

证明： 分别用 $\begin{pmatrix}\boldsymbol{I} & (\boldsymbol{A}_i^{h+}+\boldsymbol{\theta}_a)^{\mathrm{T}} & \boldsymbol{\theta}_a^{\mathrm{T}}\end{pmatrix}$ 及其转置左乘和右乘式 (5-42)，可得

$$r\boldsymbol{I}-\boldsymbol{\theta}_a^{\mathrm{T}}\boldsymbol{\theta}_a-\gamma^2\overline{\boldsymbol{P}}+(\boldsymbol{A}_i^{h+}+\boldsymbol{\theta}_a)^{\mathrm{T}}\overline{\boldsymbol{P}}(\boldsymbol{A}_i^{h+}+\boldsymbol{\theta}_a)<0$$

由 Schur 补引理可知，这蕴含

$$\boldsymbol{N}_i=\begin{pmatrix}r\boldsymbol{I}-\gamma^2\overline{\boldsymbol{P}}-\boldsymbol{\theta}_a^{\mathrm{T}}\boldsymbol{\theta}_a & (\boldsymbol{A}_i^{h+}+\boldsymbol{\theta}_a)^{\mathrm{T}}\overline{\boldsymbol{P}}\\ \overline{\boldsymbol{P}}(\boldsymbol{A}_i^{h+}+\boldsymbol{\theta}_a) & -\overline{\boldsymbol{P}}\end{pmatrix}<0$$

这样，凸组合

$$\sum_{i=1}^{h+1}\mu_i(k)\boldsymbol{N}_i=\begin{pmatrix}r\boldsymbol{I}-\gamma^2\overline{\boldsymbol{P}}-\boldsymbol{\theta}_a^{\mathrm{T}}\boldsymbol{\theta}_a & (\overline{\boldsymbol{A}}+\boldsymbol{\theta}_a)^{\mathrm{T}}\overline{\boldsymbol{P}}\\ \overline{\boldsymbol{P}}(\overline{\boldsymbol{A}}+\boldsymbol{\theta}_a) & -\overline{\boldsymbol{P}}\end{pmatrix}<0$$

成立。由式 (5-41) 和引理 5.1，有 $\sup\limits_{\underline{\tau}\leqslant\tau\leqslant\overline{\tau}}\{\|\boldsymbol{\theta}_a\|_2^2\}\leqslant r$，因此

$$\begin{pmatrix} -\gamma^2\overline{\boldsymbol{P}} & (\overline{\boldsymbol{A}}+\boldsymbol{\theta}_a)^{\mathrm{T}}\overline{\boldsymbol{P}} \\ \overline{\boldsymbol{P}}(\overline{\boldsymbol{A}}+\boldsymbol{\theta}_a) & -\overline{\boldsymbol{P}} \end{pmatrix}<0$$

由 Schur 补引理可知，这表明

$$-\gamma^2\overline{\boldsymbol{P}}+(\overline{\boldsymbol{A}}+\boldsymbol{\theta}_a)^{\mathrm{T}}\overline{\boldsymbol{P}}(\overline{\boldsymbol{A}}+\boldsymbol{\theta}_a)<0 \tag{5-44}$$

类似式 (5-44) 的证明，由式 (5-43) 和 $\sup\limits_{\underline{\tau}\leqslant\tau\leqslant\overline{\tau}}\{\|\boldsymbol{\theta}_b\|_2^2\}\leqslant r$，有

$$-\frac{(\mu-\gamma)^2}{\eta^2\left(1+\dfrac{1}{\mu^2}\right)}\overline{\boldsymbol{P}}+(\overline{\boldsymbol{B}}+\boldsymbol{\theta}_b)^{\mathrm{T}}\overline{\boldsymbol{P}}(\overline{\boldsymbol{B}}+\boldsymbol{\theta}_b)<0 \tag{5-45}$$

令 $\overline{\boldsymbol{P}}=\boldsymbol{P}^{-\mathrm{T}}\boldsymbol{P}^{-1}$，由式 (5-44) 和式 (5-45)，有

$$\boldsymbol{P}^{\mathrm{T}}(\overline{\boldsymbol{A}}+\boldsymbol{\theta}_a)^{\mathrm{T}}\boldsymbol{P}^{-\mathrm{T}}\boldsymbol{P}^{-1}(\overline{\boldsymbol{A}}+\boldsymbol{\theta}_a)\boldsymbol{P}<\gamma^2\boldsymbol{I} \tag{5-46}$$

和

$$\eta^2\left(1+\frac{1}{\mu^2}\right)\boldsymbol{P}^{\mathrm{T}}(\overline{\boldsymbol{B}}+\boldsymbol{\theta}_b)^{\mathrm{T}}\boldsymbol{P}^{-\mathrm{T}}\boldsymbol{P}^{-1}(\overline{\boldsymbol{B}}+\boldsymbol{\theta}_b)\boldsymbol{P}<(\mu-\gamma)^2\boldsymbol{I} \tag{5-47}$$

由式 (5-46) 和式 (5-47)，可得到 $\delta(\boldsymbol{P}^{-1}(\overline{\boldsymbol{A}}+\boldsymbol{\theta}_a)\boldsymbol{P})<\gamma$ 和 $\eta\left(1+\dfrac{1}{\mu^2}\right)^{1/2}\delta(\boldsymbol{P}^{-1}(\overline{\boldsymbol{B}}+\boldsymbol{\theta}_b)\boldsymbol{P})<\mu-\gamma$，这样就得到了式 (5-36)。

然而，由引理 5.2 不能用已有的线性矩阵不等式方法获得控制器，这是由于矩阵不等式 (5-42) 和式 (5-43) 包含未知矩阵 $\bar{\boldsymbol{P}}$、$\boldsymbol{E}$、$\boldsymbol{F}$ 和控制器矩阵 $\boldsymbol{K}$ 的乘积项。我们需要将它们转换为线性矩阵不等式。令 $\eta'=\frac{1}{\eta^2}$。

定理 5.3 给定 μ,λ,γ，满足 $0<\lambda,\gamma<\mu<1$。不等式 (5-36) 成立，如果下面的优化问题存在解 $(\eta', r, \boldsymbol{K}, \boldsymbol{Q}, \overline{\boldsymbol{P}}, \overline{\boldsymbol{E}}, \overline{\boldsymbol{F}})$，则

$$\min\ \eta'$$

$$\lambda\boldsymbol{I}>\overline{\boldsymbol{P}} \tag{5-48}$$

$$\boldsymbol{Q}<\eta'\overline{\boldsymbol{P}} \tag{5-49}$$

$$\begin{pmatrix} -\dfrac{r}{m^2}\boldsymbol{I} & \Delta^{\mathrm{T}} \\ \Delta & -\boldsymbol{I} \end{pmatrix} < 0 \tag{5-50}$$

$$\begin{pmatrix} r\boldsymbol{I}-\gamma^2\overline{\boldsymbol{P}} & (\boldsymbol{A}_i^{h+})^{\mathrm{T}} & (\boldsymbol{A}_i^{h+})^{\mathrm{T}} & 0 \\ \boldsymbol{A}_i^{h+} & -2\overline{\boldsymbol{E}} & 0 & \overline{\boldsymbol{E}} \\ \boldsymbol{A}_i^{h+} & 0 & -2\overline{\boldsymbol{E}}+4\boldsymbol{I} & 0 \\ 0 & \overline{\boldsymbol{E}} & 0 & -\dfrac{1}{\lambda}\boldsymbol{I} \end{pmatrix} < 0 \tag{5-51}$$

$$\begin{pmatrix} r\boldsymbol{I}-\dfrac{(\mu-\gamma)^2}{\eta^2\left(1+\frac{1}{\mu^2}\right)}\boldsymbol{Q} & (\boldsymbol{B}_i^{h+})^{\mathrm{T}} & (\boldsymbol{B}_i^{h+})^{\mathrm{T}} & 0 \\ \boldsymbol{B}_i^{h+} & -2\overline{\boldsymbol{F}} & 0 & \overline{\boldsymbol{F}} \\ \boldsymbol{B}_i^{h+} & 0 & -2\overline{\boldsymbol{F}}+4\boldsymbol{I} & 0 \\ 0 & \overline{\boldsymbol{F}} & 0 & -\dfrac{1}{\lambda}\boldsymbol{I} \end{pmatrix} < 0 \tag{5-52}$$

$$\forall i = 1,2,3,\cdots,h+1$$

其中，$\boldsymbol{K}$ 是控制器增益矩阵, $\overline{\boldsymbol{P}}$、$\boldsymbol{Q}$、$\overline{\boldsymbol{E}}$ 和 $\overline{\boldsymbol{F}}$ 是对称正定矩阵。

证明： 令 $\overline{\boldsymbol{E}}=\boldsymbol{E}^{-1},\overline{\boldsymbol{F}}=\boldsymbol{F}^{-1}$。由式 (5-51)，有

$$\begin{pmatrix} r\boldsymbol{I}-\gamma^2\overline{\boldsymbol{P}} & (\boldsymbol{A}_i^{h+})^{\mathrm{T}} & (\boldsymbol{A}_i^{h+})^{\mathrm{T}} \\ \boldsymbol{A}_i^{h+} & \lambda\overline{\boldsymbol{E}}^{\mathrm{T}}\overline{\boldsymbol{E}}-2\overline{\boldsymbol{E}} & 0 \\ \boldsymbol{A}_i^{h+} & 0 & -2\overline{\boldsymbol{E}}+4\boldsymbol{I} \end{pmatrix} < 0 \tag{5-53}$$

由 $(\overline{\boldsymbol{E}}-2\boldsymbol{I})^{\mathrm{T}}(\overline{\boldsymbol{E}}-2\boldsymbol{I})\geqslant 0$，有

$$-2\overline{\boldsymbol{E}}+4\boldsymbol{I}\geqslant 2\overline{\boldsymbol{E}}-\overline{\boldsymbol{E}}^2 \tag{5-54}$$

由式 (5-48)，有

$$\lambda\overline{\boldsymbol{E}}^{\mathrm{T}}\overline{\boldsymbol{E}} > \overline{\boldsymbol{E}}^{\mathrm{T}}\overline{\boldsymbol{P}}\,\overline{\boldsymbol{E}} \tag{5-55}$$

分别应用式 (5-54) 和式 (5-55) 到矩阵 (5-53) 的元素，有

$$\begin{pmatrix} r\boldsymbol{I}-\gamma^2\overline{\boldsymbol{P}} & (\boldsymbol{A}_i^{h+})^{\mathrm{T}} & (\boldsymbol{A}_i^{h+})^{\mathrm{T}} \\ \boldsymbol{A}_i^{h+} & \overline{\boldsymbol{E}}^{\mathrm{T}}\overline{\boldsymbol{P}}\,\overline{\boldsymbol{E}}-2\overline{\boldsymbol{E}} & 0 \\ \boldsymbol{A}_i^{h+} & 0 & 2\overline{\boldsymbol{E}}-\overline{\boldsymbol{E}}^2 \end{pmatrix} < 0 \tag{5-56}$$

用 $\mathrm{diag}(\boldsymbol{I},\boldsymbol{E},\boldsymbol{E})$ 及其转置分别左乘和右乘式 (5-56)，得到式 (5-42)。类似地，由 $-2\overline{\boldsymbol{F}}+4\boldsymbol{I}\geqslant 2\overline{\boldsymbol{F}}-\overline{\boldsymbol{F}}^2$、式 (5-48)、式 (5-49) 和式 (5-52)，得到式 (5-43)。这样就完成了证明。

给定 μ, λ 和 γ，定理 5.3 的优化问题实际上是关于 η' 的广义特征值最小化问题。可以用数值软件可靠求解，可同时得到 $\eta = (1/\eta')^{1/2}$、$\boldsymbol{P}$ 和 $\boldsymbol{K}$。

5.6 数值仿真

考虑下面的时不变连续系统

$$\dot{x}(t) \quad = \quad \boldsymbol{H}x(t) + \boldsymbol{W}u_c(t) \tag{5-57}$$

其中

$$\boldsymbol{H} = \begin{bmatrix} 2.1 & -1.2 \\ 0.1 & 2.9 \end{bmatrix}, \ \boldsymbol{W} = \begin{bmatrix} 1.2 & 0.2 \\ 0.11 & 0.89 \end{bmatrix}$$

系统采样周期 $T = 0.1\text{s}$，网络诱导时延上界 $\underline{\tau} = 0.03\text{s}$、下界 $\overline{\tau} = 0.09\text{s}$。

令 $\mu = 0.99$，$\lambda = 0.235$，$\gamma = 0.49$。取 5 阶 Taylor 级数近似，由 5.5 节的算法，可得到 $\eta = 0.082$，

$$\boldsymbol{K} = \begin{bmatrix} -2.9370 & 1.6748 \\ 0.4140 & -4.9391 \end{bmatrix}$$

和

$$\overline{\boldsymbol{P}} = \begin{bmatrix} 0.2320 & -0.0014 & -0.0017 & 0.0006 \\ -0.0014 & 0.2341 & 0.0004 & -0.0032 \\ -0.0017 & 0.0004 & 0.1733 & 0.0015 \\ 0.0006 & -0.0032 & 0.0015 & 0.1691 \end{bmatrix}$$

由 $\overline{\boldsymbol{P}} = \boldsymbol{P}^{-\mathrm{T}}\boldsymbol{P}^{-1}$，用 Cholesky 分解，得到

$$\boldsymbol{P} = \begin{bmatrix} 2.0760 & 0.0125 & 0.0180 & -0.0065 \\ 0 & 2.0668 & -0.0035 & 0.0334 \\ 0 & 0 & 2.4021 & -0.0214 \\ 0 & 0 & 0 & 2.4323 \end{bmatrix}$$

确定新增广系统的量化器 (L_k, N, a, M) 参数：取 $M = 90$，使 $a = \eta - (2n-1)\frac{\pi}{2M} = 0.0278 > 0$，取 $N = 14$ 满足式 (5-33) 和式 (5-34)。

可以验证，如果不进行线性变换，即 $\boldsymbol{P} = \boldsymbol{I}$，则不能找到 $\boldsymbol{K}$ 和 η 满足式 (5-27) 和式 (5-28)。

5.7 小结

如前文指出，在编码器不能获得控制输入的条件下，要获得最小信道码率和相应的编码方案是很困难的。因此代替寻求最小码率，从应用角度设计在这种条件下的编码方案保证系统渐进稳定是很有意义的。

本章考虑网络时延控制系统的渐进稳定性问题。利用球极坐标量化器，给出在编码器不能获得控制输入的条件下保证系统渐进稳定的编码方案。基于球极坐标编码方案，我们给出保证网络时延控制系统渐进稳定的充分条件，并给出控制器、量化器的设计方法和编码/解码步骤。这个条件反映了系统控制性能与通信性能的折中。

第 6 章　基于球极坐标编码方案利用控制输入信息的网络时延控制系统稳定性分析

在这一章，我们进一步考虑上一章的网络时延控制系统的量化反馈设计问题。不同于第 5 章，我们注意到，尽管编码器不能获得控制输入，但解码器可以获得控制输入，这是由于解码器与控制器位于同一地点，而编码器和控制器因被传感器与控制器之间的信道分离而不在同一地点。所以在编码器不能获得控制输入的条件下，我们考虑两种情况：① 解码器不利用控制输入信息；② 解码器利用控制输入信息。在第一种情况下，代替原始系统，我们使用对应的增广系统估计原始系统状态的上下界用于量化，并假设系统的初始状态位于球心为原点的球环内，在这种条件下，系统的收敛性分析得以简化。在第二种情况下，不同于已有文献为获得系统状态的量化值而直接对系统状态进行量化，我们的编码器只对系统的初始状态进行量化，再转化为系统当前状态，这样可避免计算量化块复杂的形状演化，使所需信道码率大大减小，简化编码方案的设计。

6.1 问题提出

本章的网络时延系统模型和控制器与第 5 章相同，与第 5 章不同的是：在编码器不能获得控制输入信息的条件下，我们考虑两种情况：① 解码器不利用控制输入信息；② 解码器利用控制输入信息。我们分别给出两种情况下的编码方案设计方法，保证系统的稳定性。为方便起见，本章重新定义系统稳定性：如果存在编码器、解码器和控制器使得当 $k \to \infty$ 时，系统状态 $||x(k)||_2 \to 0$，则系统是稳定的。

6.2 解码器不利用控制输入信息的编码方案设计

在这一节，我们给出在解码器不利用控制输入信息情况下的球极坐标编码方案设计。

6.2.1 量化器

定义 6.1 球极坐标量化器是一个四元组 $(\bar{L}_k, N, a, M)$，其中，实数 $\bar{L}_k > 0$ 表示支撑球的半径，正整数 $N \geqslant 2$ 表示比例同心球的数目，实数 $a > 0$ 表示比例系数，正整数 $M \geqslant 2$ 表示将角弧度 π 平均分割的数目。量化器将支撑球

$$\Lambda_k = \left\{x \in \mathbb{R}^d : \underline{L}_k \leqslant r < \bar{L}_k\right\}$$

按如下方法分割为 $2(N-1)M^{d-1}$ 个小量化块：$\{X \in \mathbb{R}^d : \frac{\bar{L}_k}{(1+2a)^{N-1-i}} \leqslant r < \frac{\bar{L}_k}{(1+2a)^{N-2-i}}, j_n\frac{\pi}{M} \leqslant \theta_n \leqslant (j_n+1)\frac{\pi}{M}, n=1,2,3,\cdots,d-2; s\frac{\pi}{M} \leqslant \theta_{d-1} \leqslant (s+1)\frac{\pi}{M}\}$，由 $(i, j_1, j_2, \cdots, j_{d-2}, s)$ 索引，其中 $i=0,1,2,\cdots,N-2$；$j_n = 0,1,2,\cdots,M-1$；$n=1,2,3,\cdots,d-2$；$s=0,1,2,\cdots,2M-1$；$\underline{L}_k = \frac{\bar{L}_k}{(1+2a)^{N-1}}$。量化块的数目为 $(N-1)\cdot M^{d-2}\cdot 2M = 2(N-1)M^{d-1}$。

在 k 时刻，我们令 $S_i(k) = \{X \in \mathbb{R}^d : r < \frac{\bar{L}_k}{(1+2a)^{N-i}}\}$，$i=1,2,3,\cdots,N$，$\Lambda_k = S_N(k)\backslash S_1(k)$，球 $S_i(k)$ 的半径为 $r_i(k) = \frac{\bar{L}_k}{(1+2a)^{N-i}}$。所以 $\frac{r_i}{r_{i-1}} = 1+2a$，$r_1(k) = \frac{\bar{L}_k}{(1+2a)^{N-1}} = \underline{L}_k$。

6.2.2 编码器/解码器

假设系统初始状态 $x(0)$ 位于支撑球 $\Lambda_0 = \left\{x \in \mathbb{R}^d : \underline{L}_0 \leqslant r < \bar{L}_0\right\}$，即 $\underline{L}_0 \leqslant ||x(0)||_2 < \bar{L}_0$，$\underline{L}_0$, $\bar{L}_0$ 满足

$$\frac{\bar{L}_0}{\underline{L}_0} = (1+2a)^{N-1}$$

式中，量化器参数 $a > 0$，$N \geqslant 2$。

1. 编码器

令 Σ 表示码书，它的势为 $|\Sigma| = 2(N-1)M^{d-1}$，它的每个元素 $V(k)$ 表示量化器 $(\bar{L}_k, N, a, M)$ 的一个量化块的标签。在 k 时刻，编码器 $\mathcal{E}_k$ 取 $x(k) \in \mathbb{R}^d \longmapsto V(k)$，由 $(i, j_1, j_2, \cdots, j_{d-2}, s)$ 索引，即

$$V(k) = \mathcal{E}_k(x(k)) \in \Sigma \tag{6-1}$$

式中，$V(k)$ 是 $x(k)$ 所在的量化块的标签。所以 $r_{i+1} \leqslant ||x(k)||_2 \leqslant r_{i+2}$，$r_{i+2} = r_{i+1}(1+2a)$。位于几个量化块交界上的点按预定好的规则指定为其中一个量化块的编号。编码器 $\mathcal{E}_k$ 不能获得控制输入信息。$\bar{L}_k$ 和 $\underline{L}_k$ 的更新规则见后文。

2. 解码器

收到来自编码器的 $V(k)$ 后，解码器 $\mathcal{D}_k$ 取 $V(k) \longmapsto \bar{x}(k)$，即

$$\bar{x}(k) = \mathcal{D}_k(V(k)) \in \mathbb{R}^d \tag{6-2}$$

根据码书 Σ 更新量化器 $(\bar{L}_k, N, a, M)$ 的参数 $\bar{L}_k$，这里 $\bar{x}(k)$ 是 $x(k)$ 的估计值，它的球极坐标为

$$r = \frac{(1+a)}{(1+2a)^{N_k-1-i}} L_k,\ \theta_n = \left(j_n + \frac{1}{2}\right)\frac{\pi}{M},$$
$$n = 1,2,3,\cdots,d-2,\ \theta_{d-1} = \left(s + \frac{1}{2}\right)\frac{\pi}{M}$$

如果 $V(k)$ 是一个量化块的标签，它的索引为 $(i, j_1, j_2, \cdots, j_{d-2}, s)$，$i = 0,1,2,\cdots,N-2$；$j_n = 0,1,2,\cdots,M-1$, $n = 1,2,3,\cdots,d-2$；$s = 0,1,2,\cdots,2M-1$。

所需的定常码率 R 应满足

$$R \geqslant \lceil \log_2(2(N-1)M^{d-1}) \rceil \tag{6-3}$$

现在我们给出被量化状态 $x(k)$ 和对应的量化误差 $e(k) = ||x(k) - \mathcal{D}_k(\mathcal{E}_k(x(k)))||_2$ 之间的关系，这里 $x(k)$ 位于量化器 $(\bar{L}_k, N, a, M)$ 的支撑球 Λ_k 中。

引理 6.1 令 $(\bar{L}_k, N, a, M)$ 是码书为 Σ 的量化器；令 $\mathcal{E}_k$ 和 $\mathcal{D}_k$ 分别是编码器和解码器；令 Λ_k 为支撑球。则对任意 $x(k) \in \Lambda_k$，有

$$||x(k) - \mathcal{D}_k(\mathcal{E}_k(x(k))||_2 \leqslant \eta ||x(k)||_2 \tag{6-4}$$

其中

$$\eta = a + (d-1)\frac{\pi}{2M} \tag{6-5}$$

证明： 见文献 [97]。

6.3 稳定性分析

闭环系统式 (5-6) 可写成下面的增广系统

$$\hat{\boldsymbol{x}}(k+1) = \hat{\boldsymbol{A}}(k)\hat{\boldsymbol{x}}(k) + \hat{\boldsymbol{B}}(k)\hat{\boldsymbol{e}}(k) \tag{6-6}$$

其中

$$\hat{\boldsymbol{A}}(k)=\begin{bmatrix} \boldsymbol{A}+\Gamma^0(\tau(k))\boldsymbol{K} & \Gamma^1(\tau(k))\boldsymbol{K} \\ I & 0 \end{bmatrix},\ \hat{\boldsymbol{B}}(k)=\begin{bmatrix} \Gamma^0(\tau(k))\boldsymbol{K} & \Gamma^1(\tau(k))\boldsymbol{K} \\ 0 & 0 \end{bmatrix}$$

$$\hat{\boldsymbol{x}}(k)=\begin{bmatrix} x(k) \\ x(k-1) \end{bmatrix}\in\mathbb{R}^{2d},\ \hat{\boldsymbol{e}}(k)=\begin{bmatrix} e(k) \\ e(k-1) \end{bmatrix}\in\mathbb{R}^{2d}$$

为方便, 下面将时变矩阵 $\hat{\boldsymbol{A}}(k)$ 和 $\hat{\boldsymbol{B}}(k)$ 分别表示为 $\hat{\boldsymbol{A}}$ 和 $\hat{\boldsymbol{B}}$。

编码方案如图 6-1 所示。假设在 k 时刻状态 $x(k)$ 位于支撑球 $\Lambda_k=\{x\in\mathbb{R}^d:\underline{L}_k\leqslant r<\bar{L}_k\}$, 这里 $\frac{\bar{L}_k}{\underline{L}_k}=(1+2a)^{N-1}$。量化器 $(\bar{L}_k,N,a,M)$ 量化 $x(k)$ 并将其编码为码字 $V(k)$, 其索引为 $(i,j_1,j_2,\cdots,j_{d-2},s)$。我们有 $\underline{r}_{x(k)}\leqslant||x(k)||_2<\bar{r}_{x(k)}$, 其中 $\underline{r}_{x(k)}=r_{i+1}$, $\bar{r}_{x(k)}=r_{i+2}$, $\bar{r}_{x(k)}=\underline{r}_{x(k)}(1+2a)$, 这里 r_{i+2} 和 r_{i+1} 分别是球 $S_{i+2}(k)$ 和 $S_{i+1}(k)$ 的半径, 即 $r_{i+2}=\frac{\bar{L}_k}{(1+2a)^{N-2-i}}$, $r_{i+1}=\frac{\bar{L}_k}{(1+2a)^{N-1-i}}$, 见 6.2.2 节。与旧的上界 $\bar{L}_k$ 和下界 $\underline{L}_k$ 相比, $||x(k)||_2$ 具有新的上界 $\bar{r}_{x(k)}$ 和新的下界 $\underline{r}_{x(k)}$, 且在 k 时刻被编码器/解码器获知。由引理 6.1 我们有 $||e(k)||_2\leqslant\eta||x(k)||_2$。由于在 $k-1$ 时刻编码器/解码器通过量化 $x(k-1)$ 知道 $x(k-1)$ 的上界 $\bar{r}_{x(k-1)}$ 和下界 $\underline{r}_{x(k-1)}$, 即 $\underline{r}_{x(k-1)}\leqslant||x(k-1)||_2<\bar{r}_{x(k-1)}$, $\bar{r}_{x(k-1)}=\underline{r}_{x(k-1)}(1+2a)$, 所以有

$$(\underline{r}^2_{x(k-1)}+\underline{r}^2_{x(k)})^{\frac{1}{2}}\leqslant||\hat{\boldsymbol{x}}(k)||_2\leqslant(\bar{r}^2_{x(k-1)}+\bar{r}^2_{x(k)})^{\frac{1}{2}} \tag{6-7}$$

令

$$\begin{aligned}\bar{r}_{\hat{\boldsymbol{x}}(k)}&=(\bar{r}^2_{x(k-1)}+\bar{r}^2_{x(k)})^{\frac{1}{2}}\\ \underline{r}_{\hat{\boldsymbol{x}}(k)}&=(\underline{r}^2_{x(k-1)}+\underline{r}^2_{x(k)})^{\frac{1}{2}}\end{aligned} \tag{6-8}$$

则 $\underline{r}_{\hat{\boldsymbol{x}}(k)}\leqslant||\hat{\boldsymbol{x}}(k)||_2\leqslant\bar{r}_{\hat{\boldsymbol{x}}(k)}$, $\bar{r}_{\hat{\boldsymbol{x}}(k)}=\underline{r}_{\hat{\boldsymbol{x}}(k)}(1+2a)$。更新 $\bar{L}_k$、$\underline{L}_k$ 如下:

$$\begin{cases}\bar{L}_{k+1}=\bar{r}_{\hat{\boldsymbol{x}}(k)}\bar{\mu}\\ \underline{L}_{k+1}=\underline{r}_{\hat{\boldsymbol{x}}(k)}\underline{\mu}\end{cases} \tag{6-9}$$

式中, $\underline{\mu}$ 和 $\bar{\mu}$ 满足 $\underline{L}_{k+1}\leqslant||x(k+1)||_2\leqslant\bar{L}_{k+1}$, 见引理 6.3。量化器 $(\bar{L}_{k+1},N,a,M)$ 量化 $x(k+1)$, 由引理 6.1 有 $||e(k+1)||_2\leqslant\eta||x(k+1)||_2$。在时刻 $k+1,k+2,\cdots$, 继续上述过程, 由数学归纳法有 $||e(k)||_2\leqslant\eta||x(k)||_2$, $k\geqslant0$, 满足定理 6.1 的条件, 保证系统稳定。

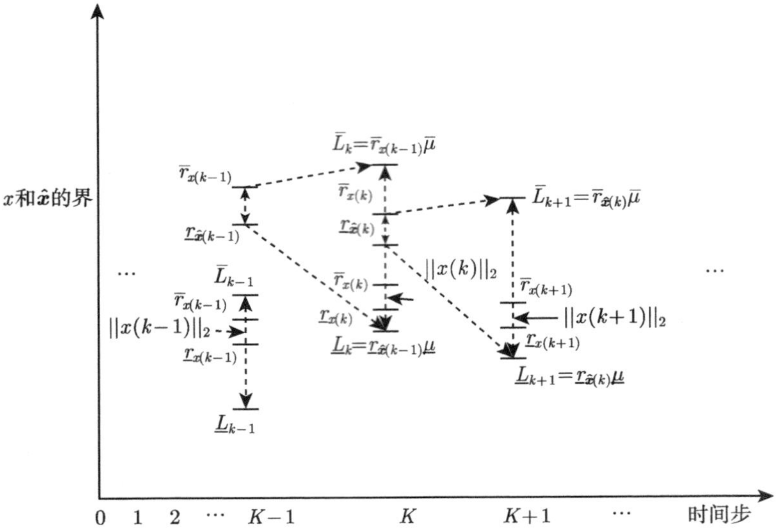

图 6-1　更新 $\bar{L}$ 和 $\underline{L}$

下面选择编码方案的参数。取实数 $\eta>0$，$\underline{\mu}$、$\bar{\mu}$ 满足 $0<\underline{\mu}<\bar{\mu}$ 使得

$$\delta(\boldsymbol{C}\hat{\boldsymbol{A}})+\delta(\boldsymbol{C}\hat{\boldsymbol{B}})\eta\leqslant\bar{\mu} \tag{6-10}$$

$$\delta_{\min}(\boldsymbol{C}\hat{\boldsymbol{A}})-\delta(\boldsymbol{C}\hat{\boldsymbol{B}})\eta\geqslant\underline{\mu} \tag{6-11}$$

式中，$\delta(\boldsymbol{C}\hat{\boldsymbol{A}})=\max\limits_{\underline{\tau}\leqslant\tau(k)\leqslant\bar{\tau}}\{\delta(\boldsymbol{C}\hat{\boldsymbol{A}}(\tau(k)))\}$，$\delta_{\min}(\boldsymbol{C}\hat{\boldsymbol{A}})=\min\limits_{\underline{\tau}\leqslant\tau(k)\leqslant\bar{\tau}}\{\delta(\boldsymbol{C}\hat{\boldsymbol{A}}(\tau(k)))\}$，$\delta(\boldsymbol{C}\hat{\boldsymbol{B}})$ 同样定义，$\boldsymbol{C}=\begin{bmatrix}\boldsymbol{I} & 0\end{bmatrix}$。取实数 $a>0$ 和整数 $N\geqslant 2$ 使得

$$\frac{\bar{\mu}}{\underline{\mu}}=(1+2a)^{N-2} \tag{6-12}$$

取 $\underline{L}_0$、$\bar{L}_0$ 使得

$$\frac{\bar{L}_0}{\underline{L}_0}=(1+2a)^{N-1} \tag{6-13}$$

未知初始状态 $x(0)$ 位于下面有界支撑中

$$\left\{x\in\mathbb{R}^d:\underline{L}_0\leqslant r<\bar{L}_0\right\}$$

令 $x(-1)=0$。

引理 6.2　在上面给出的编码方案下，如果 $\underline{L}_k$ 和 $\bar{L}_k$ 按式 (6-9) 更新，量化器参数 a、N 满足式 (6-12)，则量化器所需的信道码率为常数。

证明：根据式 (6-9) 和式 (6-12)，对于 $k \geqslant 0$，显然有

$$\begin{aligned}\frac{\bar{L}_{k+1}}{\underline{L}_{k+1}} &= \frac{\bar{r}_{\hat{\boldsymbol{x}}(k)}\bar{\mu}}{\underline{r}_{\hat{\boldsymbol{x}}(k)}\underline{\mu}} \\ &= (1+2a)\frac{\bar{\mu}}{\underline{\mu}} \\ &= (1+2a)^{N-1} \\ &= \frac{\bar{L}_0}{\underline{L}_0}\end{aligned}$$

引理 6.2 保证码率为常数，方便实际使用。

引理 6.3　在上面给出的编码方案下，如果 η、$\underline{\mu}$ 和 $\bar{\mu}$ 满足式 (6-10) 和式 (6-11)，$\underline{r}_{\hat{\boldsymbol{x}}(k)} \leqslant ||\hat{\boldsymbol{x}}(k)||_2 \leqslant \bar{r}_{\hat{\boldsymbol{x}}(k)}$，$k \geqslant 0$, 则 $\underline{L}_{k+1} \leqslant ||x(k+1)||_2 \leqslant \bar{L}_{k+1}$。

证明：由式 (6-6)，有

$$x(k+1) = \boldsymbol{C}\hat{\boldsymbol{A}}\hat{\boldsymbol{x}}(k) + \boldsymbol{C}\hat{\boldsymbol{B}}\hat{e}(k) \tag{6-14}$$

式中，$\boldsymbol{C} = \begin{bmatrix} \boldsymbol{I} & 0 \end{bmatrix}$。由式 (6-14)、式 (6-10) 和式 (6-11)，有

$$\begin{aligned}||x(k+1)||_2 &\leqslant \delta(\boldsymbol{C}\hat{\boldsymbol{A}})||\hat{\boldsymbol{x}}(k)||_2 + \delta(\boldsymbol{C}\hat{\boldsymbol{B}})||\hat{e}(k)||_2 \\ &\overset{(\text{引理 } 6.1)}{\leqslant} (\delta(\boldsymbol{C}\hat{\boldsymbol{A}}) + \delta(\boldsymbol{C}\hat{\boldsymbol{B}})\eta)||\hat{\boldsymbol{x}}(k)||_2 \\ &\overset{[\text{式 } (6\text{-}10)]}{\leqslant} \bar{\mu}\bar{r}_{\hat{\boldsymbol{x}}(k)} = \bar{L}_{k+1}\end{aligned}$$

$$\begin{aligned}||x(k+1)||_2 &\geqslant \delta_{\min}(\boldsymbol{C}\hat{\boldsymbol{A}})||\hat{\boldsymbol{x}}(k)||_2 - \delta(\boldsymbol{C}\hat{\boldsymbol{B}})||\hat{e}(k)||_2 \\ &\overset{(\text{引理 } 6.1)}{\geqslant} (\delta_{\min}(\boldsymbol{C}\hat{\boldsymbol{A}}) - \delta(\boldsymbol{C}\hat{\boldsymbol{B}})\eta)||\hat{\boldsymbol{x}}(k)||_2 \\ &\overset{[\text{式 } (6\text{-}11)]}{\geqslant} \underline{\mu}\underline{r}_{\hat{\boldsymbol{x}}(k)} = \underline{L}_{k+1}\end{aligned}$$

所以 $\underline{L}_{k+1} \leqslant ||x(k+1)||_2 \leqslant \bar{L}_{k+1}$。

引理 6.3 保证系统状态 $x(k)$ 位于量化器下面的有界支撑中

$$\left\{x \in \mathbb{R}^d : \underline{L}_k \leqslant r < \bar{L}_k\right\}$$

$k \geqslant 0$。因此，量化器 $(\bar{L}_k, N, a, M)$ 可以量化 $x(k)$，$k \geqslant 0$，避免量化器饱和。

我们现在给出闭环系统稳定性的结果。

定理 6.1 如果存在正数 η、反馈增益矩阵 $\boldsymbol{K}$ 和对称正定矩阵 $\boldsymbol{P}$ 使得

$$\mathcal{N}=\begin{bmatrix}\hat{\boldsymbol{A}}^{\mathrm{T}}\boldsymbol{P}\hat{\boldsymbol{A}}-\boldsymbol{P}+\eta^2\boldsymbol{I} & \hat{\boldsymbol{A}}^{\mathrm{T}}\boldsymbol{P}\hat{\boldsymbol{B}}\\ \hat{\boldsymbol{B}}^{\mathrm{T}}\boldsymbol{P}\hat{\boldsymbol{A}} & \hat{\boldsymbol{B}}^{\mathrm{T}}\boldsymbol{P}\hat{\boldsymbol{B}}-\boldsymbol{I}\end{bmatrix}<0 \tag{6-15}$$

并且编码方案满足式 (6-4)。则系统式 (6-6) 是稳定的。

证明: 注意到如果编码方案满足 $||e(k)||_2\leqslant\eta||x(k)||_2$, $||e(k+1)||_2\leqslant\eta||x(k+1)||_2$，则 $||\hat{\boldsymbol{e}}(k)||_2\leqslant\eta||\hat{\boldsymbol{x}}(k)||_2$，因此有

$$\hat{\boldsymbol{e}}(k)^{\mathrm{T}}\hat{\boldsymbol{e}}(k)\leqslant\eta^2\hat{\boldsymbol{x}}(k)^{\mathrm{T}}\hat{\boldsymbol{x}}(k) \tag{6-16}$$

考虑 Lyapunov 函数 $V(k)=\hat{\boldsymbol{x}}(k)^{\mathrm{T}}\boldsymbol{P}\hat{\boldsymbol{x}}(k)$。令 $\Delta V(k+1)=V(k+1)-V(k)$。由系统式 (6-6)，有

$$\begin{aligned}&\Delta V(k+1)+\eta^2\hat{\boldsymbol{x}}(k)^{\mathrm{T}}\hat{\boldsymbol{x}}(k)-\hat{\boldsymbol{e}}(k)^{\mathrm{T}}\hat{\boldsymbol{e}}(k)\\ =&(\hat{\boldsymbol{A}}(k)\hat{\boldsymbol{x}}(k)+\hat{\boldsymbol{B}}(k)\hat{\boldsymbol{e}}(k))^{\mathrm{T}}\boldsymbol{P}(\hat{\boldsymbol{A}}(k)\hat{\boldsymbol{x}}(k)+\hat{\boldsymbol{B}}(k)\hat{\boldsymbol{e}}(k))-\\ &\hat{\boldsymbol{x}}(k)^{\mathrm{T}}\boldsymbol{P}\hat{\boldsymbol{x}}(k)+\eta^2\hat{\boldsymbol{x}}(k)^{\mathrm{T}}\hat{\boldsymbol{x}}(k)-\hat{\boldsymbol{e}}(k)^{\mathrm{T}}\hat{\boldsymbol{e}}(k)\\ =&\boldsymbol{\xi}^{\mathrm{T}}\mathcal{N}\boldsymbol{\xi}\overset{[\text{式 (6-15)}]}{<}0\end{aligned}$$

式中，$\boldsymbol{\xi}=(\hat{\boldsymbol{x}}(k)^{\mathrm{T}},\hat{\boldsymbol{e}}(k)^{\mathrm{T}})^{\mathrm{T}}$。由式 (6-16)，有 $\Delta V(k+1)<0$，证明完成。

注解6.1 由于球极坐标与向量的欧几里得范数和矩阵的谱范数（最大奇异值）有直接的联系，约束不等式 (6-15) 可转化为线性矩阵不等式 (LMI)，由此可以得到 $\boldsymbol{K}$ 和 $\boldsymbol{P}$。将约束不等式 (6-15) 转化为线性矩阵不等式以获得 $\boldsymbol{K}$ 和 $\boldsymbol{P}$ 需要文献 [98] 和文献 [99] 中的技术，可参见这些文献。

6.4 量化器设计和编码/解码过程

基于上面的讨论，我们给出量化器设计过程和编码/解码过程。

6.4.1 量化器设计

（1）选择 $\eta>0$、$\boldsymbol{K}$ 和 $\boldsymbol{P}$ 使得对时变矩阵 $\hat{\boldsymbol{A}}$ 和 $\hat{\boldsymbol{B}}$ 式 (6-15) 成立。选择 $\bar{\mu}$ 和 $\underline{\mu}$，$0<\underline{\mu}<\bar{\mu}$，满足式 (6-10) 和式 (6-11)，取实数 $a>0$ 和整数 $N\geqslant2$ 满足式 (6-12)，取 $\bar{L}_0$ 和 $\underline{L}_0$ 满足 $||x(0)||_2\in[\underline{L}_0,\bar{L}_0]$ 和式 (6-13)。令 $x(-1)=0$。

（2）确定量化器 $(\bar{L}_k,N,a,M)$ 的参数 M 和 $\bar{L}_k$。

已知 η 和 a, 由引理 6.1, 取

$$M=\left\lceil\frac{(d-1)\pi}{2(\eta-\alpha)}\right\rceil \tag{6-17}$$

根据式 (6-9) 更新 $\bar{L}_k$ 和 $\underline{L}_k$。

6.4.2 编码/解码过程

1. 编码过程

（1）收到原始系统的状态 $x(k)$ 后, 量化器 $(\bar{L}_k, N, a, M)$ 将 $x(k)$ 编码为 $V(k)=\mathcal{E}_k(x(k))$ ，并将码字 $V(k)$ 传输给解码器。

（2）由式 (6-8) 选取 $\bar{r}_{\widehat{x}(k)}$ 和 $\underline{r}_{\widehat{x}(k)}$。

（3）根据式 (6-9) 更新 $\bar{L}_k$ 和 $\underline{L}_k$。

（4）更新时间 $K=k+1$，返回步骤（1）。

2. 解码过程

（1）收到来自编码器的码字 $V(k)$ 后，将 $V(k)$ 解码为 $\overline{x}(k)=\mathcal{D}_k(V(k))$，将控制量 $u(k)=K\overline{x}(k)$ 加到系统中。

（2）根据式 (6-8) 选取 $\bar{r}_{\widehat{x}(k)}$ 和 $\underline{r}_{\widehat{x}(k)}$。

（3）根据式 (6-9) 更新 $\bar{L}_k$ 和 $\underline{L}_k$。

（4）更新时间 $K=k+1$，返回步骤（1）。

6.5 解码器利用控制输入信息的编码方案设计

这一节我们考虑解码器利用控制输入信息的编码方案设计。由于解码器与控制器通常位于同一地点因此可以获得控制输入信息，而编码器和控制器因被传感器与控制器之间的信道分离而不在同一地点。在这种情况下，我们设计的编码方案，不同于已有文献为获得系统状态 $x(k)$ 的量化值而直接对系统状态 $x(k)$ 进行量化，我们的编码器在任何时刻 k 只对系统的初始状态 $x(0)$ 进行量化，再转化为系统当前状态，这样可避免计算量化块在下一个时刻复杂的形状演化，并且所需信道码率大大减小，简化编码方案的设计。由于包含初始状态 $x(0)$ 的支撑在每个时刻都被更新并保证收缩，所以 $x(0)$ 的量化值将收敛到 $x(0)$。假设初始状态位于以下区域：

$$D_0=\{x\in\mathbb{R}^d|\underline{r}_0\leqslant r\leqslant\bar{r}_0,\underline{\theta}_i^0\leqslant\theta_i\leqslant\bar{\theta}_i^0,1\leqslant i\leqslant d-1\}$$

并且编码器和解码器都知道这个区域。不失一般性，令 $\bar{\theta}_i^0 - \underline{\theta}_i^0 = \Delta\theta_0$ 是一个正常数，$1 \leqslant i \leqslant d-1$。我们也假设编码器和解码器具有有限的记忆。不同于定义 6.1 中的量化器, 我们给出如下量化器。

定义 6.2 球极坐标量化器是一个三元组 (D_k, N, M)，其中实数 D_k 表示包含初始状态 $x(0)$ 的 k 时刻的支撑，正整数 $N \geqslant 2$ 表示同心球的数目，这些同心球等分长度为 $\Delta r_k = \bar{r}_k - \underline{r}_k$ 的半径线段，正整数 $M \geqslant 2$ 表示将角弧度 $\Delta\theta_k = \bar{\theta}_i^k - \underline{\theta}_i^k$ 平均分割的数目。量化器将支撑

$$D_k = \{x \in \mathbb{R}^d | \underline{r}_k \leqslant r \leqslant \bar{r}_k, \underline{\theta}_i^k \leqslant \theta_i \leqslant \bar{\theta}_i^k, 1 \leqslant i \leqslant d-1\}$$

按如下方法分割为 $(N-1)M^{d-1}$ 个量化块：$\{X \in \mathbb{R}^d : \underline{r}_k + m\frac{\Delta r_k}{N-1} \leqslant r < \underline{r}_k + (m+1)\frac{\Delta r_k}{N-1}, \underline{\theta}_i^k + j_i\frac{\Delta\theta_k}{M} \leqslant \theta_i \leqslant \underline{\theta}_i^k + (j_i+1)\frac{\Delta\theta_k}{M}, i = 1,2,3,\cdots,d-1\}$, 索引为 $(m, j_1, j_2, \cdots, j_{d-1})$, $m = 0,1,2,\cdots,N-2$；$j_i = 0,1,2,\cdots,M-1$，$i = 1,2,3,\cdots,d-1$, 这些量化块数目为 $(N-1)M^{d-1}$。

因此，量化器所需的码率应满足

$$R \geqslant \lceil \log_2((N-1)M^{d-1}) \rceil \tag{6-18}$$

我们给出编码/解码过程。在这个过程中，编码器存储初始状态 $x(0)$ ，解码器存储 $\overline{U}_i$ 和 U_i，$i = 1,2$，见下文。

1. 编码

第一步：在 k 时刻，编码器为支撑 D_k 中的 $(N-1)M^{d-1}$ 个量化块编号，将初始状态 $x(0)$ 编码为码字 $V(k)$，即 $x(0)$ 所在的量化块的编号。然后发送码字 $V(k)$ 给解码器。

第二步：更新支撑 D_{k+1} 为

$$D_{k+1} = V(k) \in D_k \tag{6-19}$$

这里码字 $V(k)$ 也用来表示支撑 D_k 中包含初始状态 $x(0)$ 的量化块。

第三步：更新 $k = k+1$，返回第一步。

2. 解码

第一步：设定初始值 $\overline{U}_1 = \overline{U}_2 = 0 \in \mathbb{R}^d$, $U_1 = U_2 = 0 \in \mathbb{R}^m$ 和 $\bar{x}_0(0) \in \mathbb{R}^d$, 其球极坐标为

$$r = \underline{r}_0 + \frac{\Delta r_0}{2}, \theta_i = \underline{\theta}_i^0 + \frac{\Delta\theta_0}{2}, i = 1,2,3,\cdots,d-1,$$

式中，$\Delta r_0 = \bar{r}_0 - \underline{r}_0$，$\Delta\theta_0 = \bar{\theta}_i^0 - \underline{\theta}_i^0$。

第二步：在时刻 $k \geqslant 0$，令

$$\overline{U}_1 = \boldsymbol{A}\overline{U}_1 + \Gamma^0(\tau(k-1))U_1 \tag{6-20}$$

$$\overline{U}_2 = \boldsymbol{A}\overline{U}_2 + \Gamma^1(\tau(k-1))U_2 \tag{6-21}$$

收到 $V(k)$ 后，解码器解码 $\bar{x}_0(k)$ 的球极坐标为

$$r = \underline{r}_k + \left(m + \frac{1}{2}\right)\frac{\Delta r_k}{N-1}x, \theta_n = \underline{\theta}_n^k + \left(j_n + \frac{1}{2}\right)\frac{\Delta\theta_k}{M}, n = 1, 2, 3, \cdots, d-1$$

式中，$V(k)$ 是支撑 D_k 中索引为 $(m, j_1, j_2, \cdots, j_{d-1})$ 的量化块的编号，$\bar{x}_0(k)$ 表示初始状态 $x(0)$ 在时刻 k 的量化值。令

$$\overline{x}(k) = \boldsymbol{A}^k\overline{x}_0(k) + \overline{U}_1 + \overline{U}_2 \tag{6-22}$$

作为 $x(k)$ 的估计值。令 $U_2 = U_1$，$U_1 = \boldsymbol{K}\overline{x}(k)$。将 U_1 加在系统上，这里 $\boldsymbol{K}$ 是状态反馈增益矩阵。

第三步：更新支撑 D_{k+1} 同编码过程。

第四步：更新 $k = k+1$，返回第二步。

现在我们确定量化器的参数 M 和 N。令 $\overline{\theta}_i^* = \underset{\underline{\theta}_i^0 \leqslant \theta_i \leqslant \bar{\theta}_i^0}{\arg\sup} \sin\theta_i$，$\underline{\theta}_i^* = \underset{\underline{\theta}_i^0 \leqslant \theta_i \leqslant \bar{\theta}_i^0}{\arg\inf} \sin\theta_i$。注意到 D_0 的体积为

$$\int_{\underline{r}_0}^{\bar{r}_0}\int_{\underline{\theta}_1^0}^{\bar{\theta}_1^0}\cdots\int_{\underline{\theta}_{d-1}^0}^{\bar{\theta}_{d-1}^0} r^{d-1}\prod_{i=1}^{d-2}\sin^{d-1-i}\theta_i \mathrm{d}r\mathrm{d}\theta_1\mathrm{d}\theta_2\cdots\mathrm{d}\theta_{d-1}$$

我们选取量化器的参数 M、N 和一个实数 $\gamma > 0$ 满足

$$\int_{\bar{r}_0-\frac{\Delta r_0}{N-1}}^{\bar{r}_0}\int_{\underline{\theta}_1^0+j_1\frac{\Delta\theta_0}{M}}^{\underline{\theta}_1^0+(j_1+1)\frac{\Delta\theta_0}{M}}\cdots\int_{\underline{\theta}_{d-1}^0+j_{d-1}\frac{\Delta\theta_0}{M}}^{\underline{\theta}_{d-1}^0+(j_{d-1}+1)\frac{\Delta\theta_0}{M}} r^{d-1}\prod_{i=1}^{d-2}\sin^{d-1-i}\overline{\theta}_i^*\mathrm{d}r\mathrm{d}\theta_1\mathrm{d}\theta_2\cdots\mathrm{d}\theta_{d-1}$$

$$\leqslant \frac{1}{|\det(\boldsymbol{A})|+\gamma}\int_{\underline{r}_0}^{\bar{r}_0}\int_{\underline{\theta}_1^0}^{\bar{\theta}_1^0}\cdots\int_{\underline{\theta}_{d-1}^0}^{\bar{\theta}_{d-1}^0} r^{d-1}\prod_{i=1}^{d-2}\sin^{d-1-i}\underline{\theta}_i^*\mathrm{d}r\mathrm{d}\theta_1\mathrm{d}\theta_2\cdots\mathrm{d}\theta_{d-1},$$

$j_1, j_2, j_3, \cdots, j_{d-1} = 0, 1, 2, \cdots, M-1$

即

$$\frac{1}{d}\left(\bar{r}_0^d-\left(\bar{r}_0-\frac{\Delta r_0}{N-1}\right)^d\right)\left(\frac{\Delta\theta_0}{M}\right)^{d-1}\prod_{i=1}^{d-2}\sin^{d-1-i}\overline{\theta}_i^*$$

$$\leqslant\frac{1}{|\det(\boldsymbol{A})|+\gamma}\frac{1}{d}\left(\bar{r}_0^d-\underline{r}_0^d\right)(\Delta\theta_0)^{d-1}\prod_{i=1}^{d-2}\sin^{d-1-i}\underline{\theta}_i^* \tag{6-23}$$

所以根据式 (6-19)，在任何时刻，支撑 D_k 中的每个量化块的体积小于 $\frac{1}{|\det(\boldsymbol{A})|+\gamma}$ 与 D_k 的体积的乘积。

定理 6.2 在上面的编码方案下，若存在反馈增益矩阵 $\boldsymbol{K}$ 和可逆矩阵 $\boldsymbol{P}$ 满足

$$\delta(\boldsymbol{P}^{-1}\hat{\boldsymbol{A}}\boldsymbol{P})<\delta_A$$

则闭环系统式 (5-6) 是稳定的，这里 $\delta(\boldsymbol{P}^{-1}\hat{\boldsymbol{A}}\boldsymbol{P})=\max\limits_{\underline{\tau}\leqslant\tau(k)\leqslant\overline{\tau}}\{\delta(\boldsymbol{P}^{-1}\hat{\boldsymbol{A}}(\tau(k))\boldsymbol{P})\}$，$\hat{\boldsymbol{A}}$ 定义于式 (6-6)，$\delta_A<1$。

证明： 令 $\hat{\boldsymbol{x}}(k)=\boldsymbol{P}\widetilde{x}(k)$，$\widetilde{x}(k)\in\mathbb{R}^d$，则由闭环系统式 (6-6)，有

$$\widetilde{x}(k+1)=\boldsymbol{P}^{-1}\hat{\boldsymbol{A}}\boldsymbol{P}\widetilde{x}(k)+\boldsymbol{P}^{-1}\hat{\boldsymbol{B}}\hat{\boldsymbol{e}}(k) \tag{6-24}$$

所以

$$||\widetilde{x}(k+1)||_2\leqslant\delta_A||\widetilde{x}(k)||_2+\delta(\boldsymbol{P}^{-1}\hat{\boldsymbol{B}})||\hat{\boldsymbol{e}}(k)||_2$$

式中，$\delta(\boldsymbol{P}^{-1}\hat{\boldsymbol{B}})=\max\limits_{\underline{\tau}\leqslant\tau(k)\leqslant\overline{\tau}}\{\delta(\boldsymbol{P}^{-1}\hat{\boldsymbol{B}}(\tau(k)))\}$。由于 $\delta(\boldsymbol{P}^{-1}\hat{\boldsymbol{B}})$ 是有界的，令 $\delta(\boldsymbol{P}^{-1}\hat{\boldsymbol{B}})<\delta_B$，$\delta_B<\infty$，则

$$||\widetilde{x}(k+1)||_2\leqslant\delta_A||\widetilde{x}(k)||_2+\delta_B||\hat{\boldsymbol{e}}(k)||_2$$

$$||\widetilde{x}(k)||_2\leqslant\delta_A^k||\widetilde{x}(0)||_2+\sum_{i=0}^{k-1}\delta_A^{k-1-i}\delta_B||\hat{\boldsymbol{e}}(i)||_2$$

由于 $\delta_A<1$，$||\hat{\boldsymbol{e}}(k)||_2\to 0$，所以当 $k\to\infty$ 时，$||\widetilde{x}(k)||_2\to 0$，这样保证系统稳定。

因此只需证明当 $k\to\infty$ 时，$||e_k||_2\triangleq||x(k)-\overline{x}(k)||_2\to 0$，这样 $||\hat{\boldsymbol{e}}(k)||_2\to 0$。

由式 (6-20)、式 (6-21) 和式 (6-22)，有

$$\overline{x}(k)=\boldsymbol{A}^k\overline{x}_0(k)+\overline{U}_1+\overline{U}_2 \tag{6-25}$$

$$= \boldsymbol{A}^k \overline{x}_0(k) + \sum_{i=0}^{k-1} \boldsymbol{A}^{k-1-i} \Gamma^0(\tau(i)) \boldsymbol{K} \overline{x}(i) + \sum_{i=0}^{k-1} \boldsymbol{A}^{k-1-i} \Gamma^1(\tau(i)) \boldsymbol{K} \overline{x}(i-1)$$

注意到在 k 时刻的真实状态 $x(k)$ 为

$$x(k) = \boldsymbol{A}^k x(0) + \sum_{i=0}^{k-1} \boldsymbol{A}^{k-1-i} \Gamma^0(\tau(i)) \boldsymbol{K} \overline{x}(i) + \sum_{i=0}^{k-1} \boldsymbol{A}^{k-1-i} \Gamma^1(\tau(i)) \boldsymbol{K} \overline{x}(i-1) \tag{6-26}$$

根据式 (6-25) 和式 (6-26)，有

$$e_k = \boldsymbol{A}^k e_0(k) \tag{6-27}$$

这里 $e_0(k) = x(0) - \overline{x}_0(k)$，$e_k = x(k) - \overline{x}(k)$。

定义 $\Omega_0(k) = \{e_0(k) | e_0(k) = x(0) - \overline{x}_0(k),\ x(0) \in D_{k+1}$ 定义于式 (6-19)$\}$ 和 $\Omega_k = \{e_k | e_k = x(k) - \overline{x}(k),\ e_0(k) \in \Omega_0(k)\}$。因此，由式 (6-27)，有

$$\mathrm{Vol}\,(\Omega_k) = \left|\det(\boldsymbol{A}^k)\right| \mathrm{Vol}\,(\Omega_0(k)) \tag{6-28}$$

式中，$\mathrm{Vol}(\Omega_k)$ 表示 Ω_k 的体积。进一步，由式 (6-23) 和式 (6-19)，有

$$\begin{aligned}\mathrm{Vol}\,(\Omega_{k+1}) &= |\det(\boldsymbol{A})| \left|\det(\boldsymbol{A}^k)\right| \mathrm{Vol}\,(\Omega_0(k+1)) \\ &\leqslant |\det(\boldsymbol{A})| \left|\det(\boldsymbol{A}^k)\right| \frac{\mathrm{Vol}\,(\Omega_0(k))}{|\det(\boldsymbol{A})| + \gamma} \\ &= \frac{|\det(\boldsymbol{A})|}{|\det(\boldsymbol{A})| + \gamma} \mathrm{Vol}\,(\Omega_k)\end{aligned}$$

因此，当 $k \to \infty$ 时，$\mathrm{Vol}(\Omega_k) \to 0$，这是由于 $\frac{|\det(\boldsymbol{A})|}{|\det(\boldsymbol{A})|+\gamma} < 1$，所以当 $k \to \infty$ 时，$||e_k||_2 \to 0$。证明完成。

6.6 数值仿真

这个例子用来显示上述两种情况下对应的两种编码方案的设计过程。

考虑下面的连续时间线性系统：

$$\dot{x}(t) = \boldsymbol{G}x(t) + \boldsymbol{H}u_c(t) \tag{6-29}$$

这里

$$\boldsymbol{G} = \begin{bmatrix} 1.1 & -2.4 \\ 0.1 & 0.3 \end{bmatrix}, \ \boldsymbol{H} = \begin{bmatrix} 0.1 & 0.4 \\ -0.12 & -0.48 \end{bmatrix}$$

系统的采样周期 $T = 0.1\text{s}$，网络时延的上界为 $\underline{\tau} = 0.03\text{s}$、下界为 $\overline{\tau} = 0.09\text{s}$。

在解码器不利用控制输入信息的情况下，我们确定量化器 $(\bar{L}_k, N, a, M)$ 的参数：选取 $\eta = 0.1$。

$$\boldsymbol{K} = \begin{bmatrix} -0.6621 & 0.9699 \\ -2.6485 & 3.8794 \end{bmatrix}$$

$$\boldsymbol{P} = \begin{bmatrix} 2.6987 & -0.6263 & -1.6546 & 0.3763 \\ -0.6263 & 3.2242 & -0.0242 & -1.8368 \\ -1.6546 & -0.0242 & 1.6573 & -0.1345 \\ 0.3763 & -1.8368 & -0.1345 & 1.6770 \end{bmatrix}$$

满足式 (6-15)，取 $\bar{\mu} = 1.35$ 和 $\underline{\mu} = 0.32$ 满足式 (6-10) 和式 (6-11)，取实数 $a = 0.0264$ 和 $N = 30$ 满足式 (6-12)，选取 $\bar{L}_0 = 10.215$ 和 $\underline{L}_0 = 2.3$ 满足式 (6-13)，取 $M = 22$ 满足式 (6-17)。取信道码率 $R \geqslant 11$ 满足式 (6-3)。

在解码器利用控制输入信息的情况下，我们选取 $M = 2$，$N = 3$ 和 $\gamma = 1.2$ 满足式 (6-23)，其中 $\bar{L}_0 = 10$，$\underline{L}_0 = 5$，$\bar{\theta}_1^0 = 4\pi/9$，$\underline{\theta}_1^0 = 7\pi/18$。取信道码率 $R \geqslant 2$ 满足式 (6-18)，该信道码率远小于解码器不利用控制输入信息的情况下的信道码率。

6.7 小结

本章中，我们进一步研究了具有网络时延信道的连续时间线性系统的稳定性问题。我们考虑两种情况：① 解码器不利用控制输入信息；② 解码器利用控制输入信息。在第一种情况下，代替原始系统，我们使用对应的增广系统估计原始系统状态的上下界用于量化，并假设系统的初始状态位于球心为原点的球环的子集内，在这种条件下，系统的收敛性分析得以简化。在第二种情况下，不同于已有文献为获得系统状态的量化值而直接对系统状态进行量化，我们的编码器只对系统的初始状态进行量化，再转化为系统当前状态，这样可避免计算量化块的复杂的形状演化，所需信道码率大大减小，简化编码方案的设计。本章内容见文献 [100]。

第 7 章　基于球极坐标编码方案的量化控制系统的输入—状态稳定性分析

本章研究量化控制系统的输入—状态稳定性（ISS）问题，系统的传感器与控制器之间通过有限码率信道连接。我们的任务是给出具有未知干扰的时不变连续系统输入—状态稳定性的充分必要条件，并设计编码方案满足这一条件，从而获得系统的输入—状态稳定性。对于量化反馈系统设计中的 Zooming-out/Zooming-in 方法，Zooming-out 模式的持续时间 [该持续时间被称为捕获时间（Capture Time）] 的性质对于系统的输入—状态稳定性十分重要。本章表明具有未知干扰的连续时不变系统输入—状态稳定性的充分必要条件是捕获时间是一致有界的。捕获时间仅仅有界但不是一致有界不能保证系统的输入—状态稳定性。我们设计一种编码方案实现捕获时间一致有界，从而获得系统的输入—状态稳定性。

7.1 问题描述

考虑下面的线性时不变连续系统

$$\dot{X} = \boldsymbol{A}X + \boldsymbol{B}U + \varpi \tag{7-1}$$

这里 $X \in \mathbb{R}^d$ 和 $U \in \mathbb{R}^m$ 分别是系统状态和输入，$\varpi \in \mathbb{R}^s$ 是未知干扰，假设是 Lebesgue 可测的且局部有界的。$\boldsymbol{A}$ 和 $\boldsymbol{B}$ 是适当维数的系统矩阵，且 $(\boldsymbol{A}, \boldsymbol{B})$ 可控。为避免平凡，假设 $\boldsymbol{A}$ 不是 Hurwitz 稳定的。

一个无噪声信道位于传感器和控制器之间，每个时间步只能传送一个码字。我们关心系统具有如下意义的输入—状态稳定性：存在函数 $\gamma_1, \gamma_2, \gamma_3 \in \mathcal{K}_\infty$ 使得对任意初始状态 $X(0)$ 和任意干扰 ϖ，有

$$||X(t)|| \leqslant \gamma_1(||X(0)||) + \gamma_2(||\varpi||_{[0,\infty)}),\ \forall t \geqslant 0$$

和

$$\limsup_{t\to\infty}||X(t)|| \leqslant \gamma_3\left(\limsup_{t\to\infty}||\varpi(t)||\right)$$

式中，$||\cdot||$ 表示向量的 Euclidean 范数或对应的矩阵诱导范数，$||\cdot||_I$ 表示一个信号在区间 $\boldsymbol{I}$ 上的上确界范数（Supremum Norm），一个连续函数 $\gamma: R_{\geqslant 0} \to R_{\geqslant 0}$ 是 $\mathcal{K}_\infty$ $(\gamma \in \mathcal{K}_\infty)$ 函数，如果它在 0 处的函数值为 0，严格递增且是无界的。

对于系统式 (7-1)，相应的离散系统为

$$\widehat{X}_{k+1} = \widehat{G}\widehat{X}_k + \widehat{H}U_k + \widehat{\omega}_k \tag{7-2}$$

式中，$\widehat{X}_k = X(kT_s)$，$U_k = U(kT_s)$，$\widehat{G} = \mathrm{e}^{\boldsymbol{A}T_s}$，$\widehat{H} = \int_0^{T_s} \mathrm{e}^{\boldsymbol{A}t}\boldsymbol{B}\mathrm{d}t$，$\widehat{\omega}_k = \int_{kT_s}^{(k+1)T_s} \mathrm{e}^{\boldsymbol{A}((k+1)T_s-t)}\varpi(t)\mathrm{d}t$，$T_s$ 是采样时间。

我们引入离散时间系统的 ISS 定义。这对于我们的分析是足够的，因为在考虑采样间隔的系统行为后，离散时间 ISS 可用来证明连续时间 ISS，在采样时刻系统的有界性可扩展到 $t > 0$。我们定义：系统式 (7-2) 是 ISS，如果存在函数 $\gamma_1, \gamma_2, \gamma_3 \in \mathcal{K}_\infty$ 使得对任意 $\widehat{X}_0$ 和 $\widehat{\omega}$，系统的解满足：

$$||\widehat{X}_k|| \leqslant \gamma_1(||\widehat{X}_0||) + \gamma_2(||\widehat{\omega}||_{[0,\infty)}), \forall k \geqslant 0 \tag{7-3}$$

$$\limsup_{k\to\infty}||\widehat{X}_k|| \leqslant \gamma_3\left(\limsup_{k\to\infty}||\widehat{\omega}_k||\right) \tag{7-4}$$

本章的任务是给出具有未知干扰的系统式 (7-2) 的输入—状态稳定性的充分必要条件，并设计编码方案满足这一条件，从而获得系统的输入—状态稳定性。

7.2 量化器

定义 7.1 球极坐标量化器是一个三元组 $(\bar{L}_k, a, M)$，其中实数 $\bar{L}_k > 0$ 表示支撑球的半径，实数 $a > 0$ 表示比例系数，正整数 $M \geqslant 2$ 表示将角弧度 π 平均分割的数目。量化器将支撑球

$$\Lambda_k = \left\{X \in \mathbb{R}^d : r \leqslant L_k\right\}$$

分割为如下的小量化块：$\{X \in \mathbb{R}^d : \frac{L_k}{(1+2a)^{i+1}} < r \leqslant \frac{L_k}{(1+2a)^i}, j_n\frac{\pi}{M} < \theta_n \leqslant (j_n+1)\frac{\pi}{M}, n = 1,2,3,\cdots,d-2, s\frac{\pi}{M} < \theta_{d-1} \leqslant (s+1)\frac{\pi}{M}\}$，索引为 $(i, j_1, j_2, \cdots, j_{d-2}, s)$，$i = 0,1,2,\cdots; j_n = 0,1,2,\cdots,M-1, n = 1,2,3,\cdots,d-2; s = 0,1,2,\cdots,2M-1$。

在 k 时刻，令 $r_i(k) = \frac{L_k}{(1+2a)^i}$，$i = 0,1,2,\cdots$，所以 $\frac{r_i}{r_{i+1}} = 1+2a$。由于定义 7.1 中支撑的量化块有无穷多个，量化器需要无限码率。我们首先使用无限码率量化器是为了突出主要结果，在 7.4.1 节，将给出有限码率量化器。

本章中系统式 (7-2) 使用量化状态反馈控制器 $U_k=\widehat{K}\overline{\widehat{X}}_k$，这里 $\widehat{K}$ 是状态反馈矩阵，$\overline{\widehat{X}}_k$ 是 $\widehat{X}_k$ 的估计值。所以闭环系统为

$$\widehat{X}_{k+1}=\widehat{G}\widehat{X}_k+\widehat{H}\widehat{K}\overline{\widehat{X}}_k+\widehat{\omega}_k \tag{7-5}$$

如果状态 $\widehat{X}_k$ 被量化器 (L_k,a,M) 直接量化，则由定理 2.1，有 $||\widehat{X}_k-\overline{\widehat{X}}_k||\leqslant\eta||\widehat{X}_k||$。所以由式 (7-5)，有

$$||\widehat{X}_{k+1}||\leqslant(||\widehat{G}+\widehat{H}\widehat{K}||+\eta||\widehat{H}\widehat{K}||)||\widehat{X}_k||+||\widehat{\omega}_k||$$

显然，如果选择 $\boldsymbol{K}$ 和 η 满足 $||\widehat{G}+\widehat{H}\widehat{K}||+\eta||\widehat{H}\widehat{K}||<1$，则这将便于系统的稳定性分析。然而，对于给定的 $\widehat{K}$，即使 $\widehat{G}+\widehat{H}\widehat{K}$ 的每个特征值都在单位圆内，即 $\widehat{G}+\widehat{H}\widehat{K}$ 是 Schur 稳定的，$||\widehat{G}+\widehat{H}\widehat{K}||$ 也可能大于 1。这样不等式 $||\widehat{G}+\widehat{H}\widehat{K}||+\eta||\widehat{H}\widehat{K}||<1$ 将无解。为此，令 $\widehat{X}_k=\boldsymbol{P}X_k$，则由式 (7-2)，有

$$X_{k+1}=\boldsymbol{G}X_k+\boldsymbol{H}U_k+\omega_k \tag{7-6}$$

这里 $\boldsymbol{P}$ 是可逆矩阵，$\boldsymbol{G}=\boldsymbol{P}^{-1}\widehat{G}\boldsymbol{P}$, $\boldsymbol{H}=\boldsymbol{P}^{-1}\widehat{H}$，$\omega_k=\boldsymbol{P}^{-1}\widehat{\omega}_k$。应用控制器 $\boldsymbol{U}_k=\widehat{K}\overline{\widehat{X}}_k=\boldsymbol{K}\overline{X}_k$ 于系统式 (7-6)，可得到

$$X_{k+1}=\boldsymbol{G}X_k+\boldsymbol{H}\boldsymbol{K}\overline{X}_k+\omega_k \tag{7-7}$$

式中，$\boldsymbol{K}=\widehat{K}\boldsymbol{P}$，$\overline{X}_k$ 是状态 X_k 的估计值，$\overline{\widehat{X}}_k=\boldsymbol{P}\overline{X}_k$。如果量化器 (L_k,a,M) 对状态 X_k 量化而不是对状态 $\widehat{X}_k$ 量化，则由定理 2.1 有 $||X_k-\overline{X}_k||\leqslant\eta||X_k||$。所以由式 (7-7)，有

$$||X_{k+1}||\leqslant(||\boldsymbol{G}+\boldsymbol{H}\boldsymbol{K}||+\eta||\boldsymbol{H}\boldsymbol{K}||)||X_k||+||\omega_k||$$

文献 [97] 证明如果 $(\widehat{G},\widehat{H})$ 是可控的，则存在可逆矩阵 $\boldsymbol{P}$ 和状态反馈矩阵 $\boldsymbol{K}$ 使得 $||\boldsymbol{G}+\boldsymbol{H}\boldsymbol{K}||<1$。获得 $\boldsymbol{K}$、$\boldsymbol{P}$ 和 η 的方法见文献 [97]。显然，系统式 (7-2) 是 ISS 的条件为当且仅当系统式 (7-6) 是 ISS，所以在后面我们仅需保证系统式 (7-6) 是 ISS。

令支撑球 Λ_0 的初始半径为一个正数 L_0，且编码器和解码器都知道 L_0。

1. 编码

在 k 时刻，令 $X_k=\boldsymbol{P}^{-1}\widehat{X}_k$。如果 $||X_k||\leqslant L_k$，编码器为支撑球 Λ_k 中的量化块编号，将 X_k 编码为 $V(k)$，这里 $V(k)$ 是 X_k 所在量化块的编号；如果

$||X_k|| > L_k$, 则将 X_k 编码为 $V(k) = \phi$。更新量化器 (L_k, a, M) 的参数 L_k 如下：

$$L_{k+1} = \begin{cases} \mathcal{E}_{\mathrm{k}}^{\mathrm{in}}(L_k, X_k, s_k), & ||X_k|| \leqslant L_k \\ \mathcal{E}_k^{\mathrm{out}}(L_k, X_k, s_k), & ||X_k|| > L_k \end{cases} \tag{7-8}$$

这里 $\mathcal{E}_k^{\mathrm{in}}$ 和 $\mathcal{E}_k^{\mathrm{out}}$ 是 L_k、X_k 和 s_k 的函数，满足

$$1 > \frac{\mathcal{E}_k^{\mathrm{in}}}{L_k} \geqslant \mu_m \text{ 且} ||\boldsymbol{G}|| + g > \frac{\mathcal{E}_k^{\mathrm{out}}}{L_k} > ||\boldsymbol{G}|| \tag{7-9}$$

式中，$\mu_m > \mu$ 定义于式 (7-15)，$g > 0$，$s_k \in \{0, 1\}$ 是一个标记，需要时使用。

2. 解码

在 k 时刻，如果 $V(k)$ 是索引为 $(i, j_1, j_2, \cdots, j_{d-2}, s)$ 的量化块的编号，则解码器设定 $\overline{X}_k$ 的球极坐标为

$$r = \frac{(1+a)}{(1+2a)^{i+1}} L_k,\ \theta_n = \left(j_n + \frac{1}{2}\right)\frac{\pi}{M},\ n = 1, 2, 3, \cdots, d-2,\ \theta_{d-1} = \left(s + \frac{1}{2}\right)\frac{\pi}{M} \tag{7-10}$$

令 $\overline{\widehat{X}}_k = \boldsymbol{P}\overline{X}_k$；如果 $V(k) = \phi$，则令 $\overline{X}_k = O \in \mathbb{R}^d$，并令 $\overline{\widehat{X}}_k = O \in \mathbb{R}^d$。更新量化器 (L_k, a, M) 的参数 L_k 为

$$L_{k+1} = \begin{cases} \mathcal{D}_k^{\mathrm{in}}(L_k, V(k), s_k), & V(k) \neq \phi \\ \mathcal{D}_k^{\mathrm{out}}(L_k, V(k), s_k) & V(k) = \phi \end{cases} \tag{7-11}$$

式中，$\mathcal{D}_k^{\mathrm{in}}$ 和 $\mathcal{D}_k^{\mathrm{out}}$ 是 L_k、$V(k)$ 和 s_k 的函数，满足 $\mathcal{D}_k^{\mathrm{in}} = \mathcal{E}_k^{\mathrm{in}}$ 和 $\mathcal{D}_k^{\mathrm{out}} = \mathcal{E}_k^{\mathrm{out}}$，$k = 0, 1, 2, \cdots$。

7.3 主要结果

根据上述编码方案, 控制输入为

$$U_k = \begin{cases} \boldsymbol{K}\overline{X}_k, & ||X_k|| \leqslant L_k \\ O, & ||X_k|| > L_k \end{cases} \tag{7-12}$$

式中，$\boldsymbol{K}$ 是状态反馈增益矩阵，所以由式 (7-6) 和式 (7-12)，可得闭环系统为

$$X_{k+1} = \begin{cases} \boldsymbol{G}X_k + \boldsymbol{HK}\overline{X}_k + \omega_k, & ||X_k|| \leqslant L_k \\ \boldsymbol{G}X_k + \omega_k, & ||X_k|| > L_k \end{cases} \tag{7-13}$$

根据定理 2.1，有 $||X_k-\overline{X}_k||\leqslant\eta||X_k||$，$||X_k||\leqslant L_k$，所以

$$||X_{k+1}||\leqslant\begin{cases}\mu||X_k||+||\omega_k||, & ||X_k||\leqslant L_k\\ ||\boldsymbol{G}||||X_k||+||\omega_k||, & ||X_k||>L_k\end{cases} \tag{7-14}$$

这里

$$\mu=||\boldsymbol{G}+\boldsymbol{HK}||+\eta||\boldsymbol{HK}|| \tag{7-15}$$

$\boldsymbol{K}$ 和 η 被选择使得 $\mu<1$。设计控制器 $\boldsymbol{K}$ 和 η 的方法见文献 [97]。

下文中，我们规定在 k 时刻系统处于 Zooming-out 模式是指系统状态满足 $||X_k||>L_k$，在 k 时刻系统处于 Zooming-in 模式是指系统状态满足 $||X_k||\leqslant L_k$。由式 (7-12)，在 Zooming-out 模式，零输入加到系统中，因此系统是开环的；而在 Zooming-in 模式，反馈被加到系统中，因此系统是闭环的。对于这两种模式，L_k 分别按式 (7-8) 和式 (7-11) 更新。

定义 7.2 [捕获时间（Capture Time）]　k_1-k_0 被称为在 k_0 时刻的捕获时间，记为 $\mathcal{T}_{k_0}$，如果在 k_0 时刻，系统进入 Zooming-out 模式 ($||X_{k_0}||>L_{k_0}$)，并且在 k_1 时刻系统自 k_0 之后第一次由 Zooming-out 模式进入 Zooming-in 模式 ($||X_{k_1}||\leqslant L_{k_1}$)。

显然，捕获时间是 Zooming-out 模式的持续时间。

定义 7.3（一致有界）　捕获时间是一致有界的，如果存在 T 和 $k_N>0$ 使得 $\mathcal{T}_k\leqslant T$，$k>k_N$，其中 k 是系统进入 Zooming-out 模式的时刻，T 是捕获时间的一致上界。

定理 7.1　考虑由被控对象式 (7-6) 和控制器式 (7-12) 构成的系统。令 $\boldsymbol{K}$ 使得 $\boldsymbol{G}+\boldsymbol{HK}$ 是 Schur 稳定的，则在上述编码方案下系统对于未知干扰是输入—状态稳定的条件为当且仅当捕获时间是一致有界的。

定理 7.1 的证明依赖下面的一系列引理。

引理 7.1　考虑由被控对象式 (7-6) 和控制器式 (7-12) 构成的系统。在上述编码方案下，如果捕获时间是一致有界的，一致界 $T\geqslant1$，且存在整数 $k_T<\infty$ 使得

$$k_T=\min\{k\geqslant0:||X_{k_T}||\leqslant L_{k_T},L_{k_T}>\left(\frac{||\boldsymbol{G}||^T}{\mu_m-\mu}+\frac{1-||\boldsymbol{G}||^T}{1-||\boldsymbol{G}||}\right)||\omega||_{[0,\infty)}\} \tag{7-16}$$

则 $||X_k||\leqslant L_{k_T}$ 且 $L_k\leqslant L_{k_T}$，$k\geqslant0$，这里 μ_m 和 μ 分别定义于式 (7-9) 和式 (7-15) 中。

证明：由式 (7-8)、式 (7-9) 和式 (7-16)，有 $||X_k||\leqslant L_{k_T},L_k\leqslant L_{k_T},k\in[0,k_T)$。只需证明 $||X_k||\leqslant L_{k_T}$ 和 $L_k\leqslant L_{k_T}$，$k\geqslant k_T$。

不失一般性，如果 $||X_{k_T}|| \in [\frac{||\omega||_{[0,\infty)}}{\mu_m-\mu}, L_{k_T}]$，则 $L_{k_T} \geqslant ||X_{k_T}|| \geqslant \frac{||\omega||_{[0,\infty)}}{\mu_m-\mu}$，$L_{k_T}\mu + ||\omega||_{[0,\infty)} < L_{k_T}\mu_m$。由式 (7-14) 有

$$\begin{aligned}
||X_{k_T+1}|| &\leqslant \mu||X_{k_T}|| + ||\omega_{k_T}|| \\
&\leqslant \mu L_{k_T} + ||\omega||_{[0,\infty)} \\
&< L_{k_T}\mu_m \overset{[\text{式 (7-9)}]}{\leqslant} \mathcal{E}_{k_T}^{\text{in}} \\
&\overset{[\text{式 (7-8)}]}{=} L_{k_T+1} < L_{k_T}
\end{aligned}$$

即在 k_T+1 时刻系统仍保持 Zooming-in 模式。由数学归纳法，存在 $k'_T > k_T$ 使得 $||X_k|| \in \left[\frac{||\omega||_{[0,\infty)}}{\mu_m-\mu}, L_{k_T}\right]$ 且系统处于 Zooming-in 模式，$k \in [k_T, k'_T)$，所以 $L_k \leqslant L_{k_T}$，$k \in [k_T, k'_T)$。如果 $k'_T = \infty$，则证明完成；如果 $k'_T < \infty$，则 $||X_{k'_T}|| < \frac{||\omega||_{[0,\infty)}}{\mu_m-\mu}$。

当 $||X_{k'_T}|| < \frac{||\omega||_{[0,\infty)}}{\mu_m-\mu}$，如果在 k'_T 之后系统仍是 Zooming-in 模式，则当 $k \geqslant k'_T$，有 $L_k \leqslant L_{k'_T} < L_{k_T}$ 且

$$\begin{aligned}
||X_{k+1}|| &\overset{[\text{式 (7-14)}]}{<} \mu||X_k|| + ||\omega_k|| \\
&< \mu\frac{||\omega||_{[0,\infty)}}{\mu_m-\mu} + ||\omega||_{[0,\infty)} \\
&= \mu_m\frac{||\omega||_{[0,\infty)}}{\mu_m-\mu} \\
&< \frac{||\omega||_{[0,\infty)}}{\mu_m-\mu} \\
&< L_{k_T}
\end{aligned} \tag{7-17}$$

由数学归纳法证明完成；如果存在 $k''_T > k'_T$ 使得系统在 k''_T-1 时刻是 Zooming-in 模式，在 k''_T 时刻进入 Zooming-out 模式，则 $||X_{k''_T}|| \overset{[\text{式 (7-17)}]}{<} \frac{||\omega||_{[0,\infty)}}{\mu_m-\mu}$，

$$\begin{aligned}
||X_{K''_T+T}|| &\overset{[\text{式 (7-14)}]}{\leqslant} ||\boldsymbol{G}||^T||X_{K''_T}|| + \sum_{i=K''_T}^{K''_T+T-1}||\boldsymbol{G}||^{K''_T+T-1-i}||\omega_i|| \\
&< \frac{||\boldsymbol{G}||^T||\omega||_{[0,\infty)}}{\mu_m-\mu} + \sum_{i=K''_T}^{K''_T+T-1}||\boldsymbol{G}||^{K''_T+T-1-i}||\omega||_{[0,\infty)} \\
&= ||\omega||_{[0,\infty)}\left(\frac{||\boldsymbol{G}||^T}{\mu_m-\mu} + \frac{1-||\boldsymbol{G}||^T}{1-||\boldsymbol{G}||}\right)
\end{aligned}$$

由式 (7-16)，有 $||X_{k_T''+T}|| < L_{k_T}$。由于捕获时间是一致有界的，一致界为 T，令 $L_{k_T''+T} = L_{k_T}$，则 $||X_k|| \leqslant L_{k_T}$，$L_k \leqslant L_{k_T}$，$k \in [k_T'', k_T''+T]$，并且在 $k_T''+T$ 时刻系统再次进入 Zooming-in 模式。重复上述过程，证明完成。

引理 7.2 考虑由被控对象式 (7-6) 和控制器式 (7-12) 构成的系统。在上述编码方案下，如果捕获时间一致有界，一致界满足 $T \geqslant 1$，则 $||X_k|| \leqslant L_{k_T}$，$L_k \leqslant L_{k_T}$，$k \geqslant 0$。

证明： 如果存在引理 7.1 中的 k_T，则由引理 7.1 证明完成。如果不存在这样的 k_T，则在 $k \geqslant 0$ 时我们应考虑以下三种情况。

（1）系统是 Zooming-in 模式且 $L_k \leqslant \left(\frac{||\boldsymbol{G}||^T}{\mu_m-\mu} + \frac{1-||\boldsymbol{G}||^T}{1-||\boldsymbol{G}||}\right)||\omega||_{[0,\infty)}$。

（2）系统是 Zooming-out 模式且 $L_k \leqslant \left(\frac{||\boldsymbol{G}||^T}{\mu_m-\mu} + \frac{1-||\boldsymbol{G}||^T}{1-||\boldsymbol{G}||}\right)||\omega||_{[0,\infty)}$。

（3）系统是 Zooming-out 模式且 $L_k > \left(\frac{||\boldsymbol{G}||^T}{\mu_m-\mu} + \frac{1-||\boldsymbol{G}||^T}{1-||\boldsymbol{G}||}\right)||\omega||_{[0,\infty)}$。

如果情况（3）发生，根据编码方案，L_k 将增加，直到系统在 $k_T > k$ 进入 Zooming-in 模式，且 L_{k_T} 满足式 (7-16)，这与假设矛盾。所以仅有情况（1）或（2）能发生。对于情况（2），有 $||X_k|| > L_k$。如果 $||X_k|| > \left(\frac{||\boldsymbol{G}||^T}{\mu_m-\mu} + \frac{1-||\boldsymbol{G}||^T}{1-||\boldsymbol{G}||}\right)||\omega||_{[0,\infty)}$，则存在 $k_T > k$ 使得 $L_{k_T} > \left(\frac{||\boldsymbol{G}||^T}{\mu_m-\mu} + \frac{1-||\boldsymbol{G}||^T}{1-||\boldsymbol{G}||}\right)||\omega||_{[0,\infty)}$ 和 $||X_{k_T}|| \leqslant L_{k_T}$，这与假设矛盾。所以在情况（2）或（1）有 $||X_k|| \leqslant \left(\frac{||\boldsymbol{G}||^T}{\mu_m-\mu} + \frac{1-||\boldsymbol{G}||^T}{1-||\boldsymbol{G}||}\right)||\omega||_{[0,\infty)}$ 且 $L_k \leqslant \left(\frac{||\boldsymbol{G}||^T}{\mu_m-\mu} + \frac{1-||\boldsymbol{G}||^T}{1-||\boldsymbol{G}||}\right)||\omega||_{[0,\infty)}$，$k > 0$。因此 $||X_k|| \leqslant \left(\frac{||\boldsymbol{G}||^T}{\mu_m-\mu} + \frac{1-||\boldsymbol{G}||^T}{1-||\boldsymbol{G}||}\right)||\omega||_{[0,\infty)} < L_{k_T}$ 且 $L_k \leqslant \left(\frac{||\boldsymbol{G}||^T}{\mu_m-\mu} + \frac{1-||\boldsymbol{G}||^T}{1-||\boldsymbol{G}||}\right)||\omega||_{[0,\infty)} < L_{k_T}$，$k \geqslant 0$。

引理 7.3 在上面的编码方案下，如果捕获时间一致有界，且在 k_0 时刻系统进入 Zooming-out 模式，则

$$||X_k|| < \psi_{\text{out}}^1(||X_{k_0}||) + \psi_{\text{out}}^2(||\omega||_{[k_0,k-1]}), k_1 \geqslant k > k_0 \tag{7-18}$$

这里 ψ_{out}^1 和 $\psi_{\text{out}}^2 \in \mathcal{K}_\infty$ 与 X_{k_0} 无关，k_1 是系统在 k_0 之后第一次进入 Zooming-in 模式的时间，即 $\mathcal{T}_{k_0} = k_1 - k_0$。

证明： 由于系统在 $k \in (k_0, k_1]$ 是开环的，$X_k = \boldsymbol{G}^{k-k_0}X_{k_0} + \sum\limits_{i=k_0}^{k-1}\boldsymbol{G}^{k-1-i}\omega_i$，$k_1 \geqslant k > k_0$；又由于捕获时间一致有界，存在 T 和 $k_N > 0$ 使 $\mathcal{T}_k < T$，$k > k_N$；所以 $||X_k|| < ||\boldsymbol{G}||^{T'}X_{k_0} + \sum\limits_{i=k_0}^{k-1}||\boldsymbol{G}||^{k-1-i}||\omega_i||$，$k_1 \geqslant k > k_0$，这里 $T' = \max\{\max\{\mathcal{T}_k : k \leqslant k_N\}, T\}$。令 $\psi_{\text{out}}^1(||X_{k_0}||) = ||\boldsymbol{G}||^{T'}X_{k_0}$，$\psi_{\text{out}}^2(||\omega||_{[k_0,k-1]}) =$

$\sum_{i=k_0}^{k-1}||\boldsymbol{G}||^{k-1-i}||\omega_i||$，则 ψ_{out}^1 和 ψ_{out}^2 独立于 X_{k_0}，且式 (7-18) 成立，ψ_{out}^1，$\psi_{\text{out}}^2 \in \mathcal{K}_\infty$。

引理 7.4　在上面的编码方案下，如果在 $k-1$ 时刻系统是 Zooming-in 模式且干扰 ω_{k-1} 满足 $||\omega_{k-1}|| \leqslant \left(\frac{\mathcal{E}_{k-1}^{\text{in}}}{L_{k-1}} - \mu\right) L_{k-1}$，系统在 k 时刻不会进入 Zooming-out 模式。

证明： 这成立是由于

$$\begin{aligned}||X_k|| &\overset{[\text{式 (7-14)}]}{\leqslant} \mu||X_{k-1}|| + ||\omega_{k-1}|| \\ &\leqslant \mu L_{k-1} + \left(\frac{\mathcal{E}_{k-1}^{\text{in}}}{L_{k-1}} - \mu\right) L_{k-1} \\ &= \mathcal{E}_{k-1}^{\text{in}} \overset{[\text{式 (7-8)}]}{=} L_k\end{aligned}$$

下面给出定理 7.1 的证明。

定理 7.1 的证明:（充分性）　假设捕获时间一致有界。首先证明式 (7-3) 成立。

不失一般性，令系统在 k_{2i} 时刻进入 Zooming-out 模式，$k_0 = 0$，在 k_{2i+1}，$i = 0, 1, 2, 3, \cdots$ 进入 Zooming-in 模式，则由引理 7.3，有

$$||X_k|| < \psi_{\text{out}}^1(||X_{k_{2i}}||) + \psi_{\text{out}}^2(||\omega||_{[k_{2i}, k-1]}),\ k \in (k_{2i}, k_{2i+1}] \tag{7-19}$$

式中，ψ_{out}^1，$\psi_{\text{out}}^2 \in \mathcal{K}_\infty$ 独立于 $X_{k_{2i}}$，$i = 0, 1, 2, 3, \cdots$。当系统在 k_{2i+1} 时刻进入 Zooming-in 模式，有 $||X_{k_{2i+1}}|| \leqslant L_{k_{2i+1}}$ 和

$$\begin{aligned}||X_k|| &< L_k \\ &\overset{[\text{式 (7-9)}]}{<} L_{k_{2i+1}},\ k \in (k_{2i+1}, k_{2i+2} - 1]\end{aligned} \tag{7-20}$$

进一步，由于在 $k \in [k_{2i}, k_{2i+1})$，系统是 Zooming-out 模式，

$$\begin{aligned}||X_{k_{2i+1}-1}|| &> L_{k_{2i+1}-1} \\ &\overset{[\text{式 (7-9)}]}{>} \frac{L_{k_{2i+1}}}{||\boldsymbol{G}|| + g} \\ &\overset{[\text{式 (7-20)}]}{>} \frac{||X_k||}{||\boldsymbol{G}|| + g},\ k \in (k_{2i+1}, k_{2i+2} - 1]\end{aligned}$$

所以

$$||X_k|| \quad < \quad (||\boldsymbol{G}|| + g)||X_{k_{2i+1}-1}||$$

$$\overset{[\text{式 (7-19)}]}{<} (||\boldsymbol{G}|| + g)(\psi_{\text{out}}^1(||X_{k_{2i}}||) + \psi_{\text{out}}^2(||\omega||_{[k_{2i},k-1]})),\ k \in (k_{2i+1}, k_{2i+2} - 1] \tag{7-21}$$

$$\begin{aligned} ||X_{k_{2i+2}}|| &\overset{[\text{式 (7-14)}]}{<} \mu||X_{k_{2i+2}-1}|| + ||\omega_{k_{2i+2}-1}|| \\ &< ||\boldsymbol{G}||||X_{k_{2i+2}-1}|| + ||\omega_{k_{2i+2}-1}|| \\ &\overset{[\text{式 (7-21)}]}{<} ||\boldsymbol{G}||(||\boldsymbol{G}|| + g)(\psi_{\text{out}}^1(||X_{k_{2i}}||)+\psi_{\text{out}}^2(||\omega||_{[k_{2i},k_{2i+2}-2]}))+||\omega_{k_{2i+2}-1}|| \\ &:= \psi(||X_{k_{2i}}||, ||\omega||_{[k_{2i},k_{2i+2}-1]}) \end{aligned} \tag{7-22}$$

式中，$\psi \in \mathcal{K}_\infty$ 独立于 $X_{k_{2i}}$，$i = 0, 1, 2, 3, \cdots$。由式 (7-19)、式 (7-21) 和式 (7-22)，有

$$||X_k|| < \psi(||X_{k_{2i}}||, ||\omega||_{[k_{2i},k-1]}), k \in (k_{2i}, k_{2i+2}] \tag{7-23}$$

定义

$$\psi^{(i)}(||X_{k_0}||, ||\omega||_{[k_0,k_{2i+2}-1]}) = \psi(\cdots\psi(\psi(||X_{k_0}||, ||\omega||_{[k_0,k_2-1]}),$$

$$||\omega||_{[k_2,k_4-1]}), \cdots, ||\omega||_{[k_{2i},k_{2i+2}-1]})$$

和 $\boldsymbol{I} = \min\{i : \psi^{(i)}(||X_{k_0}||, ||\omega||_{[k_0,k_{2i+2}-1]}) \geqslant L_{k_T}\}$。如果 $\boldsymbol{I} < \infty$，则由引理 7.2，有

$$\begin{aligned} ||X_k|| &< \psi^{(I)}(||X_{k_0}||, ||\omega||_{[k_0,k_{2I+2}-1]}) \\ &:= \gamma_1'(||X_{k_0}||) + \gamma_2'(||\omega||_{[k_0,\infty)}),\ \forall k \geqslant k_0 \end{aligned}$$

式中，γ_1' 和 $\gamma_2' \in \mathcal{K}_\infty$ 独立于 X_{k_0}。如果 $\boldsymbol{I} = \infty$，即 $\max\limits_i\{\psi^{(i)}(||X_{k_0}||, ||\omega||_{[k_0,k_{2i+2}-1]})\} < L_{k_T}$，则

$$\begin{aligned} ||X_k|| &< \max_i\{\psi^{(i)}(||X_{k_0}||, ||\omega||_{[k_0,k_{2i+2}-1]})\} \\ &:= \gamma_1''(||X_{k_0}||) + \gamma_2''(||\omega||_{[k_0,\infty)}),\ \forall k \geqslant k_0 \end{aligned}$$

式中，γ_1'' 和 $\gamma_2'' \in \mathcal{K}_\infty$ 独立于 X_{k_0}。令 $\gamma_1 = \max\{\gamma_1', \gamma_1''\}$ 和 $\gamma_2 = \max\{\gamma_2', \gamma_2''\}$，所以

$$||X_k|| < \gamma_1(||X_{k_0}||) + \gamma_2(||\omega||_{[k_0,\infty)}), \forall k \geqslant k_0$$

式中，γ_1 和 $\gamma_2 \in \mathcal{K}_\infty$ 独立于 X_{k_0}。

下面证明式 (7-4) 成立。当系统在 k_{2i} 进入 Zooming-out 模式时，根据编码方案，系统在 $k_{2i}-1$ 时刻进入 Zooming-in 模式。由引理 7.4，有 $||X_{k_{2i}-1}|| < L_{k_{2i}-1} < \frac{||\omega_{k_{2i}-1}||}{\frac{\varepsilon_{k-1}^{\text{in}}}{L_{k-1}}-\mu} \overset{[式 (7-9)]}{<} \frac{||\omega_{k_{2i}-1}||}{\mu_m-\mu}$，所以

$$\begin{aligned}||X_{k_{2i}}|| &\overset{[式 (7-14)]}{\leqslant} \mu||X_{k_{2i}-1}||+||\omega_{k_{2i}-1}|| \\ &\leqslant \mu\frac{||\omega_{k_{2i}-1}||}{\mu_m-\mu}+||\omega_{k_{2i}-1}|| \\ &\leqslant \frac{\mu_m}{\mu_m-\mu}||\omega_{k_{2i}-1}||\end{aligned}$$

因此由式 (7-23)，有

$$\begin{aligned}||X_k|| &< \psi\left(\frac{\mu_m}{\mu_m-\mu}||\omega_{k_{2i}-1}||, ||\omega||_{[k_{2i},k-1]}\right) \\ &:= \psi'(||\omega||_{[k_{2i}-1,k-1]}),\ k\in(k_{2i},k_{2i+2}]\end{aligned}$$

所以 $\limsup\limits_{k\to\infty}||X_k||\leqslant\gamma_3\left(\limsup\limits_{k\to\infty}||\omega_k||\right)$，这里 $\gamma_3=\psi'\in\mathcal{K}_\infty$。

（必要性）如果系统是输入—状态稳定的，但捕获时间不是一致有界，即对于给定的 T 和 $k_N>0$，存在 $k>k_N$ 使得 $\mathcal{T}_k>T$，则由于 T 和 k_N 是任意的且 $\boldsymbol{G}$ 不是 Schur 稳定的，当 $T\to\infty$，对任意有界的 ω_i，有 $||X_{k+T}|| = ||\boldsymbol{G}^TX_k+\sum\limits_{i=k}^{T-1}\boldsymbol{G}^{T-1-i}\omega_i||\to\infty$，这表明对于式 (7-4)，不存在函数 γ_3。

定义 7.4（有界）　如果在任意时刻 $k>0$ 系统进入 Zooming-out 模式，都存在 $T>0$ 使得 $\mathcal{T}_k\leqslant T$，则捕获时间是有界的。

应该指出对于只能保证捕获时间有界的编码方案，系统不能保证输入—状态稳定。

定理 7.2　考虑由被控对象式 (7-6) 和控制器式 (7-12) 构成的系统。假设 $\boldsymbol{G}$ 有一个特征值 r 满足 $|r|>1$，令 $\boldsymbol{K}$ 满足 $\boldsymbol{G}+\boldsymbol{HK}$ 是 Schur 稳定，则捕获时间有界的编码方案不能保证系统输入—状态稳定。

证明：不失一般性，令系统在时刻 $k=0$ 是 Zooming-in 模式。只需构造一个有界干扰序列 $\{\omega_k,\ k=0,1,2,\cdots\}$ 和一个时间序列 $\{k_i,\ i=0,1,2,\cdots\}$ 使得在此干扰下系统在 k_{2i} 时刻进入 Zooming-in 模式，在 $k_{2i+1}+1$ 时刻进入 Zooming-out 模式，$i=0,1,2,\cdots$，$k_0=0$，然而，捕获时间仅仅有界但不是一致有界。所以根据定理 7.1 完成证明。

令 $\mathcal{E}_{\text{in}}(k'',k',L_{k'})=\mathcal{E}^{\text{in}}_{k''-1}(\mathcal{E}^{\text{in}}_{k''-2}(\cdots\mathcal{E}^{\text{in}}_{k'+1}(\mathcal{E}^{\text{in}}_{k'}(L_{k'},X_{k'},s_{k'}),X_{k'+1},s_{k'+1}),\cdots,),X_{k''-1},s_{k''-1})$ 和 $\mathcal{E}_{\text{out}}(k'',k',L_{k'})=\mathcal{E}^{\text{out}}_{k''-1}(\mathcal{E}^{\text{out}}_{k''-2}(\cdots\mathcal{E}^{\text{out}}_{k'+1}(\mathcal{E}^{\text{out}}_{k'}(L_{k'},X_{k'},s_{k'}),X_{k'+1},s_{k'+1}),\cdots,),X_{k''-1},s_{k''-1})$

构造一个时间序列 $\{k_i,\ i=0,1,2,\cdots\}$，$k_0=0$，

$$k_{2i+1}=\min\left\{k:\mathcal{E}_{\text{in}}(k,k_{2i},L_{k_{2i}})<\frac{\hat{\varepsilon}}{w}\right\}\tag{7-24}$$

$$k_{2i+2}=\min\{k:|r|^{k-(k_{2i+1}+1)}\hat{\varepsilon}<\mathcal{E}_{\text{out}}(k,k_{2i+1}+1,W_{k_{2i}})\}\tag{7-25}$$
$$i=0,1,2,\cdots$$

和一个有界干扰序列 $\{\omega_k,\ k=0,1,2,\cdots\}$，且

$$\omega_k=\begin{cases}-(\boldsymbol{G}+\boldsymbol{HK})X_k-\boldsymbol{HK}e_k+\hat{\varepsilon}\boldsymbol{\zeta}, & k=k_{2i+1}\\ 0, & k\neq k_{2i+1}\end{cases}\tag{7-26}$$
$$i=0,1,2,\cdots$$

式中，$e_k=\overline{X}_k-X_k$，$\hat{\varepsilon}>0$，$\boldsymbol{\zeta}$ 是 $\boldsymbol{G}$ 的一个特征向量，满足 $||\boldsymbol{\zeta}||=1$，对应的特征值为 r，$w>1$ 满足

$$\mathcal{E}_{\text{out}}\left(k_{2i+1}+1+T_{2i+1},k_{2i+1}+1,\frac{\hat{\varepsilon}}{w}\right)=|r|^{T_{2i+1}}\hat{\varepsilon}\tag{7-27}$$

式中，$T_{2i+1}=T>0$,

$$W_{k_{2i}}=\mathcal{E}_{\text{in}}(k_{2i+1}+1,k_{2i},L_{k_{2i}})\tag{7-28}$$

我们将证明在上述干扰序列下，对于任意 $T>0$，在时刻 $k_{2i+1}+1$，$i=0,1,2,\cdots$ 的捕获时间大于 T，即 $\mathcal{T}_{k_{2i+1}+1}>T$，$i=0,1,2,\cdots$，所以捕获时间不是一致有界的。然而 $\mathcal{T}_{k_{2i+1}+1}<\infty$，即捕获时间是有界的。

（1）由于系统在时刻 $k=0$ 是 Zooming-in 模式，所以 $||X_0||<L_0$。且系统在此模式下是闭环，由式 (7-26)，$\omega_k=0$，$k\in[k_0,k_1)$。对于这样的 $X_0\in\mathbb{R}^d$ 有 $||X_{k_1}||<\mathcal{E}_{\text{in}}(k_1,0,L_0)\overset{[式\ (7\text{-}24)]}{<}\frac{\hat{\varepsilon}}{w}$ 和 $W_0=\mathcal{E}_{\text{in}}(k_1+1,0,L_0)<\frac{\hat{\varepsilon}}{w}$。由式 (7-26)，$\omega_{k_1}=-(\boldsymbol{G}+\boldsymbol{HK})X_{k_1}-\boldsymbol{HK}e_{k_1}+\hat{\varepsilon}\boldsymbol{\zeta}$，$||X_{k_1+1}||=||(\boldsymbol{G}+\boldsymbol{HK})X_{k_1}+\boldsymbol{HK}e_{k_1}+\omega_{k_1}||=||\hat{\varepsilon}\boldsymbol{\zeta}||=\hat{\varepsilon}>W_0=L_{k_1+1}$，所以在 k_1+1 时刻系统进入 Zooming-out 模

式。根据编码方案和式 (7-26)，$u_k=0$ 且 $\omega_k=0$，$k\in[k_1+1,k_2)$，这里由式 (7-25)，$k_2=\min\{k:|r|^{k-(k_1+1)}\hat{\varepsilon}<\mathcal{E}_{\text{out}}(k,k_1+1,W_0)\}$，有

$$\begin{aligned}X_{k_2}&=\boldsymbol{G}^{k_2-(k_1+1)}X_{k_1+1}=\boldsymbol{G}^{k_2-(k_1+1)}\hat{\varepsilon}\boldsymbol{\zeta}=r^{k_2-(k_1+1)}\hat{\varepsilon}\boldsymbol{\zeta}\\L_{k_2}&=\mathcal{E}_{\text{out}}(k_2,k_1+1,\mathcal{E}_{\text{in}}(k_1+1,0,L_0))\\&=\mathcal{E}_{\text{out}}(k_2,k_1+1,W_0)\end{aligned}$$

这蕴含 $\|X_{k_2}\|<L_{k_2}$，即系统在 k_2 时刻又进入 Zooming-in 模式。由式 (7-24)、式 (7-25)、式 (7-27) 和 $W_0<\frac{\hat{\varepsilon}}{w}$，$\mathcal{T}_{k_1+1}=k_2-(k_1+1)>T_1=T$，但 $\mathcal{T}_{k_1+1}=k_2-(k_1+1)<\infty$。

（2）假设 $\|X_{k_{2i}}\|<L_{k_{2i}}$，即系统在 k_{2i} 时刻是 Zooming-in 模式，证明 $\infty>\mathcal{T}_{k_{2i+1}+1}>T$。由于系统在此模式下是闭环，根据式 (7-26)，$\omega_k=0,k\in[k_{2i},k_{2i+1})$，所以有

$$\begin{aligned}\|X_{k_{2i+1}}\|&<L_{k_{2i+1}}\\&=\mathcal{E}_{\text{in}}(k_{2i+1},k_{2i},L_{k_{2i}})\\&\overset{[\text{式 (7-24)}]}{<}\frac{\hat{\varepsilon}}{w}\end{aligned}$$

$$\begin{aligned}\|X_{k_{2i+1}+1}\|&=\|(\boldsymbol{G}+\boldsymbol{HK})X_{k_{2i+1}}+\boldsymbol{HK}e_{k_{2i+1}}+\omega_{k_{2i+1}}\|\\&\overset{[\text{式 (7-26)}]}{=}\|\hat{\varepsilon}\boldsymbol{\zeta}\|>\frac{\hat{\varepsilon}}{w}\\&\overset{[\text{式 (7-24)}]}{>}\mathcal{E}_{\text{in}}(k_{2i+1},k_{2i},L_{k_{2i}})>\mathcal{E}_{\text{in}}(k_{2i+1}+1,k_{2i},L_{k_{2i}})\\&\overset{[\text{式 (7-28)}]}{=}W_{k_{2i}}=L_{k_{2i+1}+1}\end{aligned}\tag{7-29}$$

这表明在 $k_{2i+1}+1$ 时刻系统进入 Zooming-out 模式。

根据编码方案，系统在时刻 $k_{2i+1}+1$ 之后是开环的，由式 (7-26) 有

$$\begin{aligned}X_{k_{2i+2}}&=\boldsymbol{G}^{k_{2i+2}-(k_{2i+1}+1)}X_{k_{2i+1}+1}=\boldsymbol{G}^{k_{2i+2}-(k_{2i+1}+1)}\hat{\varepsilon}\boldsymbol{\zeta}=r^{k_{2i+2}-(k_{2i+1}+1)}\hat{\varepsilon}\boldsymbol{\zeta}\\L_{k_{2i+2}}&=\mathcal{E}_{\text{out}}(k_{2i+2},k_{2i+1}+1,W_{k_{2i}})\end{aligned}\tag{7-30}$$

由式 (7-30) 和式 (7-25)，有

$$\begin{aligned}\|X_{k_{2i+2}}\|&=|r|^{k_{2i+2}-(k_{2i+1}+1)}\hat{\varepsilon}\\&<\mathcal{E}_{\text{out}}(k_{2i+2},k_{2i+1}+1,W_{k_{2i}})\\&=L_{k_{2i+2}}\end{aligned}$$

所以系统在 k_{2i+2} 时刻进入 Zooming-in 模式。由式 (7-24)、式 (7-25)、式 (7-27) 和 $W_{k_{2i}} \overset{[式 (7-29)]}{<} \frac{\hat{\varepsilon}}{w}$ 有 $\mathcal{T}_{k_{2i+1}+1} = k_{2i+2} - (k_{2i+1} + 1) > T_{2i+1} = T$，但是 $\mathcal{T}_{k_{2i+1}+1} = k_{2i+2} - (k_{2i+1} + 1) < \infty$。

在上面的编码方案下，捕获时间是否一致有界取决于 L_k 的更新规则式 (7-8) 和式 (7-11)。在下面的例子中，由于更新规则不能保证捕获时间一致有界，所以系统不是 ISS。

例 7.1 为显示定理 7.2，考虑一级倒立摆在平衡点处的线性化模型，参数为

$$A = \begin{pmatrix} 0 & 1 & 0 & 0 \\ 0 & \dfrac{-(I+ml^2)b}{I(M+m)+Mml^2} & \dfrac{m^2gl^2}{I(M+m)+Mml^2} & 0 \\ 0 & 0 & 0 & 1 \\ 0 & \dfrac{-mlb}{I(M+m)+Mml^2} & \dfrac{mgl(M+m)}{I(M+m)+Mml^2} & 0 \end{pmatrix}$$

$$\boldsymbol{B} = \begin{pmatrix} 0 \\ \dfrac{I+ml^2}{I(M+m)+Mml^2} \\ 0 \\ \dfrac{ml}{I(M+m)+Mml^2} \end{pmatrix}$$

这里小车质量 $M = 1.096\text{kg}$，摆质量 $m = 0.109\text{kg}$，摆中心到轴的长度为 $l = 0.25\text{m}$，等于摆长度的一半，$I = 0.034\text{kg}\cdot\text{m}^2$ 是摆的惯性矩，g 是重力加速度，$b = 0.1\text{N/(m·s)}$ 为小车与轨道间的滑动摩擦系数。$\boldsymbol{X} = [x_1, x_2, x_3, x_4]^{\text{T}}$，其中 x_1 和 x_2 分别表示小车距轨道中心的位置和它的速度，x_3 是摆偏离垂直上方的角度，x_4 是摆的角速度。

控制器

$$\boldsymbol{K} = \begin{pmatrix} 12.5369 & 22.5648 & -66.4509 & -63.1470 \end{pmatrix}$$

和

$$
\boldsymbol{P}=\begin{pmatrix} 0.1136 & -0.4595 & 0.2305 & -0.7130 \\ 0 & 1.5829 & 3.9566 & 7.7772 \\ 0 & 0 & 2.0867 & -2.5012 \\ 0 & 0 & 0 & 26.8472 \end{pmatrix}
$$

根据文献 [97] 的方法获得。量化器的参数 $M=175$，$\alpha=0.023$，$L_0=6$。初始状态 $X(0)=(0.1,-0.5,0.8,-0.7)^{\mathrm{T}}$。在时刻 $k=0$，由于 $||X_0=\boldsymbol{P}^{-1}X(0)||<L_0$，因此系统是 Zooming-in 模式，即闭环。令 $\mathcal{E}_k^{\mathrm{in}}=0.62L_k$ 和 $\mathcal{E}_k^{\mathrm{out}}=17.1L_k$ [在式 (7-8) 中] 满足式 (7-9)，采样时间 $T_s=0.1\mathrm{s}$。我们不采用式 (7-27) 中固定的 T_{2i+1}，而是在式 (7-27) 中令 $T_{2i+1}=2.5i+2$，$i=0,1,2,\cdots$。仿真结果显示在有界干扰下 [图 7-1(b)] 系统超调越来越大 [图 7-1(a)]，这里式 (7-26) 中的 $\hat{\varepsilon}=0.05$。这表明，对于任意 T 存在 i，使得 $\mathcal{T}_{k_{2i+1}+1}>T$，所以捕获时间不是一致有界的，系统不是输入—状态稳定的。

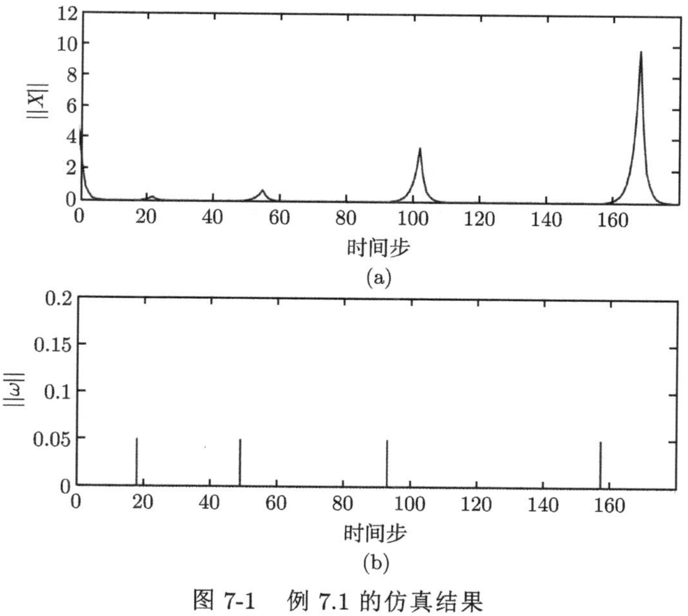

图 7-1　例 7.1 的仿真结果

下面，为获得系统的输入—状态稳定性，我们将上面的编码方案赋予具有一致有界捕获时间的 L_k 的更新规则。令 L_0 是一个正数，且令 $L_{\max}=L_0$，$s_0=0$。

具有一致有界捕获时间的编码方案如下。

1. 编码

在时刻 k，令 $X_k = \boldsymbol{P}^{-1}\widehat{X}_k$。如果 $||X_k|| \leqslant L_k$，则编码器将支撑球 Λ_k 中的所有量化块编号，将 X_k 编码为码字 $V(k)$，它是 $V(k)$ 所在量化块的编号，并更新量化器 (L_k, a, M) 的参数 L_k 为 $L_{k+1} = L_k\Omega_{\text{in}}$，其中 $\Omega_{\text{in}} \in (\mu_m, 1)$，$s_{k+1} = 0$；如果 $||X_k|| > L_k$ 且 $s_k = 0$，则编码器将 $X(k)$ 编码为 $V(k) = \phi$，并更新 $L_{k+1} = L_{\max}$，$s_{k+1} = 1$；如果 $||X_k|| > L_k$ 且 $s_k = 1$，则编码器将 $X(k)$ 编码为 $V(k) = \phi$，并更新 $L_{k+1} = L_k\Omega_{\text{out}}$，其中 $\Omega_{\text{out}} > ||G||$，$s_{k+1} = 1$，$L_{\max} = \max\{L_{\max}, L_{k+1}\}$。

即

$$L_{k+1} = \begin{cases} L_k\Omega_{\text{in}}, & ||X_k|| \leqslant L_k \\ L_{\max}, & ||X_k|| > L_k, s_k = 0 \\ L_k\Omega_{\text{out}}, & ||X_k|| > L_k, s_k = 1 \end{cases}$$

$$s_{k+1} = \begin{cases} 0, & ||X_k|| \leqslant L_k \\ 1, & ||X_k|| > L_k \end{cases}$$

$L_{\max} = \max\{L_{\max}, L_{k+1}\}$， 如果$||X_k|| > L_k$，$s_k = 1$。

2. 解码

在时刻 k，如果 $V(k)$ 是索引为 $(i, j_1, j_2, \cdots, j_{d-2}, s)$ 的量化块的编号，则解码器指定 $\overline{X}_k$ 的球极坐标为式 (7-10)，并更新量化器 (L_k, a, M) 的参数 L_k 为 $L_{k+1} = L_k\Omega_{\text{in}}$，$s_{k+1} = 0$，并令 $\overline{\widehat{X}}_k = \boldsymbol{P}\overline{X}_k$。

如果 $V(k) = \phi$ 且 $s_k = 0$，则 $\overline{X}_k = O$，$\overline{\widehat{X}}_k = O$，并更新 $L_{k+1} = L_{\max}$，$s_{k+1} = 1$；如果 $V(k) = \phi$ 且 $s_k = 1$，则 $\overline{X}_k = O$，$\overline{\widehat{X}}_k = O$，并更新 $L_{k+1} = L_k\Omega_{\text{out}}$，$s_{k+1} = 1$，$L_{\max} = \max\{L_{\max}, L_{k+1}\}$。

即

$$L_{k+1} = \begin{cases} L_k\Omega_{\text{in}}, & V(k)\ \text{是包含}\ X_k\ \text{的量化块的编号} \\ L_{\max}, & V(k) = \phi, s_k = 0 \\ L_k\Omega_{\text{out}} & V(k) = \phi, s_k = 1 \end{cases}$$

$$s_{k+1} = \begin{cases} 0, & V(k)\ \text{是包含}\ X_k\ \text{的量化块的编号} \\ 1, & V(k) = \phi \end{cases}$$

$L_{\max} = \max\{L_{\max}, L_{k+1}\}$，如果 $V(k) = \phi$，$s_k = 1$。

因此，如果 $||X_k|| > L_k$，则 $\overline{X}_k = O$，$\overline{\widehat{X}}_k = O$。

注解 7.1　(1) 当系统处于 Zooming-out 模式时，$s_k = 0$ 表示系统第一次由 Zooming-in 模式进入 Zooming-out 模式；$s_k = 1$ 表示系统由 Zooming-in 模式连续不止一次进入 Zooming-out 模式。

(2) 由编码/解码过程可知，在任何时刻 k，$L_{\max}$ 记住直到 k 时刻的支撑球半径的最大值。由引理 7.2，支撑球半径是有限的，所以如果系统第一次由 Zooming-in 模式在 k 时刻进入 Zooming-out 模式，则编码方案通过令 $L_{k+1} = L_{\max}$ 可保证捕获时间是一致有界的。

例 7.2　为说明定理 7.1，我们将具有一致有界捕获时间的编码方案应用于例 7.1 中的同样的系统。控制器使用同样的状态反馈增益矩阵，干扰行为也相同，量化器参数也同于例 7.1。取 $\Omega_{\text{in}} = 0.62$，$\Omega_{\text{out}} = 17.1$。仿真结果显示对于有界干扰 [图 7-2(b)]，系统的超调是非增的 [图 7-2(a)]，这里式 (7-26) 中的 $\hat{\varepsilon} = 2$，系统是输入—状态稳定的。

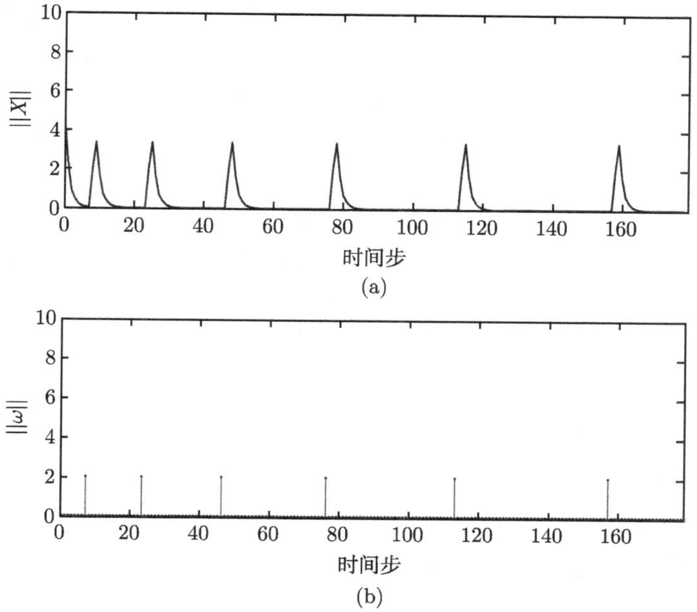

图 7-2　例 7.2 的仿真结果

7.4 有限码率编码方案下的输入—状态稳定性

7.4.1 有限码率编码方案

在上文中，为强调主要结果，给出了一般的具有无限码率的编码方案。下面，为实际目的，我们给出一种使用有限码率的编码方案。

定义 7.5 球极坐标量化器是一个四元组 (L_k, N, a, M)，其中实数 $L_k > 0$ 表示在 k 时刻支撑球的半径，正整数 $N \geqslant 2$ 表示比例同心球的数目，实数 $a > 0$ 表示比例系数，正整数 $M \geqslant 2$ 表示将角弧度 π 平均分割的数目。量化器按如下方法将支撑球

$$\Lambda_k = \left\{X \in \mathbb{R}^d : r \leqslant L_k\right\}$$

分割为 $2(N-1)M^{d-1}+1$ 个量化块。

（1）量化块集合 $\{X \in \mathbb{R}^d : \frac{L_k}{(1+2a)^{N-1-i}} < r \leqslant \frac{L_k}{(1+2a)^{N-2-i}}, j_n\frac{\pi}{M} < \theta_n \leqslant (j_n+1)\frac{\pi}{M}, n=1,2,3,\cdots,d-2, s\frac{\pi}{M} < \theta_{d-1} \leqslant (s+1)\frac{\pi}{M}\}$，索引为 $(i, j_1, j_2, \cdots, j_{d-2}, s)$，其中 $i=0,1,2,\cdots,N-2$；$j_n = 0,1,2,\cdots,M-1$，$n=1,2,3,\cdots,d-2$；$s = 0,1,2,\cdots,2M-1$，量化块的数目为 $(N-1)\cdot M^{d-2}\cdot 2M = 2(N-1)M^{d-1}$。

（2）量化块 $\{X \in \mathbb{R}^d : r \leqslant \frac{L_k}{(1+2a)^{N-1}}\}$。

相应地，我们将 7.2.1 节中编码方案的 Zooming-in 模式 $(\|X_k\| \leqslant L_k)$ 分为两个子模式，分别为 Measurement-update 模式和 Measurement-wait 模式。这里 Measurement-update 模式是指 $\frac{L_k}{(1+2a)^{N-1}} < \|X_k\| \leqslant L_k$。在此模式下，系统是闭环的，并且量化区域减小以获得量化误差的收敛性。而 Measurement-wait 模式是指 $\|X_k\| \leqslant \frac{L_k}{(1+2a)^{N-1}}$。在此模式下，没有反馈输入加到系统中，系统如 Zooming-out 模式一样是开环的，等待返回 Measurement-update 模式或 Zooming-out 模式。Zooming-out 模式与 Measurement-wait 模式的区别在于 L_k 和标记 s_k 的更新规则，见下面的编码/解码过程。

对每个时刻 k，我们表示 $S_i(k) = \{X \in \mathbb{R}^d : r \leqslant \frac{L_k}{(1+2a)^{N-i}}\}, i = 1,2,3,\cdots,N$。令初始值 L_0 为一个正数，$L_{\max} = L_0$，标记 $s_0 = 0$。

1. 编码

在 k 时刻，令 $X_k = \boldsymbol{P}^{-1}\widehat{X}_k$。如果 $X_k \in \Lambda_k \backslash S_1(k)$，即系统处于 Measurement-update 模式，编码器为 $\Lambda_k \backslash S_1(k)$ 中的 $2(N-1)M^{d-1}$ 个量化块编号，将 X_k 编码为码字 $V(k)$，它是 X_k 所在量化块的编号，更新量化器 (L_k, N, a, M) 的参数 L_k 为 $L_{k+1} = L_k\Omega_{\text{in}}$，这里 Ω_{in} 满足式 (7-34) 并且 $s_{k+1} = 0$；如果 $X_k \in S_1(k)$，

即系统是 Measurement-wait 模式，则编码器将 $X(k)$ 编码为 $V(k) = \phi_0$，更新 $L_{k+1} = L_k\Omega_{\text{in}}$ 并令 $s_{k+1} = 0$；如果 $||X_k|| > L_k$，即系统是 Zooming-out 模式，且 $s_k = 0$，则编码器将 $X(k)$ 编码为 $V(k) = \phi_1$，更新 $L_{k+1} = L_{\max}$ 并令 $s_{k+1} = 1$；如果 $||X_k|| > L_k$ 且 $s_k = 1$，则编码器将 $X(k)$ 编码为 $V(k) = \phi_1$，更新 $L_{k+1} = L_k\Omega_{\text{out}}$，$\Omega_{\text{out}} > ||G||$，$s_{k+1} = 1$，$L_{\max} = \max\{L_{\max}, L_{k+1}\}$。

即

$$V(k) = \begin{cases} \text{包含 } X_k \text{ 的量化块的编号}, & X_k \in \Lambda_k \backslash S_1(k) \\ \phi_0, & X_k \in S_1(k) \\ \phi_1, & ||X_k|| > L_k \end{cases}$$

$$L_{k+1} = \begin{cases} L_k\Omega_{\text{in}}, & ||X_k|| \leqslant L_k \\ L_{\max}, & ||X_k|| > L_k, s_k = 0 \\ L_k\Omega_{\text{out}}, & ||X_k|| > L_k, s_k = 1 \end{cases} \tag{7-31}$$

$$s_{k+1} = \begin{cases} 0, & ||X_k|| \leqslant L_k \\ 1, & ||X_k|| > L_k \end{cases}$$

$L_{\max} = \max\{L_{\max}, L_{k+1}\}$，如果 $||X_k|| > L_k$，$s_k = 1$。

因此我们有 $2(N-1)M^{d-1}+2$ 个码字，即 ϕ_0、ϕ_1 和 $2(N-1)M^{d-1}$ 个编号，所以码率为

$$R = \log_2\lceil 2(N-1)M^{d-1}+2\rceil \tag{7-32}$$

2. 解码

在 k 时刻，如果 $V(k)$ 是索引为 $(i, j_1, j_2, \cdots, j_{d-2}, s)$ 的量化块的编号，则解码器指定 $\overline{X}_k$ 的球极坐标为

$$r = \frac{1+a}{(1+2a)^{N-1-i}}L_k,\ \theta_n = \left(j_n + \frac{1}{2}\right)\frac{\pi}{M},$$
$$n = 1,2,3,\cdots,d-2,\ \theta_{d-1} = \left(s + \frac{1}{2}\right)\frac{\pi}{M} \tag{7-33}$$

更新量化器 (L_k, N, a, M) 的参数 L_k 为 $L_{k+1} = L_k\Omega_{\text{in}}$ 且 $s_{k+1} = 0$，并令 $\overline{\widehat{X}}_k = \boldsymbol{P}\overline{X}_k$。

如果 $V(k) = \phi_0$，则 $\overline{X}_k = O$，$\overline{\widehat{X}}_k = O$，更新 $L_{k+1} = L_k\Omega_{\text{in}}$ 和 $s_{k+1} = 0$；如果 $V(k) = \phi_1$ 且 $s_k = 0$，则 $\overline{X}_k = O$，$\overline{\widehat{X}}_k = O$，更新 $L_{k+1} = L_{\max}$ 和 $s_{k+1} = 1$；

如果 $V(k)=\phi_1$ 且 $s_k=1$，则 $\overline{X}_k=O$，$\overline{\widehat{X}}_k=O$，更新 $L_{k+1}=L_k\Omega_{\text{out}}$，$s_{k+1}=1$，$L_{\max}=\max\{L_{\max},L_{k+1}\}$。

即

$$\overline{X}_k=\begin{cases}\text{式 (7-33)}, & V(k)\text{ 是包含 }X_k\text{ 的量化块的编号}\\ O, & V(k)=\phi_0\text{ 或}\phi_1\end{cases}$$

$$L_{k+1}=\begin{cases}L_k\Omega_{\text{in}}, & V(k)=\phi_0\text{ 或是包含 }X_k\text{ 的量化块的编号}\\ L_{\max}, & V(k)=\phi_1, s_k=0\\ L_k\Omega_{\text{out}}, & V(k)=\phi_1, s_k=1\end{cases}$$

$$s_{k+1}=\begin{cases}0, & V(k)=\phi_0\text{ 或是包含 }X_k\text{ 的量化块的编号}\\ 1, & V(k)=\phi_1\end{cases}$$

$L_{\max}=\max\{L_{\max},L_{k+1}\}$，如果 $V(k)=\phi_1, s_k=1$。

所以如果 $X_k\in S_1(k)$ 或 $||X_k||>L_k$，则 $\overline{X}_k=O$，$\overline{\widehat{X}}_k=O$。

令 N、a、Ω_{in} 和 μ 满足

$$1>\Omega_{\text{in}}>\max\left\{\mu,\frac{||\boldsymbol{G}||}{(1+2a)^{N-1}}\right\}\tag{7-34}$$

注解7.2 （1）当系统处于 Zooming-out 模式时 ($||X_k||>L_k$)，$s_k=0$ 表示系统第一次由 Measurement-update 模式或 Measurement-wait 模式进入 Zooming-out 模式；$s_k=1$ 表示系统由其他两种模式连续不止一次进入 Zooming-out 模式。

（2）由编码/解码过程可知，在任何时刻 k，$L_{\max}$ 记住直到时刻 k 的支撑球半径的最大值。由引理 7.6，支撑球半径是有限的，所以如果系统第一次由其他两种模式在时刻 k 进入 Zooming-out 模式，则编码方案通过令 $L_{k+1}=L_{\max}$ 可保证捕获时间是一致有界的。

7.4.2 输入—状态稳定性

在上面的有限码率编码方案下，令控制输入为

$$U_k=\begin{cases}\boldsymbol{K}\overline{X}_k, & \dfrac{L_k}{(1+2a)^{N-1}}<||X_k||\leqslant L_k\\ O, & ||X_k||\leqslant\dfrac{L_k}{(1+2a)^{N-1}}\\ O, & ||X_k||>L_k\end{cases}\tag{7-35}$$

这里 $\boldsymbol{K}$ 是反馈增益矩阵，所以结合系统式 (7-6) 和控制器式 (7-35) 为

$$X_{k+1}=\left\{\begin{array}{l}\boldsymbol{G}X_k+\boldsymbol{HK}\overline{X}_k+\omega_k,\dfrac{L_k}{(1+2a)^{N-1}}<||X_k||\leqslant L_k\\ \boldsymbol{G}X_k+\omega_k,||X_k||\leqslant\dfrac{L_k}{(1+2a)^{N-1}}\\ \boldsymbol{G}X_k+\omega_k,||X_k||>L_k\end{array}\right\}$$

根据引理 2.1，有 $||X_k-\overline{X}_k||\leqslant\eta||X_k||$，$X_k\in\varLambda_k\backslash S_1(k)$，因此

$$||X_{k+1}||\leqslant\left\{\begin{array}{ll}\mu||X_k||+||\omega_k||, & \dfrac{L_k}{(1+2a)^{N-1}}<||X_k||\leqslant L_k\\ ||\boldsymbol{G}||||X_k||+||\omega_k||, & ||X_k||\leqslant\dfrac{L_k}{(1+2a)^{N-1}}\\ ||\boldsymbol{G}||||X_k||+||\omega_k||, & ||X_k||>L_k\end{array}\right. \tag{7-36}$$

式中，μ 定义于式 (7-15)。

引理 7.5　考虑由被控对象式 (7-6) 和控制器式 (7-35) 组成的系统。在 7.4.1 节的编码方案下，如果存在一个整数 $k_T<\infty$ 使得

$$k_T=\min\{k\geqslant 0:||X_k||\leqslant L_k,L_k>\overline{L}\} \tag{7-37}$$

则 $||X_k||\leqslant L_{k_T}$，$||L_k||\leqslant L_{k_T}$，$k\geqslant 0$，这里

$$\overline{L}=\max\left\{\frac{||\omega||_{[0,\infty)}}{\varOmega_{\text{in}}^{\delta-1}}\left(\varOmega_{\text{in}}-\frac{||G||}{(1+2a)^{N-1}}\right)^{-1},\frac{||\omega||_{[0,\infty)}}{\varOmega_{\text{in}}^{\delta-1}}(\varOmega_{\text{in}}-\mu)^{-1},\right.$$
$$\left.(1+||\boldsymbol{G}||)||\omega||_{[0,\infty)}(1-\varOmega_{\text{in}}^{\delta+1}||\boldsymbol{G}||)^{-1}\right\}$$

δ 是正整数。

证明： 由式 (7-31) 和式 (7-37)，有 $||X_k||\leqslant L_{k_T}$ 和 $||L_k||\leqslant L_{k_T}$，$k\in[0,k_T)$。剩下只需证明 $||X_k||\leqslant L_{k_T}$ 和 $||L_k||\leqslant L_{k_T}$，$k\geqslant k_T$。

首先用数学归纳法证明系统在 $k\in[k_T,k_T+\delta]$ 不是 Zooming-out 模式，即 $||X_k||\in[0,L_k]$，$k\in[k_T,k_T+\delta]$。所以根据编码方案 $L_k=L_{k_T}\varOmega_{\text{in}}^{k-k_T}$，$k\in[k_T,k_T+\delta]$。

在 $k=k_T$，系统不是 Zooming-out 模式，这是由于 $||X_{k_T}||\leqslant L_{k_T}$。

假设 $||X_k|| \in [0, L_k]$，$k \in [k_T, k_T+\delta-1]$，证明 $||X_{k+1}|| \in [0, L_{k+1}]$。考虑以下两种情况。

（1）如果 $||X_k|| \in [0, \frac{L_k}{(1+2a)^{N-1}}]$，则根据编码方案，系统是 Measurement-wait 模式，所以由式 (7-36)，有

$$
\begin{aligned}
||X_{k+1}|| &< ||\boldsymbol{G}||||X_k|| + ||\omega_k|| \\
&< \frac{||\boldsymbol{G}||L_k}{(1+2a)^{N-1}} + ||\omega||_{[0,\infty)} \\
&= \frac{||\boldsymbol{G}||L_{k_T}\Omega_{\text{in}}^{k-k_T}}{(1+2a)^{N-1}} + ||\omega||_{[0,\infty)}, k \in [k_T, k_T+\delta-1]
\end{aligned} \tag{7-38}
$$

由式 (7-37)，有 $L_{k_T} > \frac{||\omega||_{[0,\infty)}}{\Omega_{\text{in}}^{\delta-1}}\left(\Omega_{\text{in}} - \frac{||\boldsymbol{G}||}{(1+2a)^{N-1}}\right)^{-1}$，因此 $\frac{||\boldsymbol{G}||L_{k_T}\Omega_{\text{in}}^{\delta-1}}{(1+2a)^{N-1}} + ||\omega||_{[0,\infty)} < L_{k_T}\Omega_{\text{in}}^{\delta}$。由式 (7-38)，有

$$
\begin{aligned}
||X_{k+1}|| &< L_{k_T}\Omega_{\text{in}}^{k+1-k_T} \\
&= L_{k+1}.
\end{aligned}
$$

（2）如果 $||X_k|| \in \left(\frac{L_k}{(1+2a)^{N-1}}, L_k\right]$，则根据编码方案，系统是 Measurement-update 模式，所以由式 (7-36)，有

$$
\begin{aligned}
||X_{k+1}|| &< \mu||X_k|| + ||\omega_k|| \\
&< \mu L_k + ||\omega||_{[0,\infty)} \\
&= \mu L_{k_T}\Omega_{\text{in}}^{k-k_T} + ||\omega||_{[0,\infty)}, k \in [k_T, k_T+\delta-1]
\end{aligned} \tag{7-39}
$$

由式 (7-37)，有 $L_{k_T} > \frac{||\omega||_{[0,\infty)}}{\Omega_{\text{in}}^{\delta-1}}(\Omega_{\text{in}} - \mu)^{-1}$，所以 $\mu L_{k_T}\Omega_{\text{in}}^{\delta-1} + ||\omega||_{[0,\infty)} < L_{k_T}\Omega_{\text{in}}^{\delta}$。由式 (7-39)，有

$$
\begin{aligned}
||X_{k+1}|| &< L_{k_T}\Omega_{\text{in}}^{k-k_T+1} \\
&= L_{k+1}
\end{aligned}
$$

因此，$||X_k|| \leqslant L_k$，$k \in [k_T, k_T+\delta]$，即系统在 $k \in [k_T, k_T+\delta]$ 不是 Zooming-out 模式。所以 $L_k \leqslant L_{k_T}$，$k \in [k_T, k_T+\delta]$。

如果在 $k_T+\delta$ 时刻之后，系统不进入 Zooming-out 模式，即 $||X_k|| \leqslant L_k = L_{k_T}\Omega_{\text{in}}^{k-k_T}$，$k > k_T+\delta$，证明完成。如果在 $k'-1 > k_T+\delta$ 时刻系统不是 Zooming-out 模式，但在 $k_T+\delta$ 时刻之后在 k' 时刻第一次进入 Zooming-out 模式，即

$$
||X_{k'-1}|| \leqslant L_{k'-1} = L_{k_T}\Omega_{\text{in}}^{k'-1-k_T} < L_{k_T}\Omega_{\text{in}}^{\delta} \tag{7-40}
$$

但 $||X_{k'}|| > L_{k'}$，则

$$
||X_{k'}|| \overset{[\text{式 (7-36)}]}{<} \begin{cases} \mu||X_{k'-1}|| + ||\omega_k||, & ||X_{k'-1}|| \in \left(\dfrac{L_{k'-1}}{(1+2a)^{N-1}}, L_{k'-1}\right] \\ ||\boldsymbol{G}||||X_{k'-1}|| + ||\omega_k||, & ||X_{k'-1}|| \in \left[0, \dfrac{L_{k'-1}}{(1+2a)^{N-1}}\right] \end{cases}
$$

$$
< \begin{cases} \mu L_{k'-1} + ||\omega_k||, & ||X_{k'-1}|| \in \left(\dfrac{L_{k'-1}}{(1+2a)^{N-1}}, L_{k'-1}\right] \\ ||\boldsymbol{G}||\dfrac{L_{k'-1}}{(1+2a)^{N-1}} + ||\omega_k||, & ||X_{k'-1}|| \in \left[0, \dfrac{L_{k'-1}}{(1+2a)^{N-1}}\right] \end{cases}
$$

$$
\leqslant L_{k'-1}\max\{\mu, \frac{||\boldsymbol{G}||}{(1+2a)^{N-1}}\} + ||\omega||_{[0,\infty)}
$$

$$
\overset{[\text{式 (7-34)、式 (7-40)}]}{\leqslant} L_{k_T}\Omega_{\text{in}}^{\delta+1} + ||\omega||_{[0,\infty)}
$$

$$
||X_{k'+1}|| \overset{[\text{式 (7-36)}]}{<} ||\boldsymbol{G}||||X_{k'}|| + ||\omega_{k'}||
$$

$$
< ||\boldsymbol{G}||(L_{k_T}\Omega_{\text{in}}^{\delta+1} + ||\omega||_{[0,\infty)}) + ||\omega||_{[0,\infty)}
$$

由式 (7-37)，有 $L_{k_T} > (1+||\boldsymbol{G}||)||\omega||_{[0,\infty)}(1-\Omega_{\text{in}}^{\delta+1}||\boldsymbol{G}||)^{-1}$，所以 $||X_{k'+1}|| < L_{k_T}$。根据编码/解码过程，更新 $L_{k'+1} = L_{\max} = L_{k_T}$，所以 $||X_{k'+1}|| < L_{k_T} = L_{k'+1}$ 并且系统又进入 Measurement-update 模式或 Measurement-wait 模式。重复上述过程，证明完成。

引理 7.6　考虑由被控对象式 (7-6) 和控制器式 (7-35) 组成的系统。在 7.4.1 节的编码方案下，有 $||X_k|| \leqslant L_{k_T}$，$||L_k|| \leqslant L_{k_T}$，$k \geqslant 0$。

证明：类似引理 7.2 的证明。

定理 7.3　考虑由被控对象式 (7-6) 和控制器式 (7-35) 组成的系统。在 7.4.1 节的编码方案下，系统对于未知干扰是输入—状态稳定的。

证明：由于编码方案保证捕获时间一致有界，因此，根据定理 7.1，证明完成。

例 7.3　为显示定理 7.3，我们将 7.4.1 节的编码方案应用于例 7.1 中的系统。控制器式 (7-35) 使用相同的反馈增益矩阵，并且干扰行为同例 7.1。取 $\Omega_{\text{in}} = 0.62$，$\Omega_{\text{out}} = 17.1$，定义 7.5 中的量化器参数为 $M = 175$，$N = 75$，$\alpha = 0.023$，$L_0 = 6$，满足式 (7-34)。由式 (7-32) 码率 $R = 30$。仿真结果显示对

于有界干扰 [图 7-3(b)]，系统的超调是非增的 [图 7-3(a)]，这里式 (7-26) 中的 $\hat{\varepsilon}=2$，系统是输入—状态稳定的。图 7-3(c) 显示三种模式之间的切换，其中

$$\text{Mode}(k)=\begin{cases}0,\ \dfrac{L_k}{(1+2a)^{N-1}}<\|X_k\|\leqslant L_k\\ -1,0<\|X_k\|\leqslant\dfrac{L_k}{(1+2a)^{N-1}}\\ 1,\ \|X_k\|>L_k\end{cases}$$

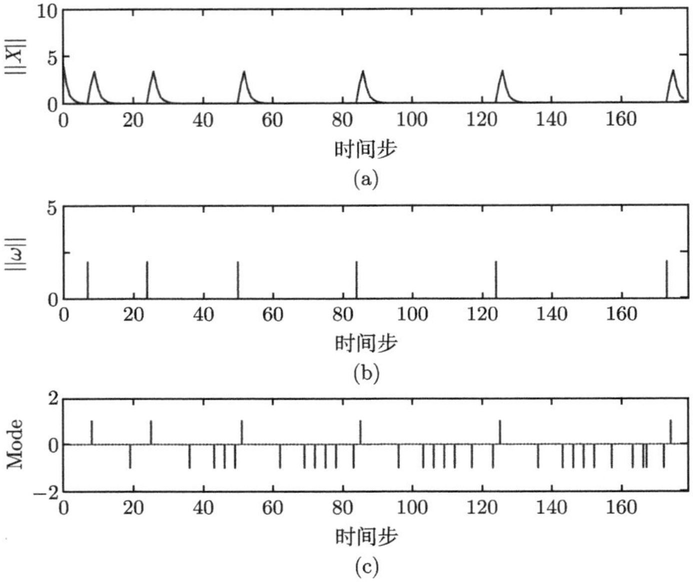

图 7-3　例 7.3 的仿真结果

7.5 小结

本章给出了具有外部干扰的量化反馈系统输入—状态稳定性的充分必要条件，提出了捕获时间的概念，并用此概念刻画系统的输入—状态稳定性。我们证明了量化反馈系统是输入—状态稳定的充要条件为当且仅当捕获时间是一致有界的。我们进一步证明了捕获时间仅仅有界的编码方案不能保证系统的输入—状态稳定性。因此，这个充分必要条件对保证系统输入—状态稳定性的编码方案的设计具有指导性作用。在这个条件下，我们设计了一个保证捕获时间一致有界的有限码率编码方案，从而获得系统的输入—状态稳定性。本章内容见文献 [101]。

第 8 章　基于球极坐标编码方案的系统稳定性及噪声抑制性能分析

本章考虑具有无界噪声的量化反馈系统的稳定性和噪声抑制性能问题，任务是设计适当的编码方案以获得系统的一阶矩稳定性和给定的噪声抑制性能。我们将给出量化反馈系统一阶矩稳定性的充分必要条件，在此条件下，分别给出使用时变码率的编码方案和使用时不变码率的编码方案，保证系统一阶矩稳定性并获得给定的噪声抑制性能。不同于现有文献中的 Zooming-in/Zooming-out 方法，本章中量化区域的更新不是简单地按比例缩小和放大，而是设计一个适当输入 r_k，在 r_k 的作用下更新量化区域，以完成复杂的任务。r_k 可以是时变的并在每个时刻更新（用于时变码率情况），也可以是时不变的（用于时不变码率情况）。在球极坐标编码方案下，量化区域半径的期望和方差的上界可用递推的方法获得，这反过来也便于编码方案的设计。

8.1　问题的提出

我们考虑下面的线性时不变离散系统

$$X_{k+1} = \boldsymbol{A}X_k + \boldsymbol{B}U_k + \omega_k \tag{8-1}$$

式中，$X \in \mathbb{R}^d$ 和 $U \in \mathbb{R}^m$ 分别是系统的状态和输入，$\omega \in \mathbb{R}^d$ 是无界的干扰，ω_k 是独立于 X_k 的且 Lebesgue 可测，满足 $\underline{\omega} \leqslant \mathcal{E}(||\omega_k||) \leqslant \overline{\omega} < \infty$，具有已知的界 $\underline{\omega}$ 和 $\overline{\omega}$，$\boldsymbol{A}$ 和 $\boldsymbol{B}$ 是适当维数的系统矩阵，为避免平凡，这里 $||\boldsymbol{A}|| > 1$。

一个无噪声信道连接传感器和控制器，在每个时间步只传输一个码字。状态 X_k 的量化值 $\bar{X}_k$ 是 $Q(\Delta X_k) + \hat{X}_k$，其中 $Q(\cdot)$ 是量化函数（见 8.2.1 节），$\Delta X_k = X_k - \hat{X}_k$，$\hat{X}_k$ 是量化器状态，按下式更新：

$$\hat{X}_{k+1} = \boldsymbol{A}(Q(\Delta X_k) + \hat{X}_k) + \boldsymbol{B}U_k \tag{8-2}$$

我们使用量化状态反馈控制器 $U_k = \boldsymbol{K}\bar{X}_k = \boldsymbol{K}(Q(\Delta X_k) + \hat{X}_k)$，其中矩阵 $\boldsymbol{K}$ 是量化状态反馈增益矩阵，使得 $\boldsymbol{A} + \boldsymbol{B}\boldsymbol{K}$ 是 Schur 稳定的。

由式 (8-1) 和式 (8-2) 有

$$\Delta X_{k+1} = \boldsymbol{A}(\Delta X_k - Q(\Delta X_k)) + \omega_k \tag{8-3}$$

本章中，$\{X_k, k \geqslant 0\}$ 和 $\{\Delta X_k, k \geqslant 0\}$ 定义于概率空间 $(\Omega, \mathcal{F}, P)$，其中 Ω 是样本空间，$\mathcal{F}$ 是 Ω 的子集的 σ 域，P 是概率测度。

定义 8.1 如果 $\limsup\limits_{k\to\infty} \mathcal{E}(||X_k||) < \infty$，则系统式 (8-1) 是一阶矩稳定的。

我们的目标是设计适当的编码方案使得系统是一阶矩稳定的，并且保证状态范数的数学期望与干扰范数的数学期望的比值的上极限小于一个给定的正数 γ，即

$$\limsup_{k\to\infty} \frac{\mathcal{E}(||X_k||)}{\mathcal{E}(||\omega_k||)} < \gamma \tag{8-4}$$

8.2 量化器

我们使用球极坐标量化器，这种量化器便于系统的稳定性分析。为适应本章的问题，本章的量化器与前面章节稍有不同。

定义 8.2 球极坐标量化器是一个四元组 $(\bar{L}_k, N_k, a, M)$，其中实数 $L_k(1+2a)^{N_k-1}$ 表示在时刻 k 的支撑球的半径，正整数 $N_k \geqslant 2$ 表示比例同心球的数目，实数 $a > 0$ 表示比例系数，正整数 $M \geqslant 2$ 表示将角弧度 π 平均分割的数目。量化器按如下方法将支撑球

$$\Lambda_k = \left\{X \in \mathbb{R}^d : r < L_k(1+2a)^{N_k-1}\right\}$$

分割为 $2(N_k-1)M^{d-1}+1$ 个小量化块。

（1）量化块集合 $\{X \in \mathbb{R}^d : L_k(1+2a)^i < r \leqslant L_k(1+2a)^{i+1}, j_n\frac{\pi}{M} \leqslant \theta_n \leqslant (j_n+1)\frac{\pi}{M}, n=1,2,3,\cdots,d-2, s\frac{\pi}{M} \leqslant \theta_{d-1} \leqslant (s+1)\frac{\pi}{M}\}$，由 $(i, j_1, j_2, \cdots, j_{d-2}, s)$ 索引，其中 $i=0,1,2,\cdots,N_k-2$；$j_n = 0,1,2,\cdots,M-1$，$n=1,2,3,\cdots,d-2$；$s=0,1,2,\cdots,2M-1$，量化块的数目为 $(N_k-1)\cdot M^{d-2}\cdot 2M = 2(N_k-1)M^{d-1}$。

（2）量化块 $\{X \in \mathbb{R}^d : r \leqslant L_k\}$。

在 k 时刻，令 $S_i(k) = \{X \in \mathbb{R}^d : r < L_k(1+2a)^{i-1}\}$，$i=1,2,3,\cdots,N_k$。显然，$S_{N_k}(k) = \Lambda_k$。

8.2.1　量化误差的估计

我们取 $\bar{X}_k$，其球极坐标为

$$\tilde{r}=L_k(1+2a)^i(1+a),\ \tilde{\theta}_i=\left(j_i+\frac{1}{2}\right)\frac{\pi}{M},$$
$$i=1,2,3,\cdots,d-2,\ \tilde{\theta}_{d-1}=\left(s+\frac{1}{2}\right)\frac{\pi}{M} \tag{8-5}$$

作为 X_k 的估计，X_k 位于索引为 $(i,j_1,j_2,\cdots,j_{d-2},s)$ 的量化块中（见定义 8.2）。定义量化器函数 Q 为 $Q(X_k)=\bar{X}_k$。下面的引理估计量化误差 $||X_k-Q(X_k)||$，这里 $X_k\in\varLambda_k\backslash S_1(k)$。

引理 8.1[97]　令 (L_k,N_k,a,M) 是一个量化器，定义于定义 8.2，令 $\varLambda_k$ 为支撑球。则对于任意的 $X_k\in\varLambda_k\backslash S_1(k)$，$||X_k-Q(X_k)||=||X_k-\bar{X}_k||\leqslant\eta||X_k||$，其中

$$\eta=a+(d-1)\frac{\pi}{2M} \tag{8-6}$$

8.2.2　球极坐标编码方案

本章中，在 k 时刻，量化器量化 $\Delta X_k=X_k-\hat{X}_k$，而不是量化 X_k [见式 (8-3)]。令量化器参数 L_k 的初始值 L_0 是一个编码器和解码器都已知的正数。

1. 编码

在 k 时刻，如果 $||\Delta X_k||\in(L_k,L_k(1+2a)^{N_k-1}]$，编码器为 $\varLambda_k\backslash S_1(k)$ 中的所有量化块编号，将 ΔX_k 编码为 $V(k)$，$V(k)$ 是 ΔX_k 所在量化块的编号；如果 $||\Delta X_k||\leqslant L_k$，则将 ΔX_k 编码为 $V(k)=\psi_1$；如果 $||\Delta X_k||>L_k(1+2a)^{N_k-1}$，则将 ΔX_k 编码为 $V(k)=\psi_2$。

令 $\varOmega_1^k(L_k)=\{\Delta X_k:||\Delta X_k||\in(L_k,L_k(1+2a)^{N_k-1}]\}$，$\varOmega_{20}^k(L_k)=\{\Delta X_k:||\Delta X_k||\leqslant L_k\}$ 和 $\varOmega_{21}^k(L_k)=\{\Delta X_k:||\Delta X_k||>L_k(1+2a)^{N_k-1}\}$。更新量化器 (L_k,N_k,a,M) 的参数 L_k 为

$$L_{k+1}=\begin{cases}\mu L_k+r_k, & \Delta X_k\in\varOmega_1^k(L_k)\cup\varOmega_{20}^k(L_k)\\ \phi L_k+r_k, & \Delta X_k\in\varOmega_{21}^k(L_k)\end{cases} \tag{8-7}$$

式中，ϕ 和 μ 满足

$$1>\mu>0,\ \ \phi>||\boldsymbol{A}|| \tag{8-8}$$

输入 r_k 定义于引理 8.7。L_k 独立于 ω_k，这是由于引理 8.7 中的 r_k 独立于 ω_k。

2. 解码

在 k 时刻，如果 $V(k)$ 是索引为 $(i,j_1,j_2,\cdots,j_{d-2},s)$ 的量化块的编号，则解码器指定 $Q(\Delta X_k)$ 的球极坐标为

$$r=L_k(1+2a)^i(1+a),\ \theta_n=\left(j_n+\frac{1}{2}\right)\frac{\pi}{M},\ n=1,2,3,\cdots,d-2,\ \theta_{d-1}=\left(s+\frac{1}{2}\right)\frac{\pi}{M}$$

如果 $V(k)=\psi_1$ 或 ψ_2 则 $Q(\Delta X_k)=O\in\mathbb{R}^d$。

更新量化器 (L_k,N_k,a,M) 的参数 L_k 为

$$L_{k+1}=\begin{cases}\phi L_k+r_k, & V(k)=\psi_2\\ \mu L_k+r_k, & V(k)=\psi_1\text{ 或索引为}\\ & (i,j_1,j_2,j_3,\cdots,j_{d-2},s)\text{ 的编号}\end{cases} \tag{8-9}$$

8.2.3 主要结果

基于上面的量化器，我们给出系统一阶矩稳定的充分必要条件。它的证明将在 8.3.4 节中给出。

定理 8.1 基于上面的量化器，系统式 (8-1) 是一阶矩稳定的充分必要条件为当且仅当对于任意 $\delta\in(0,1)$，存在实数 $\alpha>1$ 和整数 $k_T>0$ 使得对任意 $k>k_T$ 有

$$\int_{\Pi_2^k}\mathrm{d}P\leqslant\delta$$

式中，$\Pi_2^k=\{\Delta X_k:||\Delta X_k||<\frac{1}{\alpha}\mathcal{E}(||\Delta X_k||)$ 或 $||\Delta X_k||\geqslant\alpha\mathcal{E}(||\Delta X_k||)\}$，$\Pi_1^k=\Omega\backslash\Pi_2^k$。

基于定理 8.1 和 8.3.3 节的编码方案，我们给出关于一阶矩稳定性和噪声抑制性能的结果，它的证明将在 8.3.4 节中给出。

定理 8.2 在 8.3.3 节的编码方案下，系统式 (8-1) 是一阶矩稳定的且满足 $\limsup\limits_{k\to\infty}\frac{\mathcal{E}(||X_k||)}{\mathcal{E}(||\omega_k||)}<\gamma$，其中 γ 一个给定的正数。

8.3 编码方案的设计和主要结果的证明

8.3.1 系统模型的进一步推导

由上面的量化器，知控制输入为

$$U_k=\boldsymbol{K}\bar{X}_k \tag{8-10}$$

$$=\begin{cases} \boldsymbol{K}(Q(\Delta X_k)+\hat{X}_k), & \Delta X_k \in \Omega_1^k(L_k) \\ \boldsymbol{K}\hat{X}_k, & \text{其他} \end{cases}$$

式中，$\boldsymbol{K}$ 是状态反馈增益矩阵。结合控制输入式 (8-10) 和量化系统式 (8-1)，有

$$\begin{aligned} X_{k+1} &= \boldsymbol{A}X_k + \boldsymbol{BK}(Q(\Delta X_k)+\hat{X}_k)+\omega_k \\ &= \boldsymbol{A}X_k + \boldsymbol{BK}(Q(\Delta X_k)+\hat{X}_k - X_k + X_k)+\omega_k \\ &= (\boldsymbol{A}+\boldsymbol{BK})X_k + \boldsymbol{BK}(Q(\Delta X_k)-\Delta X_k)+\omega_k \end{aligned} \tag{8-11}$$

所以 $||X_{k+1}|| \leqslant ||\boldsymbol{A}+\boldsymbol{BK}||||X_k|| + ||\boldsymbol{BK}||||Q(\Delta X_k)-\Delta X_k|| + ||\omega_k||$。在 L_k 条件下，取两边的数学期望，并注意到 L_k 独立于 ω_k，可得

$$\begin{aligned} \mathcal{E}(||X_{k+1}|| \,|\, L_k) \leqslant\ & ||\boldsymbol{A}+\boldsymbol{BK}||\mathcal{E}(||X_k|| \,|\, L_k) + ||\boldsymbol{BK}||\mathcal{E}(||Q(\Delta X_k)- \\ & \Delta X_k|| \,|\, L_k) + \mathcal{E}(||\omega_k||) \\ \overset{(\text{引理 } 8.1)}{\leqslant}\ & ||\boldsymbol{A}+\boldsymbol{BK}||\mathcal{E}(||x_k|| \,|\, L_k) + ||\boldsymbol{BK}||\int_{\Omega_1^k(L_k)} \eta||\Delta X_k||\mathrm{d}P + \\ & ||\boldsymbol{BK}||\int_{\Omega_2^k(L_k)} ||\Delta X_k||\mathrm{d}P + \mathcal{E}(||\omega_k||) \\ \leqslant\ & ||\boldsymbol{A}+\boldsymbol{BK}||\mathcal{E}(||X_k|| \,|\, L_k) + ||\boldsymbol{BK}||\int_{\Omega} \eta||\Delta X_k||\mathrm{d}P + \\ & ||\boldsymbol{BK}||(1-\eta)\int_{\Omega_2^k(L_k)} ||\Delta X_k||\mathrm{d}P + \mathcal{E}(||\omega_k||) \\ =\ & ||\boldsymbol{A}+\boldsymbol{BK}||\mathcal{E}(||X_k|| \,|\, L_k) + ||\boldsymbol{BK}||\eta\mathcal{E}(||\Delta X_k|| \,|\, L_k) + \\ & ||\boldsymbol{BK}||(1-\eta)\int_{\Omega_2^k(L_k)} ||\Delta X_k||\mathrm{d}P + \mathcal{E}(||\omega_k||) \end{aligned} \tag{8-12}$$

这里 $\Omega_2^k(L_k) = \Omega_{20}^k(L_k) \cup \Omega_{21}^k(L_k)$，$\Omega = \Omega_1^k(L_k) \cup \Omega_2^k(L_k)$，$k = 0,1,2,3,\cdots$。在 L_k 上取数学期望，可得

$$\begin{aligned} \mathcal{E}(||X_{k+1}||) \leqslant\ & ||\boldsymbol{A}+\boldsymbol{BK}||\mathcal{E}(||X_k||) + ||\boldsymbol{BK}||\eta\mathcal{E}(||\Delta X_k||) + \\ & ||\boldsymbol{BK}||(1-\eta)\mathcal{E}\left(\int_{\Omega_2^k(L_k)} ||\Delta X_k||\mathrm{d}P\right) + \mathcal{E}(||\omega_k||) \end{aligned} \tag{8-13}$$

由式 (8-3)，有

$$||\Delta X_{k+1}|| \geqslant ||\boldsymbol{A}||||\Delta X_k - Q(\Delta X_k)|| + ||\omega_k|| \tag{8-14}$$

$$||\Delta X_{k+1}|| \leqslant -||\boldsymbol{A}||||\Delta X_k - Q(\Delta X_k)|| + ||\omega_k|| \tag{8-15}$$

类似式 (8-12)，在 L_k 条件下，取式 (8-14) 和式 (8-15) 两边的数学期望，可得

$$\mathcal{E}(||\Delta X_{k+1}|| \Big| L_k) \leqslant ||\boldsymbol{A}||\eta\mathcal{E}(||\Delta X_k|| \Big| L_k)+||\boldsymbol{A}||(1-\eta)\int_{\Omega_2^k(L_k)}||\Delta X_k||\mathrm{d}P+\mathcal{E}(||\omega_k||)$$

$$\mathcal{E}(||\Delta X_{k+1}|| \Big| L_k) \geqslant -||\boldsymbol{A}||\eta\mathcal{E}(||\Delta X_k|| \Big| L_k)-||\boldsymbol{A}||(1-\eta)\int_{\Omega_2^k(L_k)}||\Delta X_k||\mathrm{d}P+\mathcal{E}(||\omega_k||)$$

在 L_k 上取数学期望，可得

$$\begin{aligned}\mathcal{E}(||\Delta X_{k+1}||) \leqslant{}& ||\boldsymbol{A}||\eta\mathcal{E}(||\Delta X_k||)+\\ & ||\boldsymbol{A}||(1-\eta)\mathcal{E}\left(\int_{\Omega_2^k(L_k)}||\Delta x_k||\mathrm{d}P\right)+\mathcal{E}(||\omega_k||)\end{aligned} \tag{8-16}$$

$$\begin{aligned}\mathcal{E}(||\Delta X_{k+1}||) \geqslant{}& -||\boldsymbol{A}||\eta\mathcal{E}(||\Delta X_k||)-\\ & ||\boldsymbol{A}||(1-\eta)\mathcal{E}\left(\int_{\Omega_2^k(L_k)}||\Delta x_k||\mathrm{d}P\right)+\mathcal{E}(||\omega_k||)\end{aligned} \tag{8-17}$$

8.3.2 编码方案设计和主要结果所用的引理

引理 8.2 如果 $0<\mathcal{E}(||\Delta X_k||)<\infty$，$k=0,1,2,3,\cdots$，则对于 $\delta\in(0,1)$ 和 $\vartheta\in(0,1]$，存在实数 $\alpha>1$ 使得随机变量序列 $\{\Delta X_k, k\geqslant 0\}$ 满足

$$\int_{\Pi_2^k}\mathrm{d}P\leqslant\delta\vartheta \tag{8-18}$$

$$\int_{\Pi_2^k}||\Delta X_k||\mathrm{d}P\leqslant\delta\vartheta\mathcal{E}(||\Delta X_k||) \tag{8-19}$$

这里 $\Pi_2^k:=\{\Delta X_k:||\Delta X_k||<\frac{1}{\alpha}\mathcal{E}(||\Delta X_k||)$ 或 $||\Delta X_k||\geqslant\alpha\mathcal{E}(||\Delta X_k||)\}$，$\Pi_1^k=\Omega\backslash\Pi_2^k$。

证明： 假设存在一个 $\delta\in(0,1)$ 和 $\vartheta\in(0,1]$ 使得对任意 $\alpha>1$ 有 $\int_{\Pi_2^k}\mathrm{d}P>\delta\vartheta$ 或 $\int_{\Pi_2^k}||\Delta X_k||\mathrm{d}P>\delta\vartheta\mathcal{E}(||\Delta X_k||)$ 对某个 $k>0$ 成立，证明 $\mathcal{E}(||\Delta X_k||)=0$ 或 ∞。

如果 $0<\mathcal{E}(||\Delta X_k||)<\infty$，则对于 $\varepsilon\leqslant\min\{\delta\vartheta,\delta\vartheta\mathcal{E}(||\Delta X_k||)\}$，存在 $\underline{\alpha}(\varepsilon)>0$ 使对于 $\alpha\geqslant\underline{\alpha}(\varepsilon)$ 有 $P(\Pi_2^k)\leqslant\varepsilon$ 和 $\int_{\Pi_2^k}||\Delta X_k||\mathrm{d}P\leqslant\varepsilon$，这与假设矛盾。

令 $\overline{L}_k$、$\underline{L}_k$ 和 L_k^d $(k=0,1,2,3,\cdots)$ 满足

$$\overline{L}_{k+1}=((\phi-\mu)\delta\vartheta+\mu)\overline{L}_k+r_k \tag{8-20}$$

$$\underline{L}_{k+1}=\mu\underline{L}_k+r_k \tag{8-21}$$

$$L_{k+1}^d=((\phi^2-\mu^2)\delta\vartheta+\mu^2)L_k^d+(\phi^2-\mu^2)\delta\vartheta\overline{L}_k^2 \tag{8-22}$$

式中，$\overline{L}_0\geqslant\underline{L}_0>0$，$L_0^d=0$。并令 $\Delta\bar{X}_k$ 和 $\Delta\underline{X}_k$ $(k=0,1,2,\cdots)$ 满足

$$\Delta\bar{X}_{k+1}=\left(||A||\eta+||A||(1-\eta)\left(\delta\vartheta+\frac{L_k^d}{\varepsilon_k^2}\right)\right)\Delta\bar{X}_k+\overline{\omega} \tag{8-23}$$

$$\Delta\underline{X}_{k+1}=\left(-||A||\eta-||A||(1-\eta)\left(\delta\vartheta+\frac{L_k^d}{\varepsilon_k^2}\right)\right)\Delta\underline{X}_k+\underline{\omega} \tag{8-24}$$

式中，$\Delta\bar{X}_0\geqslant\Delta\underline{X}_0>0$，$\varepsilon_k>0$，$\overline{\omega}$ 和 $\underline{\omega}$ 分别是 $\mathcal{E}(||\omega_k||)$ 上界和下界 (见 8.1 节)。

引理 8.3 令 L_0 是量化器参数 L_k 的初始值，满足 $\overline{L}_0\geqslant L_0\geqslant\underline{L}_0$ 且 ΔX_0 满足 $\Delta\bar{X}_0\geqslant||\Delta X_0||\geqslant\Delta\underline{X}_0$。如果在时刻 k

$$0<\mathcal{E}(||\Delta X_k||)<\infty$$

$$\frac{1}{\alpha}\Delta\underline{X}_k>\overline{L}_k+\varepsilon_k \tag{8-25}$$

$$\alpha\Delta\bar{X}_k<\underline{L}_k(1+2a)^{N_k-1} \tag{8-26}$$

式中，$\varepsilon_k>0$，则

$$\mathcal{E}\left(\int_{\Omega_2^k(L_k)}||\Delta X_k||\mathrm{d}P\right)\leqslant\left(\delta\vartheta+\frac{\mathcal{D}(L_k)}{\varepsilon_k^2}\right)\mathcal{E}(||\Delta X_k||) \tag{8-27}$$

$$\mathcal{E}(P(\Omega_2^k))\leqslant\delta\vartheta+\frac{\mathcal{D}(L_k)}{\varepsilon_k^2} \tag{8-28}$$

式中，δ 和 ϑ 定义于引理 8.2，α 满足式 (8-18) 和式 (8-19)。

证明将在后面给出。

引理 8.4 在引理 8.3 的条件下，如果 L_k 按式 (8-7) 更新，则

$$\mathcal{E}(L_{k+1})\leqslant((\phi-\mu)\delta\vartheta+\mu)\mathcal{E}(L_k)+r_k \tag{8-29}$$

$$\mathcal{E}(L_{k+1})\geqslant\mu\mathcal{E}(L_k)+r_k \tag{8-30}$$

$$\mathcal{D}(L_{k+1})\leqslant((\phi^2-\mu^2)\delta\vartheta+\mu^2)\mathcal{D}(L_k)+(\phi^2-\mu^2)\delta\vartheta\mathcal{E}^2(L_k) \tag{8-31}$$

$$\overline{L}_k\geqslant\mathcal{E}(L_k)\geqslant\underline{L}_k \tag{8-32}$$

$$L_k^d\geqslant\mathcal{D}(L_k) \tag{8-33}$$

这里 $\mathcal{E}(L_0)=L_0$，$\mathcal{D}(L_0)=0$，r_k 定义于引理 8.7。

证明： 由式 (8-7)，有

$$\mathcal{E}(L_{k+1}|L_k) = \phi L_k P(\Omega_{21}^k) + \mu L_k P(\overline{\Omega_{21}^k}) + r_k$$

式中，$\overline{\Omega_{21}^k} = \Omega\backslash\Omega_{21}^k$，在 L_k 上取两边的期望，可得

$$\begin{aligned}\mathcal{E}(L_{k+1}) &= \phi\mathcal{E}(L_k P(\Omega_{21}^k)) + \mu\mathcal{E}(L_k P(\overline{\Omega_{21}^k})) + r_k \\ &= (\phi-\mu)\mathcal{E}(L_k P(\Omega_{21}^k)) + \mu\mathcal{E}(L_k) + r_k\end{aligned} \tag{8-34}$$

由 $\Omega_{21}^k \subset \Pi_2^k$，有 $P(\Omega_{21}^k) \subset P(\Pi_2^k) \overset{[式(8-18)]}{<} \delta\vartheta$，由此式 (8-29) 和式 (8-30) 成立。

再由式 (8-7)，可得

$$\begin{aligned}\mathcal{E}(L_{k+1}^2|L_k) &= (L_k\phi + r_k)^2 P(\Omega_{21}^k) + (L_k\mu + r_k)^2 P(\overline{\Omega_{21}^k}) \\ &= (L_k^2\phi^2 + 2L_k\phi r_k)P(\Omega_{21}^k) + (L_k^2\mu^2 + 2L_k\mu r_k)P(\overline{\Omega_{21}^k}) + r_k^2\end{aligned}$$

在 L_k 上取两边的期望，得

$$\begin{aligned}\mathcal{E}(L_{k+1}^2) = &\phi^2\mathcal{E}(L_k^2 P(\Omega_{21}^k)) + \mu^2\mathcal{E}(L_k^2 P(\overline{\Omega_{21}^k})) + 2r_k\phi\mathcal{E}(L_k P(\Omega_{21}^k)) + \\ &2r_k\mu\mathcal{E}(L_k P(\overline{\Omega_{21}^k})) + r_k^2\end{aligned} \tag{8-35}$$

所以由式 (8-34) 和式 (8-35)，有

$$\begin{aligned}\mathcal{D}(L_{k+1}) &= \mathcal{E}(L_{k+1}^2) - \mathcal{E}^2(L_{k+1}) \\ &= (\phi^2-\mu^2)\mathcal{E}(L_k^2 P(\Omega_{21}^k)) + \mu^2\mathcal{E}(L_k^2) - ((\phi-\mu)\mathcal{E}(L_k P(\Omega_{21}^k)) + \mu\mathcal{E}(L_k))^2 \\ &\leqslant (\phi^2-\mu^2)\mathcal{E}(L_k^2 P(\Omega_{21}^k)) + \mu^2\mathcal{E}(L_k^2) - (\mu\mathcal{E}(L_k))^2 \\ &= (\phi^2-\mu^2)\mathcal{E}(L_k^2 P(\Omega_{21}^k)) + \mu^2\mathcal{D}(L_k) \\ &\leqslant (\phi^2-\mu^2)\delta\vartheta\mathcal{E}(L_k^2) + \mu^2\mathcal{D}(L_k) \\ &= ((\phi^2-\mu^2)\delta\vartheta + \mu^2)\mathcal{D}(L_k) + (\phi^2-\mu^2)\delta\vartheta\mathcal{E}^2(L_k)\end{aligned}$$

根据式 (8-20)～ 式 (8-22)，有式 (8-32) 和式 (8-33)。

引理 8.4 以递推形式给出了在 k 时刻 L_k 的数学期望与方差的界。

引理 8.5 在引理 8.3 的条件下，有

$$\mathcal{E}(||\Delta X_{k+1}||) \leqslant \left(||\boldsymbol{A}||\eta + ||\boldsymbol{A}||(1-\eta)\left(\delta\vartheta + \frac{\mathcal{D}(L_k)}{\varepsilon_k^2}\right)\right)\mathcal{E}(||\Delta X_k||) + \mathcal{E}(||\omega_k||) \tag{8-36}$$

$$\mathcal{E}(||\Delta X_{k+1}||) \geqslant \left(-||\boldsymbol{A}||\eta - ||\boldsymbol{A}||(1-\eta)\left(\delta\vartheta + \frac{\mathcal{D}(L_k)}{\varepsilon_k^2}\right)\right)\mathcal{E}(||\Delta X_k||) + \mathcal{E}(||\omega_k||) \tag{8-37}$$

$$\Delta\bar{X}_k \geqslant \mathcal{E}(||\Delta X_k||) \geqslant \Delta\underline{X}_k \tag{8-38}$$

证明：式 (8-36) 和式 (8-37) 成立是根据式 (8-16)、式 (8-17) 和式 (8-27)（在引理 8.3 中）。由式 (8-23)、式 (8-24)、式 (8-33)、式 (8-36) 和式 (8-37)，有式 (8-38)。

现在，我们给出引理 8.3 的证明。令 $\varGamma_1^k = \{L_k : L_k < \mathcal{E}(L_k) + \varepsilon_k\}$，$\hat{\varGamma}_1^k := \{L_k : L_k < \overline{L}_k + \varepsilon_k\}$ 和 $\hat{\varGamma}_2^k = \mathbb{R}^+ \backslash \hat{\varGamma}_1^k$，其中 $\varepsilon_k > 0$，$\mathbb{R}^+ \triangleq (0, \infty)$。

证明：在时刻 k，由 $0 < \mathcal{E}(||\Delta X_k||) < \infty$ 和引理 8.2，有

$$\int_{\varPi_2^k} \mathrm{d}P \leqslant \delta\vartheta \tag{8-39}$$

$$\int_{\varPi_2^k} ||\Delta X_k||\mathrm{d}P \leqslant \delta\vartheta\mathcal{E}(||\Delta X_k||) \tag{8-40}$$

显然 $\hat{\varGamma}_1^k \supset \varGamma_1^k$ [根据引理 8.4 中的式 (8-32)]，所以由 Chebyshev 不等式有 $P(\hat{\varGamma}_1^k) > P(\varGamma_1^k) > 1 - \frac{\mathcal{D}(L_k)}{\mathcal{D}(L_k)+\varepsilon_k^2}$

$$P(\hat{\varGamma}_2^k) \leqslant \frac{\mathcal{D}(L_k)}{\mathcal{D}(L_k) + \varepsilon_k^2} < \frac{\mathcal{D}(L_k)}{\varepsilon_k^2} \tag{8-41}$$

由式 (8-7)、式 (8-21) 和 $L_0 \geqslant \underline{L}_0$，有 $L_k \geqslant \underline{L}_k$。由式 (8-25)、式 (8-26) 和式 (8-38)（在引理 8.5 中），表明对于 $L_k \in \hat{\varGamma}_1^k$，有 $\varOmega_1^k \supset \varPi_1^k$ 和 $\varOmega_2^k \subset \varPi_2^k$。因此由式 (8-40) 和式 (8-41)，有

$$\begin{aligned}
\mathcal{E}\left(\int_{\varOmega_2^k} ||\Delta X_k||\mathrm{d}P\right) &= \mathcal{E}\left(1_{\hat{\varGamma}_1^k}\left(\int_{\varOmega_2^k} ||\Delta X_k||\mathrm{d}P\right)\right) + \mathcal{E}\left(1_{\hat{\varGamma}_2^k}\left(\int_{\varOmega_2^k} ||\Delta X_k||\mathrm{d}P\right)\right) \\
&\leqslant \mathcal{E}\left(1_{\hat{\varGamma}_1^k}\left(\int_{\varPi_2^k} ||\Delta X_k||\mathrm{d}P\right)\right) + \mathcal{E}\left(1_{\hat{\varGamma}_2^k}\left(\int_{\varOmega_2^k} ||\Delta X_k||\mathrm{d}P\right)\right) \\
&\leqslant \delta\vartheta\mathcal{E}(||\Delta X_k||) + \frac{\mathcal{D}(L_k)}{\varepsilon_k^2}\mathcal{E}(||\Delta X_k||)
\end{aligned}$$

式中，$1_E(\omega)$ 集合 E 的示性函数，即 $1_E(\omega) = \begin{cases} 1, & \omega \in E \\ 0, & \omega \notin E \end{cases}$。类似地，由式 (8-39)

和式 (8-41)，有

$$\begin{aligned}\mathcal{E}(P(\Omega_2^k)) &= \mathcal{E}\left(1_{\hat{\Gamma}_1^k}\left(P(\Omega_2^k)\right)\right) + \mathcal{E}\left(1_{\hat{\Gamma}_2^k}\left(P(\Omega_2^k)\right)\right) \\ &\leqslant \mathcal{E}\left(1_{\hat{\Gamma}_1^k}\left(P(\Pi_2^k)\right)\right) + \mathcal{E}\left(1_{\hat{\Gamma}_2^k}\left(P(\Omega_2^k)\right)\right) \\ &\leqslant \delta\vartheta P(\hat{\Gamma}_1^k) + P(\hat{\Gamma}_2^k) \\ &\leqslant \delta\vartheta + \frac{\mathcal{D}(L_k)}{\varepsilon_k^2}\end{aligned}$$

引理 8.6 令 L_0 和 ΔX_0 满足 $\overline{L}_0 \geqslant L_0 \geqslant \underline{L}_0$ 和 $\Delta\bar{X}_0 \geqslant ||\Delta X_0|| \geqslant \Delta\underline{X}_0$。令 η、$\delta \in (0,1)$，$\vartheta \in (0,1]$ 和 $\beta > 1$ 满足

$$||\boldsymbol{A}||\eta + ||\boldsymbol{A}||(1-\eta)\left(\delta\vartheta + \frac{1}{\beta^2}\right) < 1 \tag{8-42}$$

令

$$\varepsilon_k = \beta\sqrt{L_k^d} \tag{8-43}$$

如果

$$\overline{L}_k + \varepsilon_k < \frac{1}{\alpha}\Delta\underline{X}_k \tag{8-44}$$

$$\underline{L}_k(1+2a)^{N_k-1} > \alpha\Delta\bar{X}_k \tag{8-45}$$

则 $0 < \mathcal{E}(||\Delta X_k||) < \infty$，$k = 0,1,2,3,\cdots$，其中 α 满足式 (8-18) 和式 (8-19)。

证明： 我们用数学归纳法。在 $k=0$ 时刻，$\mathcal{E}(||\Delta X_0||) = ||\Delta X_0|| < \infty$。假设在 k 时刻有 $0 < \mathcal{E}(||\Delta X_k||) < \infty$，根据引理 8.2，对于 $\delta \in (0,1)$ 和 $\vartheta \in (0,1]$，存在实数 $\alpha > 1$ 使得 $\int_{\Pi_2^k} \mathrm{d}P \leqslant \delta\vartheta$ 和 $\int_{\Pi_2^k} ||\Delta X_k||\mathrm{d}P \leqslant \delta\vartheta\mathcal{E}(||\Delta X_k||)$。类似引理 8.3 的证明，由式 (8-44) 和式 (8-45)，有式 (8-27) 和式 (8-28)。由式 (8-36)（在引理 8.5 中）、式 (8-33)（在引理 8.4 中）、式 (8-42) 和式 (8-43)，有 $0 < \mathcal{E}(||\Delta X_{k+1}||) < \infty$。

现在，由于引理 8.6 中的其他条件相对容易满足，一个关键的问题是如何满足引理 8.6 中的式 (8-44)。下面的引理解决这一问题。

引理 8.7 令 $\mu, \phi, \delta, \vartheta \in (0,1]$，$\eta$ 和 $\beta > 1$ 满足

$$0 < \mu < 1 \tag{8-46}$$

$$\phi > ||A|| \tag{8-47}$$

$$\delta\vartheta < \min\left\{\frac{1-\mu}{\phi-\mu}, \frac{1-\mu^2}{\phi^2-\mu^2}, \frac{1}{(\phi^2-\mu^2)\beta^2}\right\} \tag{8-48}$$

$$1 > ||\boldsymbol{A}||\eta + ||\boldsymbol{A}||(1-\eta)\left(\delta\vartheta + \frac{1}{\beta^2}\right) \tag{8-49}$$

令

$$\varepsilon_k = \beta\sqrt{L_k^d} \tag{8-50}$$

按式 (8-20)、式 (8-22)~ 式 (8-24) 更新 $\overline{L}_k$、L_k^d、$\Delta\bar{X}_k$、$\Delta\underline{X}_k$，初始值 $\overline{L}_0$、ε_0、$\Delta\bar{X}_0$ 和 $\Delta\underline{X}_0$ 满足 $\Delta\bar{X}_0 \geqslant \Delta\underline{X}_0$ 和 $\overline{L}_0 + \varepsilon_0 < \frac{1}{\alpha}\Delta\underline{X}_0$，令 r_k 满足 $r_k \leqslant r_k^1$，则

$$\overline{L}_k + \varepsilon_k < \frac{\Delta\underline{X}_k}{\alpha},\ k = 0, 1, 2, 3, \cdots \tag{8-51}$$

其中

$$r_k^1 = \frac{-\Delta\underline{X}_k}{\alpha}\left(\left(||\boldsymbol{A}||\eta + (1-\eta)||\boldsymbol{A}||\left(\delta\vartheta + \frac{1}{\beta^2}\right)\right) + \left((\phi^2-\mu^2)\delta\vartheta + \mu^2\right)^{1/2}\right) + \frac{\omega}{\alpha} - \beta((\phi^2-\mu^2)\delta\vartheta)^{1/2}\overline{L}_k$$

α 满足式 (8-18) 和式 (8-19)。

证明： 在 $k = 0$ 时刻，式 (8-51) 成立。

假设在 k 时刻，式 (8-51) 成立。我们需要证明它在 $k+1$ 时刻成立。由式 (8-48)、式 (8-49) 和式 (8-50)，有 $\overline{L}_k$、L_k^d、$\Delta\bar{X}_k$ 和 $\Delta\underline{X}_k$ [在式 (8-20)、式 (8-22)~ 式 (8-24) 中] $(k = 0, 1, 2, 3, \cdots)$ 是有限的。由 $r_k \leqslant r_k^1$ 和式 (8-50), 有 $r_k \leqslant \frac{-\Delta\underline{X}_k}{\alpha}\left(||\boldsymbol{A}||\left(\eta + (1-\eta)\left(\delta\vartheta + \frac{L_k^d}{\varepsilon_k^2}\right)\right) + \left((\phi^2-\mu^2)\,\delta\vartheta + \mu^2\right)^{1/2}\right) + \frac{\omega}{\alpha} - \beta((\phi^2 - \mu^2)\delta\vartheta)^{1/2}\overline{L}_k$。由式 (8-24)，有

$$\frac{\Delta\underline{X}_k}{\alpha}\left((\phi^2-\mu^2)\delta\vartheta + \mu^2\right)^{1/2} + \beta((\phi^2-\mu^2)\delta\vartheta)^{1/2}\overline{L}_k + r_k \leqslant \frac{\Delta\underline{X}_{k+1}}{\alpha} \tag{8-52}$$

根据式 (8-22) 和式 (8-50)，有

$$\begin{aligned}\varepsilon_{k+1} &= \beta\sqrt{L_{k+1}^d} \\ &< \left((\phi^2-\mu^2)\delta\vartheta + \mu^2\right)^{1/2}\beta\sqrt{L_k^d} + \beta((\phi^2-\mu^2)\delta\vartheta)^{1/2}\overline{L}_k\end{aligned} \tag{8-53}$$

在 k 时刻，由假设 $\overline{L}_k+\varepsilon_k<\frac{\Delta\underline{X}_k}{\alpha}$ 和式 (8-53)、式 (8-52) 变为

$$\begin{aligned}&\frac{\Delta\underline{X}_k}{\alpha}\left((\phi^2-\mu^2)\delta\vartheta+\mu^2\right)^{1/2}+\beta((\phi^2-\mu^2)\delta\vartheta)^{1/2}\overline{L}_k\\&>((\phi-\mu)\delta\vartheta+\mu)\overline{L}_k+\varepsilon_{k+1}\end{aligned}\tag{8-54}$$

这里我们用到事实：根据式 (8-48)，在 $\delta\vartheta<1$ 的条件下，有 $\left((\phi^2-\mu^2)\delta\vartheta+\mu^2\right)^{1/2}>(\phi-\mu)\delta\vartheta+\mu$。由式 (8-52)、式 (8-54) 和式 (8-20)，有 $\overline{L}_{k+1}+\varepsilon_{k+1}<\frac{1}{\alpha}\Delta\underline{X}_{k+1}$。

8.3.3 编码方案设计过程

根据上述引理，我们分别给出使用时变码率和使用固定码率的编码方案设计过程。

1. 使用时变码率的编码方案

（1）给定 $\gamma>0$，选取 b_1、b_2 和控制器所用矩阵 $\boldsymbol{K}$ 使得

$$||\boldsymbol{A}+\boldsymbol{BK}||<b_1<1\tag{8-55}$$

$$0<b_2<\frac{(1-b_1)\gamma-1}{\frac{||\boldsymbol{BK}||}{||\boldsymbol{A}||}+(1-b_1)\gamma-1}\tag{8-56}$$

对于 $\delta\in(0,1)$，令 $\mu,\phi,\vartheta\in(0,1]$，$\eta$ 和 $\beta>1$ 满足引理 8.7 中的式 (8-46)~ 式 (8-48) 和

$$||A||\eta+||A||(1-\eta)\left(\delta\vartheta+\frac{1}{\beta^2}\right)<b_2\tag{8-57}$$

取 α 使得式 (8-8) 和式 (8-19) 成立。令初始值 $\overline{L}_0$、L_0、$\underline{L}_0$、ε_0、N_0、$\Delta\bar{X}_0$ 和 $\Delta\underline{X}_0$ 满足 $\overline{L}_0\geqslant L_0\geqslant\underline{L}_0$，$\Delta\bar{X}_0\geqslant\Delta\underline{X}_0$，$\overline{L}_0+\varepsilon_0<\frac{1}{\alpha}\Delta\underline{X}_0$ 和 $\underline{L}_0(1+2a)^{N_0-1}>\alpha\Delta\bar{X}_0$。令量化器的初始状态 $\hat{X}_0=O\in\mathbb{R}^d$，参数 a 和 M 满足式 (8-6)。

（2）在 k 时刻，令 N_k 满足式 (8-26)，即式 (8-45) 成立。用 8.2.2 节的量化器 (L_k,N_k,a,M) 对 ΔX_k 编码，控制输入由式 (8-10) 给出。

（3）根据式 (8-20)~ 式 (8-24) 计算 $\Delta\bar{X}_{k+1}$、$\Delta\underline{X}_{k+1}$、$\overline{L}_{k+1}$、$\underline{L}_{k+1}$ 和 L_{k+1}^d，根据式 (8-50) 计算 ε_{k+1}，这里 $\beta=\frac{\varepsilon_0}{\sqrt{L_0^d}}$，$r_k=r_k^1$（在引理 8.7）。由式 (8-7) 计算 L_{k+1}，由式 (8-2) 计算 $\hat{X}_{k+1}$。

（4）令 $k=k+1$，返回步骤（2）。

所需的时变信道码率 $R_k=\lceil\log_2(2(N_k-1)M^{d-1}+2)\rceil$。

注解 8.1　尽管量化反馈增益矩阵 $\boldsymbol{K}$ 使 $\boldsymbol{A}+\boldsymbol{BK}$ Schur 稳定，$||\boldsymbol{A}+\boldsymbol{BK}||$ 可能不小于 1。该问题已在文献 [97] 中解决。所以不失一般性，令 $||\boldsymbol{A}+\boldsymbol{BK}||<1$。

注解 8.2　上述设计过程保证引理 8.2～引理 8.7 中的条件被满足，所以这些引理可保证系统的一阶矩稳定性和噪声抑制性能（见定理 8.2）。

2. 使用固定码率的编码方案

基于使用时变码率的编码方案，现在我们考虑使用固定码率的编码方案的设计问题。使用固定码率的编码方案便于实际应用。

注意到式 (8-48) 和式 (8-49)、式 (8-20)～ 式 (8-24) 中的 $\Delta\bar{X}_k$、$\Delta\underline{X}_k$、$\overline{L}_k$、$\underline{L}_k$ 和 L_k^d 是有限的，且对于式 (8-20)～ 式 (8-24) 存在稳定的平衡点 $\Delta\bar{X}$、$\Delta\underline{X}$、$\overline{L}$、$\underline{L}$ 和 L^d，因此我们给出使用固定码率的编码方案的设计方法如下。

给定 $\gamma>0$，选择 b_1、b_2 和控制器所用矩阵 $\boldsymbol{K}$ 与使用时变码率的编码方案相同。对于 $\delta\in(0,1)$，取 $\mu,\ \phi,\ \vartheta\in(0,1]$，$\eta$ 和 $\beta>1$ 与使用时变码率的编码方案相同。取引理 8.2 中的 α 使得式 (8-18) 和式 (8-19) 成立，这里 $\Delta\bar{X}_k$ 和 $\Delta\underline{X}_k$ 被 $\Delta\bar{X}$ 和 $\Delta\underline{X}$ 代替，它们是式 (8-23) 和式 (8-24) 的平衡点，满足

$$\Delta\bar{X}=\left(\ ||\boldsymbol{A}||\eta+||\boldsymbol{A}||(1-\eta)\left(\delta\vartheta+\frac{1}{\beta^2}\right)\right)\Delta\bar{X}+\overline{\omega} \tag{8-58}$$

$$\Delta\underline{X}=\left(-||\boldsymbol{A}||\eta-||\boldsymbol{A}||(1-\eta)\left(\delta\vartheta+\frac{1}{\beta^2}\right)\right)\Delta\underline{X}+\underline{\omega} \tag{8-59}$$

解下列方程，可获得式 (8-20)～ 式 (8-22) 的平衡点 $\{\overline{L},\underline{L},L^d\}$：

$$\overline{L}=((\phi-\mu)\delta\vartheta+\mu)\overline{L}+r \tag{8-60}$$

$$\underline{L}=\mu\underline{L}+r \tag{8-61}$$

$$L^d=((\phi^2-\mu^2)\delta\vartheta+\mu^2)L^d+(\phi^2-\mu^2)\delta\theta\overline{L}^2 \tag{8-62}$$

其中 $r=r_k^2$，

$$r_k^2=\frac{\Delta\underline{X}}{\alpha}\left(1-\left((\phi^2-\mu^2)\delta\vartheta+\mu^2\right)^{1/2}\right)-\beta((\phi^2-\mu^2)\delta\vartheta)^{1/2}\overline{L} \tag{8-63}$$

取 N 使得 $\underline{L}(1+2a)^{N-1}>\alpha\Delta\bar{X}$。令 $\varepsilon=\beta\sqrt{L^d}$ 并取 L_0 使得 $\underline{L}<L_0<\overline{L}$。所需的固定码率 $R=\lceil\log_2(2(N-1)M^{d-1}+2)\rceil$，它显然是时变码率 R_k 的极限，即 $\lim\limits_{k\to\infty}R_k=R$，这是由于稳定的平衡点 $\Delta\bar{X}$、$\Delta\underline{X}$、$\overline{L}$、$\underline{L}$ 和 L^d 分别是 $\Delta\bar{X}_k$、$\Delta\underline{X}_k$、$\overline{L}_k$、$\underline{L}_k$ 和 L_k^d 的极限。

下面，我们给出 R 的一个下界。为方便，令 $\boldsymbol{A}_{\Delta X} = ||\boldsymbol{A}||\eta + ||\boldsymbol{A}||(1-\eta)\left(\delta\vartheta + \frac{1}{\beta^2}\right)$，$\boldsymbol{A}_L = (\phi-\mu)\delta\vartheta + \mu$，$\boldsymbol{A}_{Ld} = (\phi^2-\mu^2)\delta\vartheta + \mu^2$，$\boldsymbol{B}_{Ld} = (\phi^2-\mu^2)\delta\vartheta$，则由式 (8-58) 和式 (8-59) 有

$$\Delta\bar{X} = \frac{\overline{\omega}}{1-A_{\Delta X}}, \Delta\underline{X} = \frac{\underline{\omega}}{1+A_{\Delta X}} \tag{8-64}$$

由式 (8-60)、式 (8-61) 和式 (8-63)，有

$$\underline{L} = \frac{\Delta\underline{X}}{(1-\mu)\alpha}\frac{\left(1-(\boldsymbol{A}_{Ld})^{1/2}\right)(1-\boldsymbol{A}_L)}{1-\boldsymbol{A}_L+\beta(\boldsymbol{B}_{Ld})^{1/2}} \tag{8-65}$$

所以式 (8-64)、式 (8-65) 和 $\underline{L}(1+2a)^{N-1} > \alpha\Delta\bar{X}$ 蕴含

$$\begin{aligned} N-1 &> \frac{\log_2\left(\dfrac{\alpha\Delta\bar{X}}{\underline{L}}\right)}{\log_2(1+2a)} \\ &= \frac{\log_2(\alpha^2 W)}{\log_2(1+2a)} \end{aligned} \tag{8-66}$$

式中，$W = \frac{\overline{\omega}(1-\mu)(1+\boldsymbol{A}_{\Delta X})(1-\boldsymbol{A}_L+\beta(\boldsymbol{B}_{Ld})^{1/2})}{\underline{\omega}(1-\boldsymbol{A}_{\Delta X})\left(1-(\boldsymbol{A}_{Ld})^{1/2}\right)(1-\boldsymbol{A}_L)}$。则码率

$$\begin{aligned} R &= \lceil\log_2(2(N-1)M^{d-1}+2)\rceil \\ &> \log_2\left(2\log_2(\alpha^2 W)\left(\frac{M^{d-1}}{\log_2(1+2a)}\right)+2\right) \\ &\geqslant \log_2\left(2\log_2(\alpha^2 W)Q+2\right) := \underline{R} \end{aligned} \tag{8-67}$$

这里 $Q = \min\left(\frac{M^{d-1}}{\log_2(1+2a)}\right)$，要求 $a>0$，$M>0$ 且 $\eta = a+(d-1)\frac{\pi}{2M}$ [见式 (8-6)]。因此我们得到，码率的下界 $\underline{R}$，它随着 α 的增加而增加。

下面我们给出一个例子，考虑使用固定码率的量化器，系统为式 (8-1)，其中

$$\boldsymbol{A} = \begin{pmatrix} 1.1 & -0.1 & -1.4 & 0.9 \\ -0.1 & 1.1 & -1 & -2 \\ 0.1 & 0.2 & 1.2 & 0.1 \\ 0.2 & 0 & 0.01 & 1.2 \end{pmatrix},$$

$$\boldsymbol{B}=\begin{pmatrix} -0.01 & 0 \\ -0.02 & -0.04 \\ 0.01 & 0.01 \\ 0.01 & 0.02 \end{pmatrix},\ \omega_k=\begin{pmatrix} 1.1662 & -0.9001 & 0.8 & -1.0908 \end{pmatrix}^{\mathrm{T}}\bar{\omega}_k,$$

初始状态 $\boldsymbol{X}_0=3.5\times(1,-5,8,-7)^{\mathrm{T}}$，这里 $\bar{\omega}_k$，$k\geqslant 0$，是独立同分布的正态随机变量序列，均值为 0，方差为 $2.5\sqrt{2\pi}$，即 $\mathcal{E}(||\omega_k||)=5$。给定 $\gamma=12$，我们选取 $b_1=0.82, b_2=0.29$ 和控制器矩阵 $\boldsymbol{K}=\begin{pmatrix} 61.4090 & -8.8711 & -110.8176 & 68.1272 \\ -35.6799 & 26.4949 & 35.5400 & -88.1794 \end{pmatrix}$ 使得 $||\boldsymbol{A}+\boldsymbol{BK}||<b_1$ 且 $b_2<\frac{(1-b_1)\gamma-1}{\frac{||\boldsymbol{BK}||}{||\boldsymbol{A}||}+(1-b_1)\gamma-1}$。令 $\delta=0.0141$，取 $\mu=0.7$，$\phi=2.8>||\boldsymbol{A}||$，$\vartheta=1$，$\alpha=20$，$\beta=8$，$\overline{\omega}=5.3$，$\underline{\omega}=4.7$。量化器参数 $M=89$，$N=218$ 和 $a=0.022$ 满足 $\eta=0.075$，量化器初始状态 $\hat{\boldsymbol{X}}_0=(0,0,0,0)^{\mathrm{T}}$。平衡点 $(\overline{L},\underline{L},L^d,\Delta\bar{X},\Delta\underline{X})=(0.0148,0.0133,5.5546\times10^{-5},7.4052,3.6596)$ 作为初始值 $(\overline{L}_0,\underline{L}_0,L_0^d,\Delta\bar{X}_0,\Delta\underline{X}_0)$。令 $L_0=(\underline{L}_0+\overline{L}_0)/2$。所以 $r=0.004$，固定码率为 $R=29$，由式 (8-67) 可得码率的下界为 $\underline{R}=28.1490$。仿真结果显示系统对于干扰是一阶矩稳定的，并获得给定的噪声抑制性能 [图 8-1（a）]。令

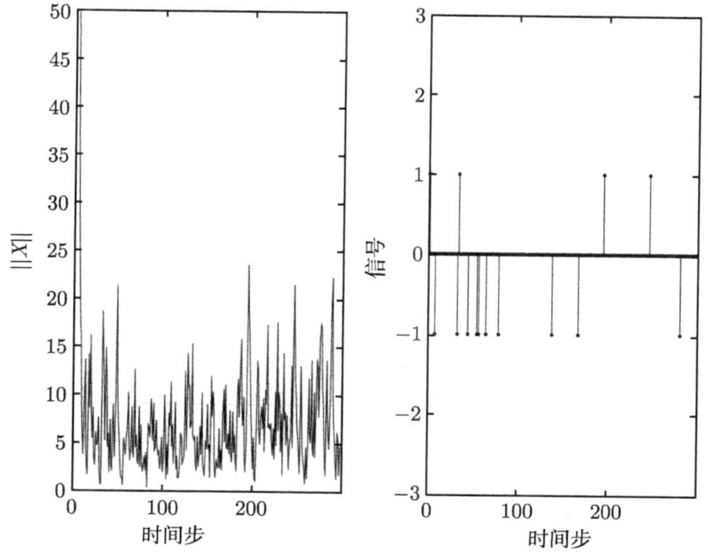

(a) 系统的状态范数响应　　(b) ΔX_k 所在区域的指示

图 8-1　系统的状态范数响应和 ΔX_k 所在区域的指示

$$\text{signal}_k = \begin{cases} 0, & \|\Delta X_k\| \in (L_k, L_k(1+2a)^{N-1}] \\ -1, & \|\Delta X_k\| \leqslant L_k \\ 1, & \|\Delta X_k\| > L_k(1+2a)^{N-1} \end{cases}$$

图 8-1 (b) 显示量化器在三个量化区间的切换。

8.3.4 主要结果的证明

1. 定理 8.1的证明

证明： (必要性) 假设存在 $\delta \in (0,1)$ 使得对任意 $\alpha > 1$ 和 $k_T > 0$ 有 $\int_{\Pi_2^k} \mathrm{d}p > \delta$ 对某个 $k > k_T$ 成立，则 $\mathcal{E}(\|\Delta X_k\|) = 0$ 或 ∞。但是根据所给出的量化器和 $\mathcal{E}(\|\omega_k\|) \geqslant \underline{\omega} > 0$，有 $\mathcal{E}(\|\Delta X_k\|) \neq 0$，所以 $\mathcal{E}(\|\Delta X_k\|) = \infty$。因此，对任意 $M > L_k(1+2a)^{N_k-1}$，有 $P\{\|\Delta X_k\| > M\} > 0$，由量化器可得 $Q(\Delta X_k) = 0$ 和

$$\begin{aligned} \|X_{k+1}\| &\overset{[式(8-11)]}{=} \|(\boldsymbol{A}+\boldsymbol{BK})X_k - \boldsymbol{BK}\Delta X_k + \omega_k\| \\ &\geqslant \left\| \begin{pmatrix} \boldsymbol{A}+\boldsymbol{BK} & -\boldsymbol{BK} \end{pmatrix} \begin{pmatrix} X_k \\ \Delta X_k \end{pmatrix} \right\| - \|\omega_k\| \\ &\geqslant \delta_{\min}\begin{pmatrix} \boldsymbol{A}+\boldsymbol{BK} & -\boldsymbol{BK} \end{pmatrix} \left\| \begin{pmatrix} X_k \\ \Delta X_k \end{pmatrix} \right\| - \|\omega_k\| \\ &\geqslant \delta_{\min}\begin{pmatrix} \boldsymbol{A}+\boldsymbol{BK} & -\boldsymbol{BK} \end{pmatrix} \|\Delta X_k\| - \|\omega_k\| \end{aligned}$$

所以 $\mathcal{E}(\|X_{k+1}\|) \geqslant \left(\delta_{\min}\begin{pmatrix} \boldsymbol{A}+\boldsymbol{BK} & -\boldsymbol{BK} \end{pmatrix} M - \|\omega_k\|\right) \times P\{\|\Delta X_k\| > M\}$，这蕴含 $\mathcal{E}(\|X_{k+1}\|) = \infty$ (由于 M 的任意性)。类似地，由 $\mathcal{E}(\|\Delta X_{k+1}\|) = \infty$ (由于 $\mathcal{E}(\|\Delta X_{k+1}\|) \overset{[式(8-3)]}{\geqslant} (\delta_{\min}(\boldsymbol{A})M - \|\omega_k\|)P\{\|\Delta X_k\| > M\}$ 且 M 的任意性)，可得 $\mathcal{E}(\|X_{k+2}\|) = \infty$。同样，$\mathcal{E}(\|X_{k+3}\|)$, $\mathcal{E}(\|X_{k+4}\|), \cdots = \infty$，因此，系统不是一阶矩稳定的。

(充分性) 假设系统不是一阶矩稳定的，即 $\limsup\limits_{k\to\infty} \mathcal{E}(\|X_k\|) = \infty$，我们首先证明当 $k \to \infty$ 时有 $\mathcal{E}(\|\Delta X_k\|) = \infty$。如果当 $k \to \infty$ 时有 $\mathcal{E}(\|\Delta X_k\|) < \infty$，则当 $k \to \infty$ 时有 $\mathcal{E}(\|\hat{X}_k\|) < \infty$，这是因为根据式 (8-2) 有 $\mathcal{E}(\|\hat{X}_{k+1}\|) = \mathcal{E}(\|(\boldsymbol{A}+\boldsymbol{BK})(Q(\Delta X_k)+\hat{X}_k)\|) \leqslant \|(\boldsymbol{A}+\boldsymbol{BK})\|(\mathcal{E}(\|Q(\Delta X_k)\|)+\mathcal{E}(\|\hat{X}_k\|))$，其中 $\|\boldsymbol{A}+\boldsymbol{BK}\| < 1$。因此 $\limsup\limits_{k\to\infty} \mathcal{E}(\|X_k\|) < \infty$，这是由于当 $k \to \infty$ 时，$\mathcal{E}(\|X_k\|) =$

$\mathcal{E}(||\Delta X_k+\hat{X}_k||)\leqslant\mathcal{E}(||\Delta X_k||)+\mathcal{E}(||\hat{X}_k||)<\infty$，这与假设矛盾。所以当 $k\to\infty$ 时，$\Pi_2^k\to\Omega$，且存在 $\delta\in(0,1)$ 使得对任意 $\alpha>1$ 有 $\int_{\Pi_2^k}\mathrm{d}P\to\int_{\Omega}\mathrm{d}P=1>\delta$。

2. 定理 8.2的证明

证明： 注意到编码方案设计过程使得引理 8.2～ 引理 8.7 成立，由引理 8.2，对于 $\delta\in(0,1)$ 有 $\int_{\Pi_2^k}\mathrm{d}P\leqslant\delta\vartheta\leqslant\delta$。根据定理 8.1，系统是一阶矩稳定的。

由式 (8-13)、式 (8-27) (在引理 8.3 中)、式 (8-33) (在引理 8.4 中) 和上述设计过程，可得

$$\begin{aligned}\mathcal{E}(||X_{k+1}||)\quad&\leqslant\quad||\boldsymbol{A}+\boldsymbol{BK}||\mathcal{E}(||X_k||)+\\&\quad\quad||\boldsymbol{BK}||\left(\eta+(1-\eta)\left(\delta\vartheta+\frac{L_k^d}{\varepsilon_k^2}\right)\right)\mathcal{E}(||\Delta X_k||)+\mathcal{E}(||\omega_k||)\\&\overset{[式(8-55)、式(8-57)]}{\leqslant}b_1\mathcal{E}(||X_k||)+\frac{||\boldsymbol{BK}||}{||\boldsymbol{A}||}b_2\mathcal{E}(||\Delta X_k||)+\mathcal{E}(||\omega_k||)\end{aligned}\tag{8-68}$$

由式 (8-36)，得

$$\begin{aligned}\mathcal{E}(||\Delta X_{k+1}||)&\leqslant\left(||\boldsymbol{A}||\eta+||\boldsymbol{A}||(1-\eta)\left(\delta\vartheta+\frac{L_k^d}{\varepsilon_k^2}\right)\right)\mathcal{E}(||\Delta X_k||)+\mathcal{E}(||\omega_k||)\\&\leqslant b_2\mathcal{E}(||\Delta X_k||)+\mathcal{E}(||\omega_k||)\end{aligned}\tag{8-69}$$

令 $\tilde{\boldsymbol{X}}_k=[\mathcal{E}(||X_k||),\mathcal{E}(||\Delta X_k||)]^{\mathrm{T}}$，则由式 (8-68) 和式 (8-69)，有 $\tilde{\boldsymbol{X}}_{k+1}\leqslant\boldsymbol{G}\tilde{\boldsymbol{X}}_k+\boldsymbol{H}\mathcal{E}(||\omega_k||)$，其中 $\boldsymbol{G}=\begin{pmatrix}b_1&\frac{||\boldsymbol{BK}||b_2}{||\boldsymbol{A}||}\\0&b_2\end{pmatrix}$，$\boldsymbol{H}=\begin{pmatrix}1\\1\end{pmatrix}$。所以

$$\begin{aligned}\mathcal{E}(||X_k||)&=(1,0)\tilde{\boldsymbol{X}}_k\\&\leqslant(1,0)\left(\boldsymbol{G}^k\tilde{\boldsymbol{X}}_0+\sum_{i=0}^{k-1}\boldsymbol{G}^{k-1-i}\boldsymbol{H}\mathcal{E}(||\omega_i||)\right)\end{aligned}$$

由此

$$\begin{aligned}\limsup_{k\to\infty}\frac{\mathcal{E}(||X_k||)}{\mathcal{E}(||\omega_k||)}\quad&<\quad[1,0](I-\boldsymbol{G})^{-1}\boldsymbol{H}\\&=\quad\frac{1}{1-b_1}\left(1+\frac{||\boldsymbol{BK}||b_2}{(1-b_2)||\boldsymbol{A}||}\right)\\&\overset{[式(8-56)]}{<}\quad\gamma\end{aligned}$$

8.4 小结

本章研究具有无界噪声的量化反馈系统的稳定性和噪声抑制性能问题。任务是设计适当的编码方案，以获得系统的一阶矩稳定性和给定的噪声抑制性能。我们给出量化反馈系统一阶矩稳定性的充分必要条件，在此条件下，分别设计使用时变码率的编码方案和使用时不变码率（固定码率）的编码方案，保证系统一阶矩稳定性和获得给定的噪声抑制性能。不同于现有文献中的 Zooming-in/Zooming-out 方法，本章中量化区域的更新不是简单地按比例缩小和放大，而是设计一个适当输入 r_k，在 r_k 的作用下更新量化区域，以完成复杂的任务。r_k 可以是时变的，并在每个时刻更新（用于时变码率情况），也可以是时不变的（用于时不变码率情况）。在球极坐标编码方案下，量化区域半径的期望和方差的上界可用递推的方法获得，这反过来也便于编码方案的设计。本章内容见文献 [102]。

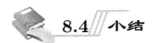

第 9 章　基于球极坐标编码方案具有输入饱和的量化控制系统稳定性分析

本章研究具有输入饱和的量化控制系统的量化器设计和稳定性分析问题。目标是获得系统的局部渐进稳定性和更大的稳定区域。我们分别研究输入量化条件下和状态量化条件下的输入饱和量化系统的量化器设计问题。本章的内容与文献 [103] 的工作有关，在文献 [103] 中，使用均匀量化器给出一个量化非线性条件，在这个条件下系统只能收敛到原点的邻域而不能收敛到原点。而我们利用球极坐标编码方案的特点给出一个新的量化非线性条件，利用此条件可以获得比文献 [103] 更大的稳定区域，并保证从该稳定区域出发的状态轨迹将收敛到原点。

9.1 问题的提出

考虑下面的线性连续系统：

$$\dot{\boldsymbol{x}} = \boldsymbol{A}\boldsymbol{x} + \boldsymbol{B}\text{sat}(\boldsymbol{u}) \tag{9-1}$$

式中，$\boldsymbol{x} \in \mathbb{R}^d$ 和 $\boldsymbol{u} \in \mathbb{R}^m$ 分别是系统的状态和输入。$\boldsymbol{A}$ 和 $\boldsymbol{B}$ 是适当维数的系统矩阵。给定向量 $\boldsymbol{u} \in \mathbb{R}^m$，饱和映射 $\text{sat}(\boldsymbol{u}) \in \mathbb{R}^m$ 定义为 $\text{sat}(\boldsymbol{u}_{(i)}) = \text{sign}(\boldsymbol{u}_{(i)})\min\{\boldsymbol{u}_{0(i)}, |\boldsymbol{u}_{(i)}|\}$ $(i = 1, 2, 3, \cdots, m)$，$\boldsymbol{u}_0$ 是所有元素为正数的向量。

系统的输入是被量化的控制量。向量 $\boldsymbol{x}$ 被量化为 $q(\boldsymbol{x})$，$q(\boldsymbol{x})$ 是 $\boldsymbol{x}$ 的量化值（估计值），与 $\boldsymbol{x}$ 有相同的维数。这里 $q(\cdot)$ 是量化器函数，见 9.2.1 节。我们研究两种量化控制率：① 输入量化情况 $\boldsymbol{u}(t) = q(\boldsymbol{K}\boldsymbol{x}(t))$；② 状态量化情况 $\boldsymbol{u}(t) = \boldsymbol{K}q(x(t))$，其中，$\boldsymbol{K}$ 是适当维数的矩阵。$\boldsymbol{\varXi}(\boldsymbol{x}) = q(\boldsymbol{x}) - \boldsymbol{x}$ 表示量化误差，是一种量化非线性。

在这两种情况下，我们要解决下面的问题。

问题 9.1　设计量化器和状态反馈增益矩阵 $\boldsymbol{K}$，并确定一个集合 $\mathcal{S}$ 使得对集合 $\mathcal{S}$ 中的任何初始状态，系统式 (9-1) 是渐进稳定的。

因此，关键问题是获得新的量化非线性条件设计量化器，使得系统式 (9-1) 的状态收敛到原点，而不是收敛到原点的一个邻域，并且获得更大的稳定区域。

注解 9.1 由于量化器产生的量化误差是不连续的非线性函数，所以闭环系统由右边不连续微分方程描述，古典解不适用，应定义新的适当解的概念。本章中，我们考虑 Caratheodory 解，因此排除某些特殊的解，如量化区域间边界上的滑模解。如果要考虑此类解，需要扩展解的概念，如 Krasovskii 解，它包含 Caratheodory 解和滑模产生的振荡现象。这种扩展将用到微分包含，在下一章我们将使用微分包含。

9.2 球极坐标量化器

定义 9.1 无限码率球极坐标量化器是一个三元组 (L, a, M)，其中实数 $L > 0$ 表示支撑球的半径，实数 $a > 0$ 表示比例系数，正整数 $M \geqslant 2$ 表示将角弧度 π 平均分割的数目。量化器将支撑球

$$\Lambda = \left\{\boldsymbol{x} \in \mathbb{R}^d : r \leqslant L\right\}$$

分割为如下的小量化块：$\{\boldsymbol{x} \in \mathbb{R}^d : \frac{L}{(1+2a)^{i+1}} < r \leqslant \frac{L}{(1+2a)^i}, j_n\frac{\pi}{M} < \theta_n \leqslant (j_n+1)\frac{\pi}{M}$，$n = 1,2,3,\cdots,d-2$，$s\frac{\pi}{M} < \theta_{d-1} \leqslant (s+1)\frac{\pi}{M}\}$，索引为 $(i, j_1, j_2, \cdots, j_{d-2}, s)$，$i = 0,1,2,\cdots$；$j_n = 0,1,2,\cdots,M-1$，$n = 1,2,3,\cdots,d-2$；$s = 0,1,2,\cdots,2M-1$。

由于定义 9.1 中支撑球的量化块有无穷多个，量化器需要无限码率。我们首先使用无限码率量化器是为了突出主要结果，在 9.3.4 节，将给出有限码率量化器用于实际目的。本章的有限码率量化器是文献 [97] 中量化器的一个改进版本。与文献 [97] 中量化器不同的是，量化器的支撑球半径相对于时间是连续的，并且支撑球半径可以利用 Lyapunov 函数来确定，而文献 [97] 中量化器设计不使用 Lyapunov 函数，且量化器的支撑球半径相对于时间不是连续的。

定义量化器函数 $q(\cdot)$ 如下：对于区域 Λ 中的 $\boldsymbol{x}$，令具有如下球极坐标的 $q(\boldsymbol{x})$

$$\begin{cases} r = \dfrac{(1+a)L}{(1+2a)^{i+1}} \\ \theta_i = \left(j_i + \dfrac{1}{2}\right)\dfrac{\pi}{M}, \quad i = 1,2,3,\cdots,d-2 \\ \theta_{d-1} = \left(s + \dfrac{1}{2}\right)\dfrac{\pi}{M} \end{cases} \tag{9-2}$$

作为 $\boldsymbol{x}$ 的估计，这里 $\boldsymbol{x}$ 位于索引为 $(i, j_1, j_2, \cdots, j_{d-2}, s)$ 的量化块中（见定义 9.1）。定义量化误差 $\boldsymbol{\Xi}(\boldsymbol{x}) = q(\boldsymbol{x}) - \boldsymbol{x}$。对于区域 Λ 中的 $\boldsymbol{x}$，我们估计 $||\boldsymbol{\Xi}(\boldsymbol{x})||$。

令 $r_i = \frac{L}{(1+2a)^i}$ $(i = 0, 1, 2, 3, \cdots)$，则 $\frac{r_i}{r_{i+1}} = 1 + 2a$。

引理 9.1 [97]　令 (L, a, M) 为一个量化器，定义于定义 9.1。令 Λ 是支撑球。则对于任意 $\boldsymbol{x} \in \Lambda$，有

$$||\boldsymbol{\Xi}(\boldsymbol{x})|| \leqslant \eta ||\boldsymbol{x}||$$

这里

$$\eta = a + (d-1)\frac{\pi}{2M} \tag{9-3}$$

引理 9.2 [103]　考虑矩阵 $\boldsymbol{G} \in \mathbb{R}^{m \times d}$，非线性 $\boldsymbol{\phi}(\boldsymbol{u}) = \mathrm{sat}(\boldsymbol{u}) - \boldsymbol{u}$ 满足

$$\boldsymbol{\phi}(\boldsymbol{u})^{\mathrm{T}} \boldsymbol{T} (\mathrm{sat}(\boldsymbol{u}) + \boldsymbol{G}\boldsymbol{x}) \leqslant 0$$

如果 $\boldsymbol{x} \in S(\boldsymbol{u}_0)$。这里 $\boldsymbol{T} \in \mathbb{R}^{m \times m}$ 是任何对角正定矩阵，$S(\boldsymbol{u}_0)$ 定义为

$$S(\boldsymbol{u}_0) = \{\boldsymbol{x} \in \mathbb{R}^d : -\boldsymbol{u}_{0(i)} \leqslant \boldsymbol{G}_{(i)}\boldsymbol{x} \leqslant \boldsymbol{u}_{0(i)},\ i \in \{1, 2, 3, \cdots, m\}\} \tag{9-4}$$

引理 9.3　对于任意适当维数的正对角矩阵 $\boldsymbol{T}_1$，量化误差非线性 $\boldsymbol{\Xi}(\boldsymbol{x}) = q(\boldsymbol{x}) - \boldsymbol{x}$ 满足

$$\boldsymbol{\Xi}^{\mathrm{T}}(\boldsymbol{x})\boldsymbol{T}_1\boldsymbol{\Xi}(\boldsymbol{x}) - \eta^2 \boldsymbol{x}^{\mathrm{T}}\boldsymbol{T}_1\boldsymbol{x} \leqslant 0$$

证明： 可由引理 9.1得到。

引理 9.4　被量化的向量 $\boldsymbol{x} \in \Lambda$ 和它的估计 $q(\boldsymbol{x})$ 满足条件

$$||q(\boldsymbol{x})|| \leqslant (1+\eta)||\boldsymbol{x}||$$

证明： 由引理 9.1，这可由不等式 $||q(\boldsymbol{x})|| - ||\boldsymbol{x}|| \leqslant ||\boldsymbol{\Xi}(\boldsymbol{x})|| \leqslant \eta ||\boldsymbol{x}||$ 得到。

注解 9.2　本章的内容与文献 [103] 的不同点在于不同的量化器及不同的量化非线性条件。在文献 [103] 中，基于使用笛卡儿坐标系中的均匀量化器，给出一种量化非线性条件，而我们基于球极坐标量化器建立一种新的量化非线性条件。在此条件下，当被量化的向量趋于原点时，量化误差趋于 0。这样可获得局部渐进稳定性。而且，该条件有助于获得比现有文献更大的稳定区域。另外，量化器的设计可与 Lyapunov 函数相结合，以确定量化器的支撑球半径和量化区域（见 9.3 节）。

9.3 主要结果

9.3.1 输入量化情况

我们首先考虑输入量化情况，这种情况下的系统式 (9-5) 变为：

$$\dot{\boldsymbol{x}} = \boldsymbol{A}\boldsymbol{x} + \boldsymbol{B}\mathrm{sat}(q(\boldsymbol{K}\boldsymbol{x})) \tag{9-5}$$

定义 $\boldsymbol{\Phi}_1(\boldsymbol{K}\boldsymbol{x}) = \mathrm{sat}(q(\boldsymbol{K}\boldsymbol{x})) - q(\boldsymbol{K}\boldsymbol{x})$，它是一种死区非线性，量化误差为 $\boldsymbol{\Xi}_1(\boldsymbol{K}\boldsymbol{x}) = q(\boldsymbol{K}\boldsymbol{x}) - \boldsymbol{K}\boldsymbol{x}$，这样系统式 (9-5) 可写为

$$\dot{\boldsymbol{x}} = (\boldsymbol{A} + \boldsymbol{B}\boldsymbol{K})\boldsymbol{x} + \boldsymbol{B}\boldsymbol{\Phi}_1(\boldsymbol{K}\boldsymbol{x}) + \boldsymbol{B}\boldsymbol{\Xi}_1(\boldsymbol{K}\boldsymbol{x}) \tag{9-6}$$

现在我们确定输入量化情况下的量化器参数 L、a 和 M。令

$$L = \max\{||\boldsymbol{K}\boldsymbol{x}|| : \boldsymbol{x}^{\mathrm{T}}\boldsymbol{P}\boldsymbol{x} \leqslant 1\} \tag{9-7}$$

a 和 M 根据式 (9-3) 选取，这里 $\boldsymbol{P}$ 为对称正定矩阵，在定理 9.1 中定义。

定理 9.1 在上述量化器下，对于任意 $\mathcal{S}$ 中的初始状态，系统式 (9-6) 是渐进稳定的，如果存在正数 $\tau_1, \tau_2, \eta, r > 1$，对称正定矩阵 $\boldsymbol{W}$，两个矩阵 $\boldsymbol{Y}$、$\boldsymbol{Z}$，一个对角正定矩阵 $\boldsymbol{S}_1$ 和正标量矩阵 $\boldsymbol{S}_2$ 满足

$$\begin{pmatrix} \begin{matrix}\boldsymbol{W}\boldsymbol{A}^{\mathrm{T}} + \boldsymbol{Y}^{\mathrm{T}}\boldsymbol{B}^{\mathrm{T}} + \boldsymbol{A}\boldsymbol{W} + \boldsymbol{B}\boldsymbol{Y} - \\ (\tau_1 - r\tau_2)\boldsymbol{W}\end{matrix} & * & * & * & * \\ \boldsymbol{S}_1\boldsymbol{B}^{\mathrm{T}} - \boldsymbol{Y} - \boldsymbol{Z} & -2\boldsymbol{S}_1 & * & * & * \\ \boldsymbol{S}_2\boldsymbol{B}^{\mathrm{T}} & -\boldsymbol{S}_2 & -\boldsymbol{S}_2 & * & * \\ 0 & 0 & 0 & -(\tau_2 - \tau_1) & * \\ \boldsymbol{Y} & 0 & 0 & 0 & -\eta^{-2}\boldsymbol{S}_2 \end{pmatrix} < 0 \tag{9-8}$$

$$\begin{pmatrix} \boldsymbol{W} & \boldsymbol{Z}_{(i)}^{\mathrm{T}} \\ \boldsymbol{Z}_{(i)} & \boldsymbol{u}_{0(i)}^2 \end{pmatrix} > 0, i = 1, 2, 3, \cdots, m \tag{9-9}$$

$$\begin{pmatrix} -\dfrac{r}{(1+\eta)^2}\min\limits_i\{\boldsymbol{u}_{0(i)}^2\} & \boldsymbol{Y}^{\mathrm{T}} \\ \boldsymbol{Y} & -\boldsymbol{W} \end{pmatrix} < 0 \tag{9-10}$$

并且 $\boldsymbol{K} = \boldsymbol{Y}\boldsymbol{W}^{-1}$ 是状态反馈增益矩阵，这里 $\mathcal{S} = \{\boldsymbol{x} \in \mathbb{R}^d : \boldsymbol{x}^{\mathrm{T}}\boldsymbol{P}\boldsymbol{x} \leqslant 1\}$，$\boldsymbol{P} = \boldsymbol{W}^{-1}$，$\eta$ 定义于式 (9-3)。

证明：考虑二次型 Lyapunov 函数 $V(x)=\boldsymbol{x}^{\mathrm{T}}\boldsymbol{P}\boldsymbol{x}$，$\boldsymbol{P}$ 为对称正定矩阵。根据系统式 (9-6) 的轨迹，有

$$\begin{aligned}\dot{V}(\boldsymbol{x})=&\boldsymbol{x}^{\mathrm{T}}[(\boldsymbol{A}+\boldsymbol{B}\boldsymbol{K})^{\mathrm{T}}\boldsymbol{P}+\boldsymbol{P}(\boldsymbol{A}+\boldsymbol{B}\boldsymbol{K})]\boldsymbol{x}+\\&2\boldsymbol{x}^{\mathrm{T}}\boldsymbol{P}\boldsymbol{B}\boldsymbol{\Phi}_1(\boldsymbol{K}\boldsymbol{x})+2\boldsymbol{x}^{\mathrm{T}}\boldsymbol{P}\boldsymbol{B}\boldsymbol{\Xi}_1(\boldsymbol{K}\boldsymbol{x})\end{aligned}\tag{9-11}$$

我们需要验证存在一个正数 ε_1 使得 $\dot{V}(\boldsymbol{x})\leqslant-\varepsilon_1V(\boldsymbol{x})$ 对任意 $\boldsymbol{x}\in\mathcal{S}$、任意非线性 $\boldsymbol{\Phi}_1$ 和 $\boldsymbol{\Xi}_1$ 都成立。

定义 $\mathcal{L}=\dot{V}(\boldsymbol{x})-\tau_1(\boldsymbol{x}^{\mathrm{T}}\boldsymbol{P}\boldsymbol{x}-1)+\tau_2(\boldsymbol{x}^{\mathrm{T}}r\boldsymbol{P}\boldsymbol{x}-1)-\boldsymbol{\Xi}_1^{\mathrm{T}}(\boldsymbol{K}\boldsymbol{x})\boldsymbol{S}_2^{-1}\boldsymbol{\Xi}_1(\boldsymbol{K}\boldsymbol{x})+\eta^2(\boldsymbol{K}\boldsymbol{x})^{\mathrm{T}}\boldsymbol{S}_2^{-1}(\boldsymbol{K}\boldsymbol{x})$，其中，$\tau_1,\tau_2$，$r>1$，$\boldsymbol{S}_2$ 是正标量矩阵。做变量代换 $\boldsymbol{P}=\boldsymbol{W}^{-1}$ 和 $\boldsymbol{G}=\boldsymbol{Z}\boldsymbol{W}^{-1}$，由式 (9-9) 可得

$$\boldsymbol{u}_{0(i)}^2-\boldsymbol{Z}_{(i)}\boldsymbol{W}^{-1}\boldsymbol{Z}_{(i)}^{\mathrm{T}}=\boldsymbol{u}_{0(i)}^2-\boldsymbol{G}_{(i)}\boldsymbol{W}\boldsymbol{W}^{-1}\boldsymbol{W}^{\mathrm{T}}\boldsymbol{G}_{(i)}^{\mathrm{T}}=\boldsymbol{u}_{0(i)}^2-\boldsymbol{G}_{(i)}\boldsymbol{W}\boldsymbol{G}_{(i)}^{\mathrm{T}}>0$$

这表明 $||\boldsymbol{G}_{(i)}\boldsymbol{W}^{\frac{1}{2}}||<\boldsymbol{u}_{0(i)}$，由 $\boldsymbol{x}^{\mathrm{T}}\boldsymbol{P}\boldsymbol{x}\leqslant1$，可得 $||\boldsymbol{P}^{\frac{1}{2}}\boldsymbol{x}||<1$，所以 $|\boldsymbol{G}_{(i)}\boldsymbol{x}|=|\boldsymbol{G}_{(i)}\boldsymbol{W}^{\frac{1}{2}}\boldsymbol{P}^{\frac{1}{2}}\boldsymbol{x}|\leqslant||\boldsymbol{G}_{(i)}\boldsymbol{W}^{\frac{1}{2}}||||\boldsymbol{P}^{\frac{1}{2}}\boldsymbol{x}||\leqslant\boldsymbol{u}_{0(i)}$，这意味着由式 (9-9)，椭球 $\mathcal{S}=\{\boldsymbol{x}\in\mathbb{R}^d:\boldsymbol{x}^{\mathrm{T}}\boldsymbol{P}\boldsymbol{x}\leqslant1\}$ 被包含于多面体 $\boldsymbol{S}(\boldsymbol{u}_0)$[见式 (9-4) 中定义]。因此，对任意 $\boldsymbol{x}\in\mathcal{S}$，根据引理 9.2 有 $\mathcal{L}\leqslant\mathcal{L}-2\boldsymbol{\Phi}_1^{\mathrm{T}}(\boldsymbol{K}\boldsymbol{x})\boldsymbol{S}_1^{-1}[\boldsymbol{\Phi}_1(\boldsymbol{K}\boldsymbol{x})+\boldsymbol{\Xi}_1(\boldsymbol{K}\boldsymbol{x})+(\boldsymbol{K}+\boldsymbol{G})\boldsymbol{x}]$。所以 $\dot{V}(\boldsymbol{x})-\tau_1(\boldsymbol{x}^{\mathrm{T}}\boldsymbol{P}\boldsymbol{x}-1)+\tau_2(\boldsymbol{x}^{\mathrm{T}}r\boldsymbol{P}\boldsymbol{x}-1)\leqslant\boldsymbol{\xi}_1^{\mathrm{T}}\mathcal{L}_1\boldsymbol{\xi}_1$，其中 $\boldsymbol{\xi}_1=(\boldsymbol{x}^{\mathrm{T}},\boldsymbol{\Phi}_1^{\mathrm{T}}(\boldsymbol{K}\boldsymbol{x}),\boldsymbol{\Xi}_1^{\mathrm{T}}(\boldsymbol{K}\boldsymbol{x}),1)^{\mathrm{T}}$

$$\mathcal{L}_1=\begin{pmatrix}\begin{gathered}(\boldsymbol{A}+\boldsymbol{B}\boldsymbol{K})^{\mathrm{T}}\boldsymbol{P}+\boldsymbol{P}(\boldsymbol{A}+\boldsymbol{B}\boldsymbol{K})-\\(\tau_1-\tau_2r)\boldsymbol{P}+\eta^2\boldsymbol{K}^{\mathrm{T}}\boldsymbol{S}_2^{-1}\boldsymbol{K}\end{gathered} & * & * & * \\ \boldsymbol{B}^{\mathrm{T}}\boldsymbol{P}-\boldsymbol{S}_1^{-1}(\boldsymbol{K}+\boldsymbol{G}) & -2\boldsymbol{S}_1^{-1} & * & * \\ \boldsymbol{B}^{\mathrm{T}}\boldsymbol{P} & -\boldsymbol{S}_1^{-1} & -\boldsymbol{S}_2^{-1} & * \\ 0 & 0 & 0 & \tau_1-\tau_2\end{pmatrix}\tag{9-12}$$

根据 Schur 补引理，由于式 (9-8) 蕴含 $\mathcal{L}_1<0$，存在充分小的正数 ε_1、ε_2、ε_3 使得 $\mathcal{L}_1\leqslant-\mathrm{diag}(\varepsilon_1\boldsymbol{P},\varepsilon_2\boldsymbol{E},\varepsilon_3\boldsymbol{E},\boldsymbol{O})$。所以 $\dot{V}(\boldsymbol{x})-\tau_1(\boldsymbol{x}^{\mathrm{T}}\boldsymbol{P}\boldsymbol{x}-1)+\tau_2(\boldsymbol{x}^{\mathrm{T}}r\boldsymbol{P}\boldsymbol{x}-1)\leqslant-\boldsymbol{\xi}^{\mathrm{T}}\mathrm{diag}(\varepsilon_1\boldsymbol{P},\varepsilon_2\boldsymbol{E},\varepsilon_3\boldsymbol{E},\boldsymbol{O})\boldsymbol{\xi}\leqslant-\varepsilon_1\boldsymbol{x}^{\mathrm{T}}\boldsymbol{P}\boldsymbol{x}=-\varepsilon_1V(\boldsymbol{x})$。因此对任意 $\boldsymbol{x}$ 满足 $\boldsymbol{x}^{\mathrm{T}}\boldsymbol{P}\boldsymbol{x}\leqslant1$ 和 $\boldsymbol{x}^{\mathrm{T}}\boldsymbol{P}\boldsymbol{x}\geqslant1/r$，有 $\dot{V}(\boldsymbol{x})\leqslant-\varepsilon_1V(\boldsymbol{x})$ 成立。

由式 (9-10)，有 $\frac{1+\eta}{\sqrt{r}}||\boldsymbol{Y}\boldsymbol{P}^{\frac{1}{2}}||=\frac{1+\eta}{\sqrt{r}}||\boldsymbol{K}\boldsymbol{P}^{-\frac{1}{2}}||<\min\limits_i\{\boldsymbol{u}_{0(i)}\}$。如果 $\boldsymbol{x}_k\in\{\boldsymbol{x}\in\mathbb{R}^d:\boldsymbol{x}^{\mathrm{T}}\boldsymbol{P}\boldsymbol{x}\leqslant1/r\}$，即 $||(r\boldsymbol{P})^{\frac{1}{2}}\boldsymbol{x}||\leqslant1$，则由引理 9.4 有 $||q(\boldsymbol{K}\boldsymbol{x})||\leqslant(1+\eta)||\boldsymbol{K}\boldsymbol{x}||=(1+\eta)||\boldsymbol{K}\boldsymbol{P}^{-\frac{1}{2}}\boldsymbol{P}^{\frac{1}{2}}\boldsymbol{x}||\leqslant(1+\eta)||\frac{\boldsymbol{K}\boldsymbol{P}^{-\frac{1}{2}}}{\sqrt{r}}||||(r\boldsymbol{P})^{\frac{1}{2}}\boldsymbol{x}||<\min\limits_i\{\boldsymbol{u}_{0(i)}\}$。

所以对任意 $\boldsymbol{x} \in \{\boldsymbol{x} \in \mathbb{R}^d : \boldsymbol{x}^{\mathrm{T}}\boldsymbol{P}\boldsymbol{x} \leqslant 1/r\}$ 系统是不饱和的，且 $\dot{\boldsymbol{x}} = (\boldsymbol{A}+\boldsymbol{B}\boldsymbol{K})\boldsymbol{x} + \boldsymbol{B}\boldsymbol{\Xi}_1(\boldsymbol{K}\boldsymbol{x})$。进一步，有 $\dot{V}(\boldsymbol{x}) - \boldsymbol{\Xi}_1^{\mathrm{T}}(\boldsymbol{K}\boldsymbol{x})\boldsymbol{S}_2^{-1}\boldsymbol{\Xi}_1(\boldsymbol{K}\boldsymbol{x}) + \eta^2(\boldsymbol{K}\boldsymbol{x})^{\mathrm{T}}\boldsymbol{S}_2^{-1}\boldsymbol{K}\boldsymbol{x} = \boldsymbol{\xi}_2^{\mathrm{T}}\mathcal{L}_2\boldsymbol{\xi}_2$，其中 $\boldsymbol{\xi}_2 = (\boldsymbol{x}^{\mathrm{T}}, \boldsymbol{\Xi}_1^{\mathrm{T}}(\boldsymbol{K}\boldsymbol{x}))^{\mathrm{T}}$，$\dot{V}(\boldsymbol{x}) = \boldsymbol{x}^{\mathrm{T}}[(\boldsymbol{A}+\boldsymbol{B}\boldsymbol{K})^{\mathrm{T}}\boldsymbol{P} + \boldsymbol{P}(\boldsymbol{A}+\boldsymbol{B}\boldsymbol{K})]\boldsymbol{x} + 2\boldsymbol{x}^{\mathrm{T}}\boldsymbol{P}\boldsymbol{B}\boldsymbol{\Xi}_1(\boldsymbol{K}\boldsymbol{x})$，

$$\mathcal{L}_2 = \begin{pmatrix} (\boldsymbol{A}+\boldsymbol{B}\boldsymbol{K})^{\mathrm{T}}\boldsymbol{P} + \boldsymbol{P}(\boldsymbol{A}+\boldsymbol{B}\boldsymbol{K}) + \eta^2\boldsymbol{K}^{\mathrm{T}}\boldsymbol{S}_2^{-1}\boldsymbol{K} & * \\ \boldsymbol{B}^{\mathrm{T}}\boldsymbol{P} & -\boldsymbol{S}_2^{-1} \end{pmatrix}$$

由于 $\mathcal{L}_1 < 0$ 蕴含 $\mathcal{L}_2 < 0$，所以对 $\boldsymbol{x} \in \{\boldsymbol{x} \in \mathbb{R}^d : \boldsymbol{x}^{\mathrm{T}}\boldsymbol{P}\boldsymbol{x} \leqslant 1/r\}$，$\dot{V}(\boldsymbol{x}) \leqslant -\varepsilon_1 V(\boldsymbol{x})$ 成立。

因此，对于 $\boldsymbol{x} \in \mathcal{S}$，Lyapunov 函数 $V(\boldsymbol{x}) = \boldsymbol{x}^{\mathrm{T}}\boldsymbol{P}\boldsymbol{x}$ 保证系统渐进稳定。

9.3.2 状态量化情况

在状态量化情况下，系统式 (9-1) 变为

$$\dot{\boldsymbol{x}} = \boldsymbol{A}\boldsymbol{x} + \boldsymbol{B}\mathrm{sat}(\boldsymbol{K}q(\boldsymbol{x})) \tag{9-13}$$

定义 $\boldsymbol{\Phi}_2(\boldsymbol{K}\boldsymbol{x}) = \mathrm{sat}(\boldsymbol{K}q(\boldsymbol{x})) - \boldsymbol{K}q(\boldsymbol{x})$，它是一种死区非线性，定义量化误差 $\boldsymbol{\Xi}_2(\boldsymbol{x}) = q(\boldsymbol{x}) - \boldsymbol{x}$，则系统式 (9-13) 也可写为

$$\dot{\boldsymbol{x}} = (\boldsymbol{A}+\boldsymbol{B}\boldsymbol{K})\boldsymbol{x} + \boldsymbol{B}\boldsymbol{\Phi}_2(\boldsymbol{K}\boldsymbol{x}) + \boldsymbol{B}\boldsymbol{K}\boldsymbol{\Xi}_2(\boldsymbol{x}) \tag{9-14}$$

我们确定在状态量化情况下量化器的参数 L、a 和 M。令

$$L = \max\{||\boldsymbol{x}|| : \boldsymbol{x}^{\mathrm{T}}\boldsymbol{P}\boldsymbol{x} \leqslant 1\} \tag{9-15}$$

选取 a 和 M 满足式 (9-3)，其中 $\boldsymbol{P}$ 是对称正定矩阵，定义于定理 9.2。

定理 9.2 在上述量化器下，对于任意 $\mathcal{S}$ 中的初始状态，系统式 (9-14) 是渐进稳定的，如果存在正数 $\delta, \tau_1, \tau_2, \tau_3, \tau_4, \eta, r > 1$，对称正定矩阵 $\boldsymbol{W}$，两个矩阵 $\boldsymbol{Y}$、$\boldsymbol{Z}$，一个对角正定矩阵 $\boldsymbol{S}_1$ 和正标量矩阵 $\boldsymbol{S}_2$ 满足

$$\begin{pmatrix} \begin{array}{c}\boldsymbol{W}\boldsymbol{A}^{\mathrm{T}} + \boldsymbol{Y}^{\mathrm{T}}\boldsymbol{B}^{\mathrm{T}} + \boldsymbol{A}\boldsymbol{W} + \boldsymbol{B}\boldsymbol{Y} - \\ (\tau_1 - r\tau_2)W\end{array} & * & * & * & * \\ \boldsymbol{S}_1\boldsymbol{B}^{\mathrm{T}} - \boldsymbol{Y} - \boldsymbol{Z} & -2\boldsymbol{S}_1 & * & * & * \\ \boldsymbol{Y}^{\mathrm{T}}\boldsymbol{B}^{\mathrm{T}} & -\boldsymbol{Y}^{\mathrm{T}} & -\delta\boldsymbol{W} & * & * \\ 0 & 0 & 0 & -(\tau_2 - \tau_1) & * \\ \boldsymbol{W} & 0 & 0 & 0 & -\eta^{-2}\boldsymbol{S}_2 \end{pmatrix} < 0 \tag{9-16}$$

$$\delta\boldsymbol{S}_2 < \boldsymbol{W} \tag{9-17}$$

$$\tau_4^{-1}\boldsymbol{E} > \boldsymbol{W} > \tau_3^{-1}\boldsymbol{E} \tag{9-18}$$

$$\begin{pmatrix} \boldsymbol{W} & \boldsymbol{Z}_{(i)}^{\mathrm{T}} \\ \boldsymbol{Z}_{(i)} & \boldsymbol{u}_{0(i)}^2 \end{pmatrix} > 0, i = 1, 2, 3, \cdots, m \tag{9-19}$$

$$\begin{pmatrix} -\frac{r}{(1+\eta)^2(\tau_3\tau_4^{-\frac{1}{2}})^2}\min\limits_i\{\boldsymbol{u}_{0(i)}^2\} & \boldsymbol{Y}^{\mathrm{T}} \\ \boldsymbol{Y} & -\boldsymbol{E} \end{pmatrix} < 0 \tag{9-20}$$

并且 $\boldsymbol{K} = \boldsymbol{Y}\boldsymbol{W}^{-1}$ 是状态反馈增益，其中 $\mathcal{S} = \{\boldsymbol{x} \in \mathbb{R}^d : \boldsymbol{x}^{\mathrm{T}}\boldsymbol{P}\boldsymbol{x} \leqslant 1\}$，$\boldsymbol{P} = \boldsymbol{W}^{-1}$，$\eta$ 定义于式 (9-3)。

证明：考虑二次型 Lyapunov 函数 $V(\boldsymbol{x}) = \boldsymbol{x}^{\mathrm{T}}\boldsymbol{P}\boldsymbol{x}$，$\boldsymbol{P}$ 为对称正定矩阵。根据系统式 (9-14) 的轨迹，有 $\dot{V}(\boldsymbol{x}) = \boldsymbol{x}^{\mathrm{T}}[(\boldsymbol{A}+\boldsymbol{B}\boldsymbol{K})^{\mathrm{T}}\boldsymbol{P}+\boldsymbol{P}(\boldsymbol{A}+\boldsymbol{B}\boldsymbol{K})]\boldsymbol{x}+2\boldsymbol{x}^{\mathrm{T}}\boldsymbol{P}\boldsymbol{B}\boldsymbol{\Phi}_2(\boldsymbol{K}\boldsymbol{x})+2\boldsymbol{x}^{\mathrm{T}}\boldsymbol{P}\boldsymbol{B}\boldsymbol{K}\boldsymbol{\Xi}_2(\boldsymbol{x})$。我们需要验证存在一个正数 ε_1 使得 $\dot{V}(\boldsymbol{x}) \leqslant -\varepsilon_1 V(\boldsymbol{x})$ 对任意 $\boldsymbol{x} \in \mathcal{S}$，任意非线性 $\boldsymbol{\Phi}_2$ 和 $\boldsymbol{\Xi}_2$ 成立。

定义 $\mathcal{L} = \dot{V}(\boldsymbol{x}) - \tau_1(\boldsymbol{x}^{\mathrm{T}}\boldsymbol{P}\boldsymbol{x} - 1) + \tau_2(\boldsymbol{x}^{\mathrm{T}}r\boldsymbol{P}\boldsymbol{x} - 1) - \boldsymbol{\Xi}_2^{\mathrm{T}}(\boldsymbol{x})\boldsymbol{S}_2^{-1}\boldsymbol{\Xi}_2(\boldsymbol{x}) + \eta^2\boldsymbol{x}^{\mathrm{T}}\boldsymbol{S}_2^{-1}\boldsymbol{x}$，其中正数 τ_1, τ_2, $r > 1$，$\boldsymbol{S}_2$ 是正标量矩阵。类似定理 9.1 的证明，式 (9-19) 蕴含椭球 $\mathcal{S} = \{\boldsymbol{x} \in \mathbb{R}^d : \boldsymbol{x}^{\mathrm{T}}\boldsymbol{P}\boldsymbol{x} \leqslant 1\}$ (做变量代换 $\boldsymbol{P} = \boldsymbol{W}^{-1}, \boldsymbol{G} = \boldsymbol{Z}\boldsymbol{W}^{-1}$) 被包含于多面体 $\boldsymbol{S}(\boldsymbol{u}_0)$ [见式 (9-4)] 中。因此，对任意 $\boldsymbol{x} \in \mathcal{S}$，根据引理 9.2 可得 $\mathcal{L} \leqslant \mathcal{L} - 2\boldsymbol{\Phi}_2^{\mathrm{T}}(\boldsymbol{K}\boldsymbol{x})\boldsymbol{S}_1^{-1}[\boldsymbol{\Phi}_2(\boldsymbol{K}\boldsymbol{x}) + \boldsymbol{K}\boldsymbol{\Xi}_2(\boldsymbol{x}) + (\boldsymbol{K}+\boldsymbol{G})\boldsymbol{x}]$。所以 $\dot{V}(\boldsymbol{x}) - \tau_1(\boldsymbol{x}^{\mathrm{T}}\boldsymbol{P}\boldsymbol{x} - 1) + \tau_2(\boldsymbol{x}^{\mathrm{T}}r\boldsymbol{P}\boldsymbol{x} - 1) \leqslant \boldsymbol{\xi}_1^{\mathrm{T}}\mathcal{L}_1\boldsymbol{\xi}_1$，其中 $\boldsymbol{\xi}_1 = (\boldsymbol{x}^{\mathrm{T}}, \boldsymbol{\Phi}_2^{\mathrm{T}}(\boldsymbol{K}\boldsymbol{x}), \boldsymbol{\Xi}_2^{\mathrm{T}}(\boldsymbol{x}), 1)^{\mathrm{T}}$ 且

$$\mathcal{L}_1 = \begin{pmatrix} \begin{array}{c}(\boldsymbol{A}+\boldsymbol{B}\boldsymbol{K})^{\mathrm{T}}\boldsymbol{P}+\boldsymbol{P}(\boldsymbol{A}+\boldsymbol{B}\boldsymbol{K}) - \\ (\tau_1 - \tau_2 r)\boldsymbol{P} + \eta^2\boldsymbol{S}_2^{-1}\end{array} & * & * & * \\ \boldsymbol{B}^{\mathrm{T}}\boldsymbol{P} - \boldsymbol{S}_1^{-1}(\boldsymbol{K}+\boldsymbol{G}) & -2\boldsymbol{S}_1^{-1} & * & * \\ \boldsymbol{K}^{\mathrm{T}}\boldsymbol{B}^{\mathrm{T}}\boldsymbol{P} & -\boldsymbol{K}^{\mathrm{T}}\boldsymbol{S}_1^{-1} & -\boldsymbol{S}_2^{-1} & * \\ 0 & 0 & 0 & \tau_1 - \tau_2 \end{pmatrix} \tag{9-21}$$

由 Schur 补引理，式 (9-16) 和式 (9-17) 蕴含 $\mathcal{L}_1 < 0$，存在充分小的正数 ε_1、ε_2、ε_3 使得 $\mathcal{L}_1 \leqslant -\mathrm{diag}(\varepsilon_1\boldsymbol{P}, \varepsilon_2\boldsymbol{E}, \varepsilon_3\boldsymbol{E}, \boldsymbol{O})$。所以 $\dot{V}(\boldsymbol{x}) - \tau_1(\boldsymbol{x}^{\mathrm{T}}\boldsymbol{P}\boldsymbol{x} - 1) + \tau_2(\boldsymbol{x}^{\mathrm{T}}r\boldsymbol{P}\boldsymbol{x} - 1) \leqslant -\boldsymbol{\xi}^{\mathrm{T}}\mathrm{diag}(\varepsilon_1\boldsymbol{P}, \varepsilon_2\boldsymbol{E}, \varepsilon_3\boldsymbol{E}, \boldsymbol{O})\boldsymbol{\xi} \leqslant -\varepsilon_1\boldsymbol{x}^{\mathrm{T}}\boldsymbol{P}\boldsymbol{x} = -\varepsilon_1 V(\boldsymbol{x})$。这样对任意 $\boldsymbol{x}$ 满足 $\boldsymbol{x}^{\mathrm{T}}\boldsymbol{P}\boldsymbol{x} \leqslant 1$ 和 $\boldsymbol{x}^{\mathrm{T}}\boldsymbol{P}\boldsymbol{x} \geqslant 1/r$，有 $\dot{V}(\boldsymbol{x}) \leqslant -\varepsilon_1 V(\boldsymbol{x})$ 成立。

由式 (9-18)，有 $||\boldsymbol{P}||||\boldsymbol{P}^{-1}||^{\frac{1}{2}} < \tau_3\tau_4^{-\frac{1}{2}}$，由式 (9-20)，可得 $||\boldsymbol{Y}|| < \frac{\sqrt{r}\min\limits_i\{\boldsymbol{u}_{0(i)}\}}{(1+\eta)\tau_3\tau_4^{-\frac{1}{2}}}$。如果 $\boldsymbol{x} \in \{\boldsymbol{x} \in \mathbb{R}^d : \boldsymbol{x}^{\mathrm{T}}\boldsymbol{P}\boldsymbol{x} \leqslant 1/r\}$，则 $||\boldsymbol{x}|| \leqslant \frac{1}{\sqrt{r\delta_{\min}(\boldsymbol{P})}}$，再由引理 9.4 可

得 $||\boldsymbol{K}q(\boldsymbol{x})|| \leqslant (1+\eta)||\boldsymbol{K}||||\boldsymbol{x}|| \leqslant (1+\eta)||\boldsymbol{YP}||\frac{1}{\sqrt{r\delta_{\min}(\boldsymbol{P})}} \leqslant r^{-\frac{1}{2}}(1+\eta)||\boldsymbol{Y}||||\boldsymbol{P}|||| \boldsymbol{P}^{-1}||^{\frac{1}{2}} < \min\limits_{i}\{\boldsymbol{u}_{0(i)}\}$(注意到 $\delta_{\min}(\boldsymbol{P}) = \frac{1}{||\boldsymbol{P}^{-1}||}$)。所以对于 $\boldsymbol{x} \in \{\boldsymbol{x} \in \mathbb{R}^d : \boldsymbol{x}^{\mathrm{T}}\boldsymbol{P}\boldsymbol{x} \leqslant 1/r\}$，系统是不饱和的，且 $\dot{x} = (\boldsymbol{A} + \boldsymbol{BK})\boldsymbol{x} + \boldsymbol{BK}\boldsymbol{\Xi}_2(\boldsymbol{x})$。进一步，有 $\dot{V}(\boldsymbol{x}) - \boldsymbol{\Xi}_2^{\mathrm{T}}(\boldsymbol{x})\boldsymbol{S}_2^{-1}\boldsymbol{\Xi}_2(\boldsymbol{x}) + \eta^2\boldsymbol{x}^{\mathrm{T}}\boldsymbol{S}_2^{-1}x = \boldsymbol{\xi}_2^{\mathrm{T}}\mathcal{L}_2\boldsymbol{\xi}_2$，其中 $\boldsymbol{\xi}_2 = (\boldsymbol{x}^{\mathrm{T}}, \boldsymbol{\Xi}_2^{\mathrm{T}}(\boldsymbol{x}))^{\mathrm{T}}$，$\dot{V}(\boldsymbol{x}) = \boldsymbol{x}^{\mathrm{T}}[(\boldsymbol{A}+\boldsymbol{BK})^{\mathrm{T}}\boldsymbol{P} + \boldsymbol{P}(\boldsymbol{A}+\boldsymbol{BK})]\boldsymbol{x} + 2\boldsymbol{x}^{\mathrm{T}}\boldsymbol{PBK}\boldsymbol{\Xi}_2(\boldsymbol{x})$，

$$\mathcal{L}_2 = \begin{pmatrix} (\boldsymbol{A}+\boldsymbol{BK})^{\mathrm{T}}\boldsymbol{P} + \boldsymbol{P}(\boldsymbol{A}+\boldsymbol{BK}) + \eta^2\boldsymbol{S}_2^{-1} & * \\ \boldsymbol{K}^{\mathrm{T}}\boldsymbol{B}^{\mathrm{T}}\boldsymbol{P} & -\boldsymbol{S}_2^{-1} \end{pmatrix}$$

$\mathcal{L}_1 < 0$ 蕴含 $\mathcal{L}_2 < 0$，则对于任意 $\boldsymbol{x} \in \{\boldsymbol{x} \in \mathbb{R}^d : \boldsymbol{x}^{\mathrm{T}}\boldsymbol{P}\boldsymbol{x} \leqslant 1/r\}$，$\dot{V}(\boldsymbol{x}) \leqslant -\varepsilon_1 V(\boldsymbol{x})$ 成立。

因此，对于 $\boldsymbol{x} \in \mathcal{S}$，Lyapunov 函数 $V(\boldsymbol{x}) = \boldsymbol{x}^{\mathrm{T}}\boldsymbol{P}\boldsymbol{x}$ 保证系统渐进稳定。

注解 9.3 在定理 9.1 和定理 9.2 中，存在 $\varepsilon_1 > 0$ 使得 $\dot{V}(\boldsymbol{x}) \leqslant -\varepsilon_1 V(\boldsymbol{x})$ 且 $V(\boldsymbol{x}(0)) \leqslant 1$，这样 $V(\boldsymbol{x}(t)) \leqslant \mathrm{e}^{-\varepsilon_1 t}$。所以如果 $\boldsymbol{x}(0) \in \{\boldsymbol{x} : \boldsymbol{x}^{\mathrm{T}}\boldsymbol{P}\boldsymbol{x} \leqslant 1\}$，则 $\boldsymbol{x}(t) \in \{\boldsymbol{x} : \boldsymbol{x}^{\mathrm{T}}\boldsymbol{P}\boldsymbol{x} \leqslant \mathrm{e}^{-\varepsilon_1 t}\}$。

9.3.3 无限码率条件下的优化问题

我们的一个目标是获得尽可能大的稳定区域。由于所考虑的稳定区域是椭球集，所以用椭球半轴的平方和作为测度。优化过程是设计状态反馈增益使稳定区域最大化。对于输入量化情况，根据定理 9.1，我们解下列优化问题：

$$\begin{cases} \min\limits_{\tau_1,\tau_2,\eta,r} \ \mathrm{trace}(\boldsymbol{H}) \\ \text{满足} \begin{pmatrix} \boldsymbol{H} & \boldsymbol{E} \\ \boldsymbol{E} & \boldsymbol{W} \end{pmatrix} \geqslant 0; \\ \text{式 (9-8); 式 (9-9); 式 (9-10)} \end{cases} \tag{9-22}$$

对于状态量化情况，根据定理 9.2，我们解下列优化问题：

$$\begin{cases} \min\limits_{\delta,\tau_1,\tau_2,\tau_3,\tau_4,\eta,r} \ \mathrm{trace}(\boldsymbol{H}) \\ \text{满足} \begin{pmatrix} \boldsymbol{H} & \boldsymbol{E} \\ \boldsymbol{E} & \boldsymbol{W} \end{pmatrix} \geqslant 0; \\ \text{式 (9-16); 式 (9-17); 式 (9-18); 式 (9-19); 式 (9-20)} \end{cases} \tag{9-23}$$

这里 $\boldsymbol{E}$ 是适当维数的单位矩阵。给定标量 τ_1、τ_2、η、r（输入量化情况下）和 δ、τ_1、τ_2、τ_3、τ_4、η、r（状态量化情况下），条件式 (9-8)、式 (9-10)、式 (9-16)、

式 (9-17)、式 (9-18) 和式 (9-20) 是线性决策变量，优化问题式 (9-22) 和式 (9-23) 是凸优化问题。我们可以调节标量 τ_1、τ_2、η、r（输入量化情况下）和 δ、τ_1、τ_2、τ_3、τ_4、η、r（状态量化情况下）获得最优解。为调节这些标量，可以用迭代搜索方法选取可行值。

9.3.4 有限码率量化器

上节我们使用无限码率量化器，为实际目的，这一节我们将给出使用有限码率的量化器。

定义 9.2 有限码率球极坐标量化器是一个四元组 (L_t, N, a, M)，其中实数 $L_t>0$ 表示时刻 t 的支撑球的半径，正整数 $N\geqslant 2$ 表示比例同心球的数目，实数 $a>0$ 表示比例系数，正整数 $M\geqslant 2$ 表示将角弧度 π 平均分割的数目。量化器将支撑球

$$\Lambda_t=\{\boldsymbol{x}\in\mathbb{R}^d: r\leqslant L_t\}$$

按如下方法分割为 $2(N-1)M^{d-1}+1$ 个量化块。

(1) 量化块 $\{\boldsymbol{x}\in\mathbb{R}^d:\frac{L_t}{(1+2a)^{N-1-i}}<r\leqslant\frac{L_t}{(1+2a)^{N-2-i}}, j_n\frac{\pi}{M}<\theta_n\leqslant(j_n+1)\frac{\pi}{M}, n=1,2,3,\cdots,d-2, s\frac{\pi}{M}<\theta_{d-1}\leqslant(s+1)\frac{\pi}{M}\}$，索引为 $(i,j_1,j_2,\cdots,j_{d-2},s)$，$i=0,1,2,\cdots,N-2$;$j_n=0,1,2,\cdots,M-1$,$n=1,2,3,\cdots,d-2$;$s=0,1,2,\cdots,2M-1$，数目为 $(N-1)\cdot M^{d-2}\cdot 2M=2(N-1)M^{d-1}$。

(2) 量化块 $\{\boldsymbol{X}\in\mathbb{R}^d: r\leqslant\frac{L_t}{(1+2a)^{N-1}}\}$。

对每个时刻 t，令 $r_i(t)=\frac{L_t}{(1+2a)^{N-i}}$ $(i=1,2,3,\cdots,N)$，所以 $\frac{r_i}{r_{i-1}}=1+2a$，$r_N=L_t$。令 $S_i(t)=\{\boldsymbol{x}\in\mathbb{R}^d: r\leqslant\frac{L_t}{(1+2a)^{N-i}}\}(i=1,2,3,\cdots,N)$。如果在时刻 t 被量化的向量 $\boldsymbol{x}\in\Lambda_t\backslash S_1(t)$ 属于索引为 $(i,j_1,j_2,\cdots,j_{d-2},s)$ 的量化块，则解码器指定 $q(\boldsymbol{x})$ 的球极坐标为

$$r=\frac{(1+a)}{(1+2a)^{N-1-i}}L_t,\ \theta_n=\left(j_n+\frac{1}{2}\right)\frac{\pi}{M},$$
$$n=1,2,3,\cdots,d-2,\ \theta_{d-1}=\left(s+\frac{1}{2}\right)\frac{\pi}{M} \tag{9-24}$$

如果 $\boldsymbol{x}\in S_1(t)$，则指定 $q(\boldsymbol{x})=\boldsymbol{O}\in\mathbb{R}^d$。所以量化块函数 $q(\boldsymbol{x})$ 定义为

$$q(\boldsymbol{x})=\begin{cases}\text{球极坐标为式 (9-24) 的向量}, & \boldsymbol{x}\in\Lambda_t\backslash S_1(t)\\ \boldsymbol{O}\in\mathbb{R}^d, & \boldsymbol{x}\in S_1(t)\end{cases} \tag{9-25}$$

码率为

$$R=\lceil\log_2(2(N-1)M^{d-1}+1)\rceil \tag{9-26}$$

根据引理 9.1 和式 (9-25)，下面的引理显然成立。

引理 9.5 有限码率量化器产生的量化误差非线性 $\boldsymbol{\Xi}(\boldsymbol{x})=q(\boldsymbol{x})-\boldsymbol{x}$ 满足

$$\begin{cases}\boldsymbol{\Xi}^{\mathrm{T}}(\boldsymbol{x})\boldsymbol{T}_1\boldsymbol{\Xi}(\boldsymbol{x})-\eta^2\boldsymbol{x}^{\mathrm{T}}\boldsymbol{T}_1\boldsymbol{x}\leqslant 0, & \text{如果 } \boldsymbol{x}\in\Lambda_t\backslash S_1(t)\\ \boldsymbol{\Xi}^{\mathrm{T}}(\boldsymbol{x})\boldsymbol{T}_2\boldsymbol{\Xi}(\boldsymbol{x})-\boldsymbol{x}^{\mathrm{T}}\boldsymbol{T}_2\boldsymbol{x}=0, & \text{如果 } \boldsymbol{x}\in S_1(t)\end{cases}$$

这里 $\boldsymbol{T}_1$、$\boldsymbol{T}_2$ 是任意适当维数的正标量矩阵。

现在我们确定在状态量化情况下量化器的参数 L_t、N、a 和 M。令

$$L_t=L_{\max}^{\text{State}}\mathrm{e}^{-\frac{\varepsilon_1}{2}t},t\geqslant 0 \tag{9-27}$$

参数 N 满足 $L_{\min}^{\text{State}}(1+2a)^{N-1}=L_{\max}^{\text{State}}$，其中 $L_{\max}^{\text{State}}=\max\{\|\boldsymbol{x}\|:1/r\leqslant\boldsymbol{x}^{\mathrm{T}}\boldsymbol{P}\boldsymbol{x}\leqslant 1\}=\sqrt{\frac{1}{\delta_{\min}(\boldsymbol{P})}}$，$L_{\min}^{\text{State}}=\min\{\|\boldsymbol{x}\|:1/r\leqslant\boldsymbol{x}^{\mathrm{T}}\boldsymbol{P}\boldsymbol{x}\leqslant 1\}=\sqrt{\frac{1}{r\|\boldsymbol{P}\|}}$，$r>1$，$\varepsilon_1$ 的定义见注解 9.3；a 和 M 满足式 (9-3)。

下面给出状态量化情况下的结果。

定理 9.3 给定定理 9.2 的条件式 (9-16)、式 (9-17) 和式 (9-19)，上面的有限码率量化器 (L_t,N,a,M) 和状态反馈增益 $\boldsymbol{K}=\boldsymbol{Y}\boldsymbol{W}^{-1}$ 保证对于 $\mathcal{S}$ 中的任意初始状态，系统式 (9-14) 是渐进稳定的，这里 $\mathcal{S}=\{\boldsymbol{x}\in\mathbb{R}^d:\boldsymbol{x}^{\mathrm{T}}\boldsymbol{P}\boldsymbol{x}\leqslant 1\}$，$\boldsymbol{P}=\boldsymbol{W}^{-1}$。

注解 9.4 根据式 (9-25)，如果被量化的向量属于 $S_1(t)$ 时，系统是开环的，所以对于 $S_1(t)$ 不存在 Lyapunov 函数。因此，与无限码率情况不同，我们将根据渐进稳定性的定义来证明有限码率情况下系统的渐进稳定性。

证明： 证明分三部分。

(1) 原点 $\boldsymbol{O}\in\mathbb{R}^d$ 平衡点。

由于 $x(0)=\boldsymbol{O}\in S_1(0)$，根据式 (9-25) 有 $\boldsymbol{x}(t)=\mathrm{e}^{\boldsymbol{A}t}\boldsymbol{x}(0)=\boldsymbol{O}$，$t\geqslant 0$。

(2) 对任何初始值 $\boldsymbol{x}(0)\in\mathcal{S}=\{\boldsymbol{x}\in\mathbb{R}^d:\boldsymbol{x}^{\mathrm{T}}\boldsymbol{P}\boldsymbol{x}\leqslant 1\}$，状态 $\boldsymbol{x}(t)$ 收敛到原点。

根据定理 9.2，可得对任意 $\boldsymbol{x}(0)\in\{\boldsymbol{x}:1/r\leqslant\boldsymbol{x}^{\mathrm{T}}\boldsymbol{P}\boldsymbol{x}\leqslant 1\}$，即 $\|\boldsymbol{x}(0)\|\in[L_{\min}^{\text{State}},L_{\max}^{\text{State}}]$，有 $\dot V(\boldsymbol{x})\leqslant-\varepsilon_1 V(\boldsymbol{x})$。由此如果 $\boldsymbol{x}(0)\in\{\boldsymbol{x}:1/r\leqslant\boldsymbol{x}^{\mathrm{T}}\boldsymbol{P}\boldsymbol{x}\leqslant 1\}$，则 $\boldsymbol{x}(t)\in\{\boldsymbol{x}:\boldsymbol{x}^{\mathrm{T}}\boldsymbol{P}\boldsymbol{x}\leqslant\mathrm{e}^{-\varepsilon_1 t}\}$ 成立。类似于定理 9.2 的证明，有 $\dot V(\boldsymbol{x})-\tau_1(\boldsymbol{x}^{\mathrm{T}}\boldsymbol{P}\boldsymbol{x}-\mathrm{e}^{-\varepsilon_1 t})+\tau_2(\boldsymbol{x}^{\mathrm{T}}r\boldsymbol{P}\boldsymbol{x}-\mathrm{e}^{-\varepsilon_1 t})\leqslant-\varepsilon_1 V(x)$，这是因为如果在式 (9-16) 中 $-(\tau_2-\tau_1)$ 被 $-(\tau_2-\tau_1)\mathrm{e}^{-\varepsilon_1 t}$ 替代，式 (9-16) 仍成立，所以量化器 (L_t,N,a,M) 保证 $\dot V(\boldsymbol{x})\leqslant-\varepsilon_1 V(\boldsymbol{x})$ 对任意的 $\boldsymbol{x}(t)\in\{\boldsymbol{x}:\frac{1}{r}\mathrm{e}^{-\varepsilon_1 t}\leqslant\boldsymbol{x}^{\mathrm{T}}\boldsymbol{P}\boldsymbol{x}\leqslant\mathrm{e}^{-\varepsilon_1 t}\}$，$t\geqslant 0$，成立，并且 $\delta_{\min}(\boldsymbol{P})\|\boldsymbol{x}(t)\|^2\leqslant V(\boldsymbol{x}(t))\leqslant\mathrm{e}^{-\varepsilon_1 t}$，即如果 $\boldsymbol{x}(t)\in\{\boldsymbol{x}:\frac{1}{r}\mathrm{e}^{-\varepsilon_1 t}\leqslant\boldsymbol{x}^{\mathrm{T}}\boldsymbol{P}\boldsymbol{x}\leqslant\mathrm{e}^{-\varepsilon_1 t}\}$，$t\geqslant 0$，有 $\|\boldsymbol{x}(t)\|\leqslant\sqrt{\frac{1}{\delta_{\min}(\boldsymbol{P})}}\mathrm{e}^{-\frac{\varepsilon_1}{2}t}$。因此如果 $\boldsymbol{x}(t)\in\{\boldsymbol{x}:\frac{1}{r}\mathrm{e}^{-\varepsilon_1 t}\leqslant\boldsymbol{x}^{\mathrm{T}}\boldsymbol{P}\boldsymbol{x}\leqslant\mathrm{e}^{-\varepsilon_1 t}\}$，$t\geqslant 0$，则 $\|\boldsymbol{x}(t)\|\leqslant L_t$，其中 L_t 定义于式 (9-27)。

我们用数学归纳法证明对于任意 $\boldsymbol{x}(0) \in \mathcal{S}$，量化器 (L_t, N, a, M) 保证 $\boldsymbol{x}(t) \in \mathcal{S}_t =: \{\boldsymbol{x} \in \mathbb{R}^d : \boldsymbol{x}^{\mathrm{T}}\boldsymbol{P}\boldsymbol{x} \leqslant \mathrm{e}^{-\varepsilon_1 t}\}$，$t \geqslant 0$，成立。因此对于任意 $\boldsymbol{x}(0) \in \mathcal{S}$，有

$$||\boldsymbol{x}(t)|| \leqslant L_t, t \geqslant 0 \tag{9-28}$$

假设在某个时刻 $t_1 > 0$ 状态 $\boldsymbol{x}(t_1) \in \mathcal{S}_{t_1}$。不失一般性，① 如果状态 $\boldsymbol{x}(t_1) \in S^1_{t_1} =: \{\boldsymbol{x} \in \mathbb{R}^d : \mathrm{e}^{-\varepsilon_1 t_1} \geqslant \boldsymbol{x}^{\mathrm{T}}\boldsymbol{P}\boldsymbol{x} \geqslant \frac{1}{r}\mathrm{e}^{-\varepsilon_1 t_1}\}$，则 $\boldsymbol{x}(t) \in \mathcal{S}^1_t, t \in [t_1, t_1 + \Delta t_1)$。这是由于有限码率量化器 (L_{t_1}, N, a, M) 保证 $\dot{V}(\boldsymbol{x}) \leqslant -\varepsilon_1 V(\boldsymbol{x})$ 对任意 $\boldsymbol{x}(t_1) \in \{\boldsymbol{x} : \mathrm{e}^{-\varepsilon_1 t_1} \geqslant \boldsymbol{x}^{\mathrm{T}}\boldsymbol{P}\boldsymbol{x} \geqslant \frac{1}{r}\mathrm{e}^{-\varepsilon_1 t_1}\}$ 成立，其中 $\Delta t_1 > 0$；② 如果 $\Delta t_1 = \infty$，则证明完成，否则在 $t_2 = t_1 + \Delta t_1$，状态 $\boldsymbol{x}(t_2)$ 将进入 $\mathcal{S}_{t_2} \backslash S^1_{t_2}$；③ 进一步，如果它一直位于 $\mathcal{S}_t \backslash S^1_t$，$t > t_2$，则 $\boldsymbol{x}(t) \in \mathcal{S}_t$，$t > t_2$，证明完成，否则在某个时刻 $t_3 > t_2$ 状态 $\boldsymbol{x}(t_3)$ 离开 $\mathcal{S}_{t_3} \backslash S^1_{t_3}$，则由于状态对于时间是连续的，它应进入 $S^1_{t_3}$，这样就回到了第一种情况。

因此，当 $t \to \infty$，$x(t) \in \mathcal{S}_t$ 将趋于原点，这是因为当 $t \to \infty$ 时，$\mathcal{S}_t$ 收缩到原点。

(3) 平衡点 $\boldsymbol{O} \in \mathbb{R}^d$ 是稳定的。

任给一个实数 $\varepsilon > 0$，由式 (9-27) 我们可取正数 $\boldsymbol{T}(\varepsilon)$ 使得

$$L_{\boldsymbol{T}(\varepsilon)} < \varepsilon \tag{9-29}$$

令

$$\delta(\varepsilon) = \frac{1}{||\mathrm{e}^{\boldsymbol{A}t(\varepsilon)}||} \cdot \frac{L_{\boldsymbol{T}(\varepsilon)}}{(1+2a)^{N-1}} \tag{9-30}$$

并令

$$||\boldsymbol{x}(0)|| < \delta(\varepsilon) \tag{9-31}$$

我们证明

$$||\boldsymbol{x}(t)|| < \varepsilon,\ t \geqslant 0 \tag{9-32}$$

首先，显然式 (9-32) 对 $t = 0$ 成立。由式 (9-25)，可得

$$q(\boldsymbol{x}(t)) = 0 \in \mathbb{R}^d, 0 \leqslant t \leqslant \boldsymbol{T}(\varepsilon)$$

所以

$$\boldsymbol{x}(t) = \mathrm{e}^{\boldsymbol{A}t}\boldsymbol{x}(0), 0 \leqslant t \leqslant \boldsymbol{T}(\varepsilon)$$

进一步，由式 (9-29)~ 式 (9-31) 可得

$$||\boldsymbol{x}(t)|| \leqslant ||\mathrm{e}^{\boldsymbol{A}t(\varepsilon)}|| ||\boldsymbol{x}(0)||$$

$$\leqslant \frac{L_{\boldsymbol{T}(\varepsilon)}}{(1+2a)^{N-1}}, 0 \leqslant t \leqslant \boldsymbol{T}(\varepsilon)$$

这蕴含着

$$||\boldsymbol{x}(t)|| < \varepsilon, 0 \leqslant t \leqslant \boldsymbol{T}(\varepsilon) \tag{9-33}$$

最后，式 (9-27)~ 式 (9-29) 和式 (9-33) 蕴含

$$||\boldsymbol{x}(t)|| < \varepsilon, t > \boldsymbol{T}(\varepsilon)$$

证明完成。

现在确定输入量化情况下量化器的参数 L_t、N、a 和 M，令

$$L_t = L_{\max}^{\text{Input}} \mathrm{e}^{-\frac{\varepsilon_1}{2}t}, t \geqslant 0 \tag{9-34}$$

参数 N 满足 $L_{\min}^{\text{Input}}(1+2a)^{N-1} = L_{\max}^{\text{Input}}$，其中 $L_{\max}^{\text{Input}} = \max\{||\boldsymbol{Kx}|| : 1/r \leqslant \boldsymbol{x}^{\mathrm{T}}\boldsymbol{Px} \leqslant 1\}$，$r>1$，$L_{\min}^{\text{Input}}$ 定义于下面的定理，a 和 M 满足式 (9-3)。

下面给出输入量化情况下的结果。

定理 9.4 在上面的有限码率量化器 (L_t, N, a, M) 下，对任意 $\mathcal{S}$ 中的初始状态，系统式 (9-6) 是渐进稳定的，如果存在正数 $L_{\min}^{\text{Input}}$，τ_1，τ_2，τ_3，η，$r>1$，对称正定矩阵 $\boldsymbol{W}$，矩阵 $\boldsymbol{Y}$、$\boldsymbol{Z}$，对角正定矩阵 $\boldsymbol{S}_1$ 和正标量矩阵 $\boldsymbol{S}_2$ 满足式 (9-8)，式 (9-9)(在定理 9.1 中) 和

$$\begin{pmatrix} \begin{matrix}\boldsymbol{WA}^{\mathrm{T}}+\boldsymbol{Y}^{\mathrm{T}}\boldsymbol{B}^{\mathrm{T}}+\boldsymbol{AW}+\\ \boldsymbol{BY}-(\tau_1-r\tau_2)W\end{matrix} & * & * & * & * \\ \boldsymbol{S}_1\boldsymbol{B}^{\mathrm{T}}-\boldsymbol{Y}-\boldsymbol{Z} & -2\boldsymbol{S}_1 & * & * & * \\ \boldsymbol{S}_2\boldsymbol{B}^{\mathrm{T}} & -\boldsymbol{S}_2 & -\boldsymbol{S}_2 & * & * \\ 0 & 0 & 0 & \begin{matrix}-(\tau_2-\tau_1)+\\ (L_{\min}^{\text{Input}})^2\tau_3^{-1}\end{matrix} & * \\ \boldsymbol{Y} & 0 & 0 & 0 & -(\boldsymbol{S}_2^{-1}-\tau_3^{-1}\boldsymbol{E})^{-1} \end{pmatrix} < 0 \tag{9-35}$$

并且 $\boldsymbol{K} = \boldsymbol{YW}^{-1}$ 是状态反馈增益矩阵。其中 $\mathcal{S} = \{\boldsymbol{x} \in \mathbb{R}^d : \boldsymbol{x}^{\mathrm{T}}\boldsymbol{Px} \leqslant 1\}$，$\boldsymbol{P} = \boldsymbol{W}^{-1}$。

证明： 证明分三部分。

(1) 原点 $\boldsymbol{O} \in \mathbb{R}^d$ 是平衡点。

由于 $\boldsymbol{Kx}(0) = \boldsymbol{O} \in S_1(0)$，根据式 (9-25) 有 $x(t) = \mathrm{e}^{\boldsymbol{A}t}\boldsymbol{x}(0) = \boldsymbol{O}$，$t \geqslant 0$。

(2) 对任意初始值 $\boldsymbol{x}(0) \in \mathcal{S} = \{\boldsymbol{x} \in \mathbb{R}^d : \boldsymbol{x}^{\mathrm{T}}\boldsymbol{P}\boldsymbol{x} \leqslant 1\}$，状态 $\boldsymbol{x}(t)$ 收敛到原点。

由量化函数 (9-25) 和引理 9.5，对于 $\boldsymbol{x}(0) \in \{\boldsymbol{x} : \boldsymbol{x}^{\mathrm{T}}\boldsymbol{P}\boldsymbol{x} \leqslant 1,\ \boldsymbol{x}^{\mathrm{T}}\boldsymbol{P}\boldsymbol{x} \geqslant 1/r, \|\boldsymbol{K}\boldsymbol{x}\| \leqslant L_{\min}^{\text{Input}}\}$ 有 $\boldsymbol{\Xi}_1^{\mathrm{T}}(\boldsymbol{K}\boldsymbol{x})\boldsymbol{S}_2^{-1}\boldsymbol{\Xi}_1(\boldsymbol{K}\boldsymbol{x}) = (\boldsymbol{K}\boldsymbol{x})^{\mathrm{T}}\boldsymbol{S}_2^{-1}(\boldsymbol{K}\boldsymbol{x})$。定义 $\mathcal{L} = \dot{V}(\boldsymbol{x}) - \tau_1(\boldsymbol{x}^{\mathrm{T}}\boldsymbol{P}\boldsymbol{x} - 1) + \tau_2(\boldsymbol{x}^{\mathrm{T}}r\boldsymbol{P}\boldsymbol{x} - 1) - ((\boldsymbol{K}\boldsymbol{x})^{\mathrm{T}}\tau_3^{-1}\boldsymbol{E}\boldsymbol{K}\boldsymbol{x} - (L_{\min}^{\text{Input}})^2\tau_3^{-1}) - \boldsymbol{\Xi}_1^{\mathrm{T}}(\boldsymbol{K}\boldsymbol{x})\boldsymbol{S}_2^{-1}\boldsymbol{\Xi}_1(\boldsymbol{K}\boldsymbol{x}) + (\boldsymbol{K}\boldsymbol{x})^{\mathrm{T}}\boldsymbol{S}_2^{-1}(\boldsymbol{K}\boldsymbol{x})$，其中 $L_{\min}^{\text{Input}}, \tau_1, \tau_2, \tau_3, r > 1$，$\dot{V}(x)$ 定义于式 (9-11)，$\boldsymbol{S}_2$ 是正标量矩阵。类似定理 9.1 的证明，做变量代换 $\boldsymbol{P} = \boldsymbol{W}^{-1}$，$\boldsymbol{G} = \boldsymbol{Z}\boldsymbol{W}^{-1}, \boldsymbol{K} = \boldsymbol{Y}\boldsymbol{W}^{-1}$，则对任意 $\boldsymbol{x} \in \mathcal{S}$，有 $\mathcal{L} \leqslant \mathcal{L} - 2\boldsymbol{\Phi}_1^{\mathrm{T}}(\boldsymbol{K}\boldsymbol{x})\boldsymbol{S}_1^{-1}[\boldsymbol{\Phi}_1(\boldsymbol{K}\boldsymbol{x}) + \boldsymbol{\Xi}_1(\boldsymbol{K}\boldsymbol{x}) + (\boldsymbol{K}+\boldsymbol{G})\boldsymbol{x}]$。所以 $\dot{V}(\boldsymbol{x}) - \tau_1(\boldsymbol{x}^{\mathrm{T}}\boldsymbol{P}\boldsymbol{x} - 1) + \tau_2(\boldsymbol{x}^{\mathrm{T}}r\boldsymbol{P}\boldsymbol{x} - 1) - ((\boldsymbol{K}\boldsymbol{x})^{\mathrm{T}}\tau_3^{-1}\boldsymbol{E}(\boldsymbol{K}\boldsymbol{x}) - (L_{\min}^{\text{Input}})^2\tau_3^{-1}) \leqslant \boldsymbol{\xi}_1^{\mathrm{T}}\mathcal{L}_{11}\boldsymbol{\xi}_1$，其中 $\boldsymbol{\xi}_1 = (\boldsymbol{x}^{\mathrm{T}}, \boldsymbol{\Phi}_1^{\mathrm{T}}(\boldsymbol{K}\boldsymbol{x}), \boldsymbol{\Xi}_1^{\mathrm{T}}(\boldsymbol{K}\boldsymbol{x}), 1)^{\mathrm{T}}$，

$$\mathcal{L}_{11} = \begin{pmatrix} \begin{matrix}(\boldsymbol{A}+\boldsymbol{B}\boldsymbol{K})^{\mathrm{T}}\boldsymbol{P}+\\ \boldsymbol{P}(\boldsymbol{A}+\boldsymbol{B}\boldsymbol{K})-\\ (\tau_1-\tau_2 r)\boldsymbol{P}+\\ \boldsymbol{K}^{\mathrm{T}}(\boldsymbol{S}_2^{-1}-\tau_3^{-1}\boldsymbol{E})\boldsymbol{K}\end{matrix} & * & * & * \\ \boldsymbol{B}^{\mathrm{T}}\boldsymbol{P}-\boldsymbol{S}_1^{-1}(\boldsymbol{K}+\boldsymbol{G}) & -2\boldsymbol{S}_1^{-1} & * & * \\ \boldsymbol{B}^{\mathrm{T}}\boldsymbol{P} & -\boldsymbol{S}_1^{-1} & -\boldsymbol{S}_2^{-1} & * \\ 0 & 0 & 0 & \tau_1-\tau_2+(L_{\min}^{\text{Input}})^2\tau_3^{-1} \end{pmatrix}$$

由 Schur 补引理，式 (9-35) 蕴含 $\mathcal{L}_{11} < 0$，所以存在充分小的正数 ε_1、ε_2、ε_3 使得 $\mathcal{L}_{11} \leqslant -\mathrm{diag}(\varepsilon_1\boldsymbol{P}, \varepsilon_2\boldsymbol{E}, \varepsilon_3\boldsymbol{E}, \boldsymbol{O})$。这样 $\dot{V}(\boldsymbol{x}) - \tau_1(\boldsymbol{x}^{\mathrm{T}}\boldsymbol{P}\boldsymbol{x} - 1) + \tau_2(\boldsymbol{x}^{\mathrm{T}}r\boldsymbol{P}\boldsymbol{x} - 1) - ((\boldsymbol{K}\boldsymbol{x})^{\mathrm{T}}\tau_3^{-1}\boldsymbol{E}(\boldsymbol{K}\boldsymbol{x}) - (L_{\min}^{\text{Input}})^2\tau_3^{-1}) \leqslant -\boldsymbol{\xi}^{\mathrm{T}}\mathrm{diag}(\varepsilon_1\boldsymbol{P}, \varepsilon_2\boldsymbol{E}, \varepsilon_3\boldsymbol{E}, \boldsymbol{O})\boldsymbol{\xi} \leqslant -\varepsilon_1\boldsymbol{x}^{\mathrm{T}}\boldsymbol{P}\boldsymbol{x} = -\varepsilon_1 V(\boldsymbol{x})$。因此对任意 $\boldsymbol{x}(0) \in \{\boldsymbol{x} : \boldsymbol{x}^{\mathrm{T}}\boldsymbol{P}\boldsymbol{x} \leqslant 1, x^{\mathrm{T}}\boldsymbol{P}\boldsymbol{x} \geqslant 1/r, \|\boldsymbol{K}\boldsymbol{x}\| \leqslant L_{\min}^{\text{Input}}\}$ 有 $\dot{V}(\boldsymbol{x}) \leqslant -\varepsilon_1 V(\boldsymbol{x})$；进一步，根据式 (9-8)、式 (9-9) 和定理 9.1，对任意 $\boldsymbol{x}(0) \in \{\boldsymbol{x} : \boldsymbol{x}^{\mathrm{T}}\boldsymbol{P}\boldsymbol{x} \leqslant 1,\ \boldsymbol{x}^{\mathrm{T}}\boldsymbol{P}\boldsymbol{x} \geqslant 1/r\}$，有 $\dot{V}(\boldsymbol{x}) \leqslant -\varepsilon_1 V(\boldsymbol{x})$。所以有限码率量化器 (L_0, N, a, M) 保证 $\dot{V}(\boldsymbol{x}) \leqslant -\varepsilon_1 V(\boldsymbol{x})$，即对任意 $\boldsymbol{x}(0) \in \{\boldsymbol{x} : 1/r \leqslant \boldsymbol{x}^{\mathrm{T}}\boldsymbol{P}\boldsymbol{x} \leqslant 1\}$，有 $V(\boldsymbol{x}) = \boldsymbol{x}^{\mathrm{T}}\boldsymbol{P}\boldsymbol{x} \leqslant \mathrm{e}^{-\varepsilon_1 t}$，并且如果 $\boldsymbol{x}(0) \in \{\boldsymbol{x} : 1/r \leqslant \boldsymbol{x}^{\mathrm{T}}\boldsymbol{P}\boldsymbol{x} \leqslant 1\}$，则 $\boldsymbol{x}(t) \in \{\boldsymbol{x} : \boldsymbol{x}^{\mathrm{T}}\boldsymbol{P}\boldsymbol{x} \leqslant \mathrm{e}^{-\varepsilon_1 t}\}$。类似上面的证明，有 $\dot{V}(\boldsymbol{x}) - \tau_1(\boldsymbol{x}^{\mathrm{T}}\boldsymbol{P}\boldsymbol{x} - \mathrm{e}^{-\varepsilon_1 t}) + \tau_2(\boldsymbol{x}^{\mathrm{T}}r\boldsymbol{P}\boldsymbol{x} - \mathrm{e}^{-\varepsilon_1 t}) - ((\boldsymbol{K}\boldsymbol{x})^{\mathrm{T}}\tau_3^{-1}\boldsymbol{E}(\boldsymbol{K}\boldsymbol{x}) - (L_{\min}^{\text{Input}}\mathrm{e}^{-\frac{\varepsilon_1}{2}t})^2\tau_3^{-1}) \leqslant -\varepsilon_1 V(\boldsymbol{x})$，这是由于如果式 (9-35) 中的 $-(\tau_2 - \tau_1) + (L_{\min}^{\text{Input}})^2\tau_3^{-1}$ 被 $-(\tau_2 - \tau_1)\mathrm{e}^{-\varepsilon_1 t} + (L_{\min}^{\text{Input}}\mathrm{e}^{-\frac{\varepsilon_1}{2}t})^2\tau_3^{-1}$ 替换，式 (9-35) 仍成立。所以对任意 $\boldsymbol{x}(t) \in \{\boldsymbol{x} : \boldsymbol{x}^{\mathrm{T}}Px \leqslant \mathrm{e}^{-\varepsilon_1 t}, \boldsymbol{x}^{\mathrm{T}}\boldsymbol{P}\boldsymbol{x} \geqslant \frac{1}{r}\mathrm{e}^{-\varepsilon_1 t}, \|\boldsymbol{K}\boldsymbol{x}\| \leqslant L_{\min}^{\text{Input}}\mathrm{e}^{-\frac{\varepsilon_1}{2}t}\}$，有 $\dot{V}(\boldsymbol{x}) \leqslant -\varepsilon_1 V(\boldsymbol{x})$。

类似定理 9.1 的证明，有 $\dot{V}(\boldsymbol{x}) - \tau_1(\boldsymbol{x}^{\mathrm{T}}\boldsymbol{P}\boldsymbol{x} - \mathrm{e}^{-\varepsilon_1 t}) + \tau_2(\boldsymbol{x}^{\mathrm{T}}r\boldsymbol{P}\boldsymbol{x} - \mathrm{e}^{-\varepsilon_1 t}) \leqslant -\varepsilon_1 V(\boldsymbol{x})$，这是由于如果式 (9-8) 中的 $-(\tau_2 - \tau_1)$ 被 $-(\tau_2 - \tau_1)\mathrm{e}^{-\varepsilon_1 t}$ 替换，式 (9-8) 仍成立，所以对任意 $\boldsymbol{x}(t) \in \{\boldsymbol{x} : \frac{1}{r}\mathrm{e}^{-\varepsilon_1 t} \leqslant \boldsymbol{x}^{\mathrm{T}}\boldsymbol{P}\boldsymbol{x} \leqslant \mathrm{e}^{-\varepsilon_1 t}\}$，$t \geqslant 0$，有 $\dot{V}(\boldsymbol{x}) <$

$-\varepsilon_1 V(\boldsymbol{x})$。因此，有限码率量化器 (L_t, N, a, M) 保证对任意 $\boldsymbol{x}(t) \in \{\boldsymbol{x} : \boldsymbol{x}^{\mathrm{T}}\boldsymbol{P}\boldsymbol{x} \leqslant \mathrm{e}^{-\varepsilon_1 t}, \boldsymbol{x}^{\mathrm{T}}\boldsymbol{P}\boldsymbol{x} \geqslant \frac{1}{r}\mathrm{e}^{-\varepsilon_1 t}\}$，$t \geqslant 0$，有 $\dot{V}(\boldsymbol{x}) \leqslant -\varepsilon_1 V(\boldsymbol{x})$。因此对任意 $\boldsymbol{x}(t) \in \{\boldsymbol{x} : \frac{1}{r}\mathrm{e}^{-\varepsilon_1 t} \leqslant \boldsymbol{x}^{\mathrm{T}}\boldsymbol{P}\boldsymbol{x} \leqslant \mathrm{e}^{-\varepsilon_1 t}\}, t \geqslant 0$,有 $||\boldsymbol{K}\boldsymbol{x}(t)|| = ||\boldsymbol{K}\boldsymbol{P}^{-\frac{1}{2}}\boldsymbol{P}^{\frac{1}{2}}\boldsymbol{x}(t)|| \leqslant c||\boldsymbol{P}^{\frac{1}{2}}\boldsymbol{x}(t)|| = cV(\boldsymbol{x}(t))^{\frac{1}{2}} \leqslant c\mathrm{e}^{-\frac{\varepsilon_1}{2}t}, t \geqslant 0$。令 $c = L_{\max}^{\mathrm{Input}}$,如果 $\boldsymbol{x}(t) \in \{\boldsymbol{x} : \boldsymbol{x}^{\mathrm{T}}\boldsymbol{P}\boldsymbol{x} \leqslant \mathrm{e}^{-\varepsilon_1 t}, \boldsymbol{x}^{\mathrm{T}}\boldsymbol{P}\boldsymbol{x} \geqslant \frac{1}{r}\mathrm{e}^{-\varepsilon_1 t}\}$，$t \geqslant 0$，则 $||\boldsymbol{K}\boldsymbol{x}(t)|| \leqslant L_t$，这里 L_t 定义于式 (9-34)。

可以由数学归纳法证明，在量化器 (L_t, N, a, M) 下，对于任意 $x(0) \in \mathcal{S}$，有 $\boldsymbol{x}(t) \in \mathcal{S}_t =: \{\boldsymbol{x} \in \mathbb{R}^d : \boldsymbol{x}^{\mathrm{T}}\boldsymbol{P}\boldsymbol{x} \leqslant \mathrm{e}^{-\varepsilon_1 t}\}$，$t \geqslant 0$。所以对任意 $\boldsymbol{x}(0) \in \mathcal{S}$，有 $||\boldsymbol{K}\boldsymbol{x}(t)|| \leqslant L_t$。证明类似定理 9.3 的相应部分，此处省略。

因此，当 $t \to \infty$，$\boldsymbol{x}(t)$ 将趋于原点，这是由于当 $t \to \infty$，$\mathcal{S}_t$ 将收缩到原点。

(3) 平衡点 $0 \in \mathbb{R}^d$ 是稳定的。

任给一正数 $\varepsilon > 0$，由式 (9-34) 和式 (9-27)，可取一正数 $\boldsymbol{T}(\varepsilon)$ 使得

$$L_{\max}^{\mathrm{Input}}\mathrm{e}^{-\frac{\varepsilon_1}{2}\boldsymbol{T}(\varepsilon)} < \varepsilon, L_{\max}^{\mathrm{State}}\mathrm{e}^{-\frac{\varepsilon_1}{2}\boldsymbol{T}(\varepsilon)} < \varepsilon \tag{9-36}$$

令

$$\delta(\varepsilon) = \frac{1}{||\mathrm{e}^{\boldsymbol{A}\boldsymbol{T}(\varepsilon)}||} \cdot \frac{L_{\max}^{\mathrm{Input}}\mathrm{e}^{-\frac{\varepsilon_1}{2}\boldsymbol{T}(\varepsilon)}}{(1+2a)^{N-1}\max\{||\boldsymbol{K}||, 1\}} \tag{9-37}$$

并令

$$||\boldsymbol{x}(0)|| < \delta(\varepsilon) \tag{9-38}$$

我们证明

$$||\boldsymbol{x}(t)|| < \varepsilon,\ t \geqslant 0 \tag{9-39}$$

首先，式 (9-39) 显然在 $t = 0$ 时成立，我们证明

$$q(\boldsymbol{K}\boldsymbol{x}(t)) = 0 \in \mathbb{R}^m, 0 \leqslant t \leqslant \boldsymbol{T}(\varepsilon) \tag{9-40}$$

如果它不成立，则存在 $t_1 \in [0, \boldsymbol{T}(\varepsilon)]$ 使得 $q(\boldsymbol{K}\boldsymbol{x}(t_1)) \neq 0$ 且 $q(\boldsymbol{K}\boldsymbol{x}(t)) = 0$，$t \in [0, t_1)$，所以由式 (9-25) 有

$$||\boldsymbol{K}\boldsymbol{x}(t_1)|| > \frac{L_{\max}^{\mathrm{Input}}\mathrm{e}^{-\frac{\varepsilon_1}{2}t_1}}{(1+2a)^{N-1}} \geqslant \frac{L_{\max}^{\mathrm{Input}}\mathrm{e}^{-\frac{\varepsilon_1}{2}\boldsymbol{T}(\varepsilon)}}{(1+2a)^{N-1}} \tag{9-41}$$

但由式 (9-37) 和式 (9-38) 有

$$\begin{aligned}||\boldsymbol{K}\boldsymbol{x}(t_1)|| &\leqslant ||\boldsymbol{K}||||\mathrm{e}^{\boldsymbol{A}t_1}||||\boldsymbol{x}(0)|| \\ &< \frac{L_{\max}^{\mathrm{Input}}\mathrm{e}^{-\frac{\varepsilon_1}{2}\boldsymbol{T}(\varepsilon)}}{(1+2a)^{N-1}}\end{aligned}$$

这与式 (9-41) 矛盾，所以式 (9-40) 成立，且

$$\boldsymbol{x}(t) = \mathrm{e}^{\boldsymbol{A}t}\boldsymbol{x}(0), 0 \leqslant t \leqslant \boldsymbol{T}(\varepsilon)$$

进一步，由式 (9-36)~ 式 (9-38) 可得

$$\begin{aligned}||\boldsymbol{x}(t)|| &\leqslant ||\mathrm{e}^{\boldsymbol{A}t(\varepsilon)}||||\boldsymbol{x}(0)|| \\ &\leqslant \frac{L_{\max}^{\mathrm{Input}}\mathrm{e}^{-\frac{\varepsilon_1}{2}\boldsymbol{T}(\varepsilon)}}{(1+2a)^{N-1}\max\{||K||,1\}} < \varepsilon, 0 \leqslant t \leqslant \boldsymbol{T}(\varepsilon)\end{aligned}$$

最后，由于对任意 $\boldsymbol{x}(0) \in \mathcal{S}$，$\boldsymbol{x}(t) \in \mathcal{S}_t =: \{\boldsymbol{x} \in \mathbb{R}^d : \boldsymbol{x}^{\mathrm{T}}\boldsymbol{P}\boldsymbol{x} \leqslant \mathrm{e}^{-\varepsilon_1 t}\}$，$t \geqslant 0$，所以对任意 $\boldsymbol{x}(0) \in \mathcal{S}$，有 $||\boldsymbol{x}(t)|| \leqslant L_{\max}^{\mathrm{State}}\mathrm{e}^{-\frac{\varepsilon_1}{2}t}$。由式 (9-36)，可得 $||\boldsymbol{x}(t)|| \leqslant L_{\max}^{\mathrm{State}}\mathrm{e}^{-\frac{\varepsilon_1}{2}\boldsymbol{T}(\varepsilon)} < \varepsilon$，$t \geqslant \boldsymbol{T}(\varepsilon)$。所以

$$||\boldsymbol{x}(t)|| < \varepsilon, t \geqslant 0$$

即完成证明。

9.3.5　有限码率条件下的优化问题

这一节的优化过程是在有限码率条件下设计状态反馈增益矩阵使稳定区域最大化。对于状态量化情况，根据定理 9.3，我们解下列优化问题：

$$\begin{cases} \min\limits_{\delta,\tau_1,\tau_2,\eta,r} \quad \mathrm{trace}(\boldsymbol{H}) \\ \text{满足} \begin{pmatrix} \boldsymbol{H} & \boldsymbol{E} \\ \boldsymbol{E} & \boldsymbol{W} \end{pmatrix} \geqslant 0; \\ \text{式 (9-16); 式 (9-17); 式 (9-19)} \end{cases} \tag{9-42}$$

对于输入量化情况，根据定理 9.4，我们解下列优化问题：

$$\begin{cases} \min\limits_{\tau_1,\tau_2,\eta,r} \quad \mathrm{trace}(\boldsymbol{H}) \\ \text{满足} \begin{pmatrix} \boldsymbol{H} & \boldsymbol{E} \\ \boldsymbol{E} & \boldsymbol{W} \end{pmatrix} \geqslant 0; \\ \text{式 (9-8); 式 (9-9)} \end{cases} \tag{9-43}$$

再令 τ_3 和 $L_{\min}^{\mathrm{Input}}$ 满足

$$\begin{cases} \tau_3\boldsymbol{E} < (1-\eta^2)^{-1}\boldsymbol{S}_2 \\ L_{\min}^{\mathrm{Input}} < (\tau_3(\tau_2-\tau_1))^{\frac{1}{2}} \end{cases}$$

由此，式 (9-8) 蕴含式 (9-35)。

类似无限码率条件下的优化问题，通过迭代搜索，我们可以调节标量 δ、τ_1、τ_2、η、r（状态量化情况下）和 τ_1、τ_2、η、r（输出量化情况下）以获得最优解。

9.4 仿真

我们给出两个例子，分别针对状态量化情况和输入量化情况，并且只使用有限码率量化器。

例 9.1 为显示状态量化情况, 考虑下面的例子（来自文献 [103]）:

$$\dot{\boldsymbol{x}} = \begin{pmatrix} 0 & 1 \\ 1 & -1 \end{pmatrix} \boldsymbol{x} + \begin{pmatrix} 1 \\ 1 \end{pmatrix} \mathrm{sat}(\boldsymbol{u}(t))$$

饱和值 $\boldsymbol{u}_0 = 1$（同文献 [103]）。利用优化过程式 (9-42)，参数分别为 $\delta = 10$，$\tau_1 = 0.0037$，$\tau_2 = 0.004$，$\eta = 0.2$，$r = 5$，可得 $\boldsymbol{K} = [-6.065, -3.9160]$，$\boldsymbol{P} = \begin{pmatrix} 0.2762 & 0.1406 \\ 0.1406 & 0.1304 \end{pmatrix}$。量化器参数 $M = 10$，$N = 39$，$a = 0.025$ 满足式 (9-3)，码率 $R = 10$。图 9-1 显示发自 $\boldsymbol{x}(0) \in \boldsymbol{S}$ 系统轨迹收敛到原点。图 9-1中的虚线椭圆是文献 [103] 获得的稳定区域。我们给出的方法比文献 [103] 获得更大的稳定区域。

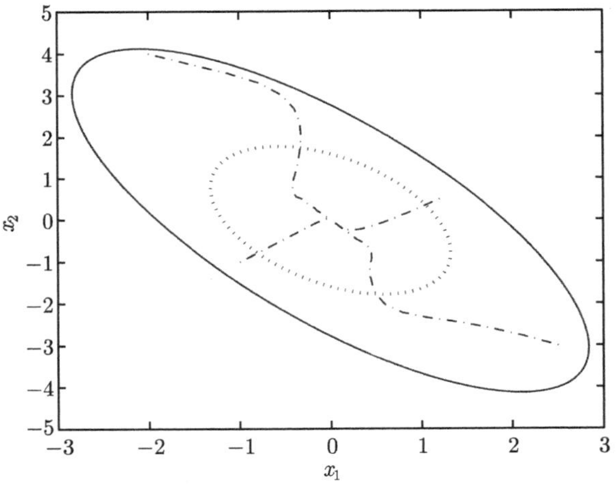

图 9-1 稳定区域（实线）和收敛轨迹（点画线），虚线椭圆是文献 [103] 中的稳定区域

例 9.2　为显示输入量化情况，考虑下面的例子（来自文献 [103] 和文献 [104]）：

$$\dot{\boldsymbol{x}} = \begin{pmatrix} 0 & 1 \\ 0.5 & 0.5 \end{pmatrix} \boldsymbol{x} + \begin{pmatrix} 1 \\ 1 \end{pmatrix} \mathrm{sat}(\boldsymbol{u}(t))$$

饱和值为 $\boldsymbol{u}_0 = 5$（同文献 [103] 和文献 [104]），利用优化过程式 (9-43)，参数为 $\tau_1 = 0.0039$，$\tau_2 = 0.009$，$\tau_3 = 49.4$，$\eta = 0.2$，$r = 3$，$L_{\max}^{\mathrm{Input}} = 4.0841$，$L_{\min}^{\mathrm{Input}} = 0.5019$，可得 $\boldsymbol{K} = [-0.7025, -1.4050]$，$\boldsymbol{P} = \begin{pmatrix} 0.0049 & 0.0099 \\ 0.0099 & 0.0197 \end{pmatrix}$。取量化器参数 $M = 12$，$N = 44$，$a = 0.025$ 满足式 (9-3)，码率 $R = 11$。图 9-2 显示了量化系统的轨迹和稳定区域。图 9-2 中的虚线椭圆是文献 [103] 获得的稳定区域。本例表明，我们给出的方法比文献 [103] 和文献 [104] 获得更大的稳定区域：我们的椭球稳定区域长半轴为 29124.23，短半轴为 6.3664，远大于文献 [103] 和文献 [104] 所得的稳定区域。

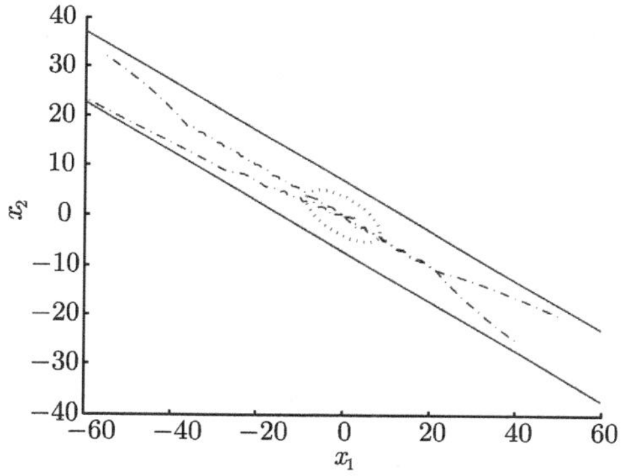

图 9-2　稳定区域（实线）和收敛轨迹（点画线），虚线椭圆是文献 [103] 中的稳定区域

9.5 小结

本章研究具有输入饱和的量化控制系统的量化器设计和稳定性分析问题。目标是获得系统的局部渐进稳定性和更大的稳定区域。我们分别研究输入量化条件下和状态量化条件下的输入饱和量化系统的量化器设计问题。利用球极坐标编码方案的特点给出一个新的量化非线性条件，利用此条件可以获得比文献 [103] 更大的稳定区域，并保证从该稳定区域出发的状态轨迹将收敛到原点。本章内容见文献 [105]。

第 10 章 基于球极坐标编码方案的连续时间量化反馈系统的渐进稳定性

本章研究具有量化状态反馈连续系统的渐进稳定性问题。目标是设计量化器和控制器保证系统的渐进稳定性。不同于离散系统，由于量化误差，描述闭环连续系统的微分方程是右边不连续的，为此采用 Krasovskii 解。Krasovskii 解包含 Caratheodory 解和滑模产生的振荡现象，这将用到微分包含（见文献 [106] 和文献 [107]）。基于球极坐标编码方案，我们首先设计一种时不变量化器和状态反馈控制器，使得系统收敛到一个包含原点的曲面上，在此曲面上将产生滑模振荡现象。为避免滑模振荡现象产生，我们进一步设计一种时变量化器，它不仅避免了滑模振荡现象的产生，而且可获得系统渐进稳定性。

10.1 问题的提出

考虑下面线性连续系统

$$\begin{cases} \dot{\boldsymbol{x}} = \boldsymbol{A}\boldsymbol{x} + \boldsymbol{B}\boldsymbol{u} \\ \boldsymbol{x}(0) = \boldsymbol{x}_0 \end{cases} \tag{10-1}$$

式中，$\boldsymbol{x} \in \mathbb{R}^d$ 和 $\boldsymbol{u} \in \mathbb{R}^m$ 分别是系统的状态和输入。矩阵 $\boldsymbol{A}$、$\boldsymbol{B}$ 有适当的维数。系统的输入是量化状态反馈 $\boldsymbol{u} = \boldsymbol{K}q(\boldsymbol{x}(t))$。这里 $\boldsymbol{K}$ 是反馈增益矩阵，$q(\cdot)$ 是量化器函数，定义于 10.2 节。向量 $\boldsymbol{x}$ 被量化为 $q(\boldsymbol{x})$，$q(\boldsymbol{x})$ 是 $\boldsymbol{x}$ 的估计，与 $\boldsymbol{x}$ 有相同的维数。具有状态量化的系统式 (10-1) 为

$$\dot{\boldsymbol{x}} = \boldsymbol{A}\boldsymbol{x} + \boldsymbol{B}\boldsymbol{K}q(\boldsymbol{x}) \tag{10-2}$$

定义量化误差 $\boldsymbol{\varXi}(\boldsymbol{x}) = q(\boldsymbol{x}) - \boldsymbol{x}$，它是一种量化非线性，则系统式 (10-2) 变为

$$\begin{cases} \dot{\boldsymbol{x}} = (\boldsymbol{A} + \boldsymbol{B}\boldsymbol{K})\boldsymbol{x} + \boldsymbol{B}\boldsymbol{K}\boldsymbol{\varXi}(\boldsymbol{x}) \\ \boldsymbol{x}(0) = \boldsymbol{x}_0 \end{cases} \tag{10-3}$$

由于式 (10-3) 的右边是量化误差引起的状态不连续函数，古典解的存在性不能得到保证，所以我们采用 Krasovskii 研究系统式 (10-3)，它是下面微分包含的解：

$$\dot{\boldsymbol{x}} \in \mathcal{K}((\boldsymbol{A}+\boldsymbol{B}\boldsymbol{K})\boldsymbol{x}+\boldsymbol{B}\boldsymbol{K}\boldsymbol{\Xi}(\boldsymbol{x})) \tag{10-4}$$

式中，$\mathcal{K}$ 是 Krasovskii 算子，Krasovskii 算子 $\mathcal{K}$ 定义为 $\mathcal{K}(f(\boldsymbol{x})) := \bigcap\limits_{\delta>0} f(\mathfrak{B}(\boldsymbol{x},\delta))$，集合 $\mathfrak{B}(\boldsymbol{x},\delta)$ 表示 中心为 $\boldsymbol{x}$、半径为 δ 的球体。由文献 [108]，有

$$\dot{\boldsymbol{x}} \in (\boldsymbol{A}+\boldsymbol{B}\boldsymbol{K})\boldsymbol{x}+\boldsymbol{B}\boldsymbol{K}\mathcal{K}(\boldsymbol{\Xi}(\boldsymbol{x})) \tag{10-5}$$

的每个解都是式 (10-3) 的 Krasovskii 解。考虑 Krasovskii 解的原因如下：一方面，Krasovskii 解的存在性可由式 (10-3) 的右边的局部有界性保证；另一方面，这种解可包含滑模振荡现象。

与现有文献相比，本章将建立一个新的量化非线性条件以获得系统的渐进稳定性。我们要解决以下问题。

问题 10.1　确定一个量化器、编码方案和状态反馈增益矩阵 $\boldsymbol{K}$ 使得系统式 (10-1) 是渐进稳定的。

关键问题是设计具有新的量化非线性条件的量化器和编码方案，使得系统式 (10-1) 的状态收敛到原点，而不是包含原点的一个集合。

10.2 球极坐标量化器

本章的球极坐标量化器的定义如下。

定义 10.1　在 t 时刻的球极坐标量化器是一个四元组 $(\overline{L}_t, N, a, M)$，其中实数 $\overline{L}_t > 0$ 表示 t 时刻的支撑球的半径，正整数 $N \geqslant 2$ 表示比例同心球的数目，实数 $a > 0$ 表示比例系数，正整数 $M \geqslant 2$ 表示将角弧度 π 平均分割的数目。量化器将支撑球

$$\Lambda_t = \left\{\boldsymbol{x} \in \mathbb{R}^d : r < \overline{L}_t\right\}$$

按如下方法分割为 $2(N-1)M^{d-1}+1$ 个量化块。

(1) 量化块 $\{\boldsymbol{X} \in \mathbb{R}^d : \frac{\overline{L}_t}{(1+2a)^{N-1-i}} < r \leqslant \frac{\overline{L}_t}{(1+2a)^{N-2-i}}, j_n\frac{\pi}{M} < \theta_n \leqslant (j_n+1)\frac{\pi}{M}$, $n=1,2,3,\cdots,d-2$, $s\frac{\pi}{M} < \theta_{d-1} \leqslant (s+1)\frac{\pi}{M}\}$，索引为 $(i, j_1, j_2, \cdots, j_{d-2}, s)$，$i=0,1,2,3,\cdots,N-2$；$j_n = 0,1,2,3,\cdots,M-1$，$n=1,2,3,\cdots,d-2$；$s=0,1,2,3,\cdots,2M-1$，数目为 $(N-1)\cdot M^{d-2}\cdot 2M = 2(N-1)M^{d-1}$。

(2) 量化块 $\{\boldsymbol{X} \in \mathbb{R}^d : r \leqslant \frac{\overline{L}_t}{(1+2a)^{N-1}}\}$。

对每个时刻 t，令 $r_i(t)=\frac{\overline{L}_t}{(1+2a)^{N-i}}$ $(i=1,2,3,\cdots,N)$，所以 $\frac{r_i}{r_{i-1}}=1+2a$，$r_N=\overline{L}_t$。令 $S_i(t)=\left\{\boldsymbol{x}\in\mathbb{R}^d:r\leqslant\frac{\overline{L}_t}{(1+2a)^{N-i}}\right\}$，则 $S_1(t)=\left\{\boldsymbol{x}\in\mathbb{R}^d:r\leqslant\frac{\overline{L}_t}{(1+2a)^{N-1}}\right\}$，$S_N(t)=\varLambda_t$。如果在时刻 t 被量化的向量 $\boldsymbol{x}\in\varLambda_t\backslash S_1(t)$ 属于索引为 $(i,j_1,j_2,\cdots,j_{d-2},s)$ 量化块，则解码器指定 $q(\boldsymbol{x})$ 的球极坐标为

$$\begin{gathered}r=\frac{(1+a)}{(1+2a)^{N-1-i}}\overline{L}_t,\ \theta_n=\left(j_n+\frac{1}{2}\right)\frac{\pi}{M},\ n=1,2,3,\cdots,d-2\\ \theta_{d-1}=\left(s+\frac{1}{2}\right)\frac{\pi}{M}\end{gathered}\tag{10-6}$$

如果 $\boldsymbol{x}\in S_1(t)$，则指定 $q(\boldsymbol{x})=\boldsymbol{O}\in\mathbb{R}^d$。所以量化块函数 q 定义为

$$q(x)=\begin{cases}\text{球极坐标为式 (10-6) 的向量}, & \boldsymbol{x}\in\varLambda_t\backslash S_1(t)\\ \boldsymbol{O}\in\mathbb{R}^d, & \boldsymbol{x}\in S_1(t)\end{cases}\tag{10-7}$$

码率为

$$R=\lceil\log_2(2(N-1)M^{d-1}+1)\rceil\tag{10-8}$$

定义 10.1 中的量化器是文献 [97] 中用于离散系统的量化器的一个连续版本。定义 10.1 中的量化器的支撑球半径关于时间是右连续的，见式 (10-18)。

定义量化误差 $\boldsymbol{\varXi}(\boldsymbol{x})=q(\boldsymbol{x})-\boldsymbol{x}$。对于区域 $\varLambda_t\backslash S_1(t)$ 中的 $\boldsymbol{x}$，我们估计 $||\boldsymbol{\varXi}(\boldsymbol{x})||$。

引理 10.1[97] 令 $(\overline{L}_t,N,a,M)$ 是一个量化器，定义于定义 10.1；令 $\varLambda_t$ 为支撑球。则对于任意 $\boldsymbol{x}\in\varLambda_t\backslash S_1(t)$，有

$$||\boldsymbol{\varXi}(\boldsymbol{x})||\leqslant\eta||\boldsymbol{x}||$$

这里

$$\eta=a+(d-1)\frac{\pi}{2M}\tag{10-9}$$

10.3 主要结果

10.3.1 时不变编码方案

为显示主要结果，我们首先给出一种时不变编码方案。这里时不变编码方案是指定义 10.1 中的量化器的参数 $\overline{L}_t$，即支撑球的半径，是常数。因此集合 $S_1(t)$ 是不变的。在这种情况下，令 $\overline{L}_t=\overline{L}$，且令 $S_1(t)=S_1$。假设初始状态 $\boldsymbol{x}(0)\in\{\boldsymbol{x}\in\mathbb{R}^d:V(\boldsymbol{x})\leqslant\overline{L}^2\}$，这里 $V(\boldsymbol{x})=\boldsymbol{x}^{\mathrm{T}}\boldsymbol{P}\boldsymbol{x}$，$\boldsymbol{P}$ 是对称正定矩阵。

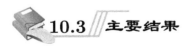

如果系统状态 $\boldsymbol{x} \in \{\boldsymbol{x} \in \mathbb{R}^d : \underline{L}^2 < V(\boldsymbol{x}) \leqslant \overline{L}^2\}$，$\underline{L} = \frac{\overline{L}}{(1+2a)^{N-1}}$，则令 $y = \boldsymbol{P}^{\frac{1}{2}}\boldsymbol{x}$，所以 $||\boldsymbol{y}|| \in [\underline{L}, \overline{L}]$。量化器 $(\overline{L}, N, a, M)$ 将 $\boldsymbol{y}$ 量化为 $\overline{\boldsymbol{y}}$，即 $q(\boldsymbol{y}) = \overline{\boldsymbol{y}}$，令 $\overline{\boldsymbol{x}} = \boldsymbol{P}^{-\frac{1}{2}}\overline{\boldsymbol{y}}$ 是 $\boldsymbol{x}$ 的估计，控制输入为 $\boldsymbol{u} = \boldsymbol{K}\overline{\boldsymbol{x}}$。

如果系统状态 $\boldsymbol{x} \in \{\boldsymbol{x} \in \mathbb{R}^d : V(\boldsymbol{x}) \leqslant \underline{L}^2\}$，则令 $\overline{\boldsymbol{x}} = \boldsymbol{O}$，控制输入为 $\boldsymbol{u} = \boldsymbol{K}\overline{\boldsymbol{x}} = \boldsymbol{O}$。

引理 10.2　对任何适当维数的正定标量矩阵 $\boldsymbol{T}_1$，由量化器产生的量化误差非线性 $\boldsymbol{\varXi}(\boldsymbol{x}) = \overline{\boldsymbol{x}} - \boldsymbol{x}$ 满足 $\boldsymbol{\varXi}^{\mathrm{T}}(\boldsymbol{x})\boldsymbol{T}_1\boldsymbol{\varXi}(\boldsymbol{x}) - \overline{\eta}^2\boldsymbol{x}^{\mathrm{T}}\boldsymbol{T}_1\boldsymbol{x} \leqslant 0$，如果 $\boldsymbol{x} \in \{\boldsymbol{x} \in \mathbb{R}^d : \underline{L}^2 < V(\boldsymbol{x}) \leqslant \overline{L}^2\}$

其中

$$\overline{\eta} = \frac{\eta||\boldsymbol{P}^{\frac{1}{2}}||}{\delta_{\min}(\boldsymbol{P}^{\frac{1}{2}})} \tag{10-10}$$

η 定义于引理 10.1，$\boldsymbol{P}$ 是对称正定矩阵。

证明：在上面的编码方案下，如果 $\boldsymbol{x} \in \{\boldsymbol{x} : \underline{L}^2 < V(\boldsymbol{x}) \leqslant \overline{L}^2\}$，则 $\boldsymbol{y} = \boldsymbol{P}^{\frac{1}{2}}\boldsymbol{x}$ 被量化器 $(\overline{L}, N, a, M)$ 量化为 $\overline{\boldsymbol{y}}$。由引理 10.1，有 $||\boldsymbol{\varXi}(\boldsymbol{y})|| \leqslant \eta||\boldsymbol{y}||$，所以

$$||\boldsymbol{P}^{\frac{1}{2}}(\overline{\boldsymbol{x}} - \boldsymbol{x})|| \leqslant \eta||\boldsymbol{P}^{\frac{1}{2}}\boldsymbol{x}||$$

注意到 $\delta_{\min}(\boldsymbol{P}^{\frac{1}{2}})||\overline{\boldsymbol{x}} - \boldsymbol{x}|| \leqslant ||\boldsymbol{P}^{\frac{1}{2}}(\overline{\boldsymbol{x}} - \boldsymbol{x})||$ 和 $||\boldsymbol{P}^{\frac{1}{2}}x|| \leqslant ||\boldsymbol{P}^{\frac{1}{2}}||||\boldsymbol{x}||$，有

$$\delta_{\min}(\boldsymbol{P}^{\frac{1}{2}})||\overline{\boldsymbol{x}} - \boldsymbol{x}|| \leqslant \eta||\boldsymbol{P}^{\frac{1}{2}}||||\boldsymbol{x}||$$

即

$$||\boldsymbol{\varXi}(\boldsymbol{x})|| \leqslant \overline{\eta}||\boldsymbol{x}||$$

这里 $\overline{\eta} = \frac{\eta||\boldsymbol{P}^{\frac{1}{2}}||}{\delta_{\min}(\boldsymbol{P}^{\frac{1}{2}})}$。证明完成。

令

$$\begin{cases} \mathcal{S} = \{\boldsymbol{x} : V(\boldsymbol{x}) \leqslant \underline{L}^2\} \\ \partial\mathcal{S} = \{\boldsymbol{x} : V(\boldsymbol{x}) = \underline{L}^2\} \end{cases}$$

定理 10.1　在上面的编码方案下且系统矩阵 $\boldsymbol{A}$ 的所有特征值都在右半平面。如果存在正数 $\overline{\eta}$，对称正定矩阵 $\boldsymbol{P}$，反馈增益矩阵 $\boldsymbol{K}$ 和正标量矩阵 $\boldsymbol{T}_1$ 满足

$$\mathcal{M} = \begin{pmatrix} (\boldsymbol{A} + \boldsymbol{BK})^{\mathrm{T}}\boldsymbol{P} + \boldsymbol{P}(\boldsymbol{A} + \boldsymbol{BK}) + \overline{\eta}^2\boldsymbol{T}_1 & * \\ \boldsymbol{K}^{\mathrm{T}}\boldsymbol{B}^{\mathrm{T}}\boldsymbol{P} & -\boldsymbol{T}_1 \end{pmatrix} < 0 \tag{10-11}$$

则闭环系统式 (10-3) 在椭球表面 $\partial\mathcal{S}$ 上存在滑模运动。

证明： 在上面的编码方案下，系统式 (10-3) 可写为

$$\dot{\boldsymbol{x}} = \begin{cases} (\boldsymbol{A}+\boldsymbol{BK})\boldsymbol{x}+\boldsymbol{BK\Xi}(\boldsymbol{x}), & \boldsymbol{x}\in\{\boldsymbol{x}:\underline{L}^2<V(\boldsymbol{x})\leqslant\overline{L}^2\} \\ \boldsymbol{Ax}, & \boldsymbol{x}\in\{\boldsymbol{x}:V(\boldsymbol{x})\leqslant\underline{L}^2\} \end{cases}$$

考虑二次型 Lyapunov 函数 $V(\boldsymbol{x})=\boldsymbol{x}^{\mathrm{T}}\boldsymbol{Px}$，$\boldsymbol{P}$ 为对称正定矩阵，由式 (10-5)，我们需要证明

$$\begin{aligned}\langle\nabla V(\boldsymbol{x}),\boldsymbol{w}\rangle<0,\quad &\forall\boldsymbol{x}\in\{\boldsymbol{x}:\underline{L}^2<V(\boldsymbol{x})\leqslant\overline{L}^2\},\\ &\boldsymbol{w}\in(\boldsymbol{A}+\boldsymbol{BK})\boldsymbol{x}+\boldsymbol{BK}\mathcal{K}(\boldsymbol{\Xi}(\boldsymbol{x}))\end{aligned}\tag{10-12}$$

由式 (10-5)，对任意 $\boldsymbol{w}\in(\boldsymbol{A}+\boldsymbol{BK})\boldsymbol{x}+\boldsymbol{BK}\mathcal{K}(\boldsymbol{\Xi}(\boldsymbol{x}))$，存在 $\boldsymbol{v}\in\mathcal{K}(\boldsymbol{\Xi}(\boldsymbol{x}))$ 使得 $\boldsymbol{w}=(\boldsymbol{A}+\boldsymbol{BK})\boldsymbol{x}+\boldsymbol{BKv}$。因此，由引理 10.2，式 (10-12) 成立，这可以通过证明对任意 $\boldsymbol{x}\in\{\boldsymbol{x}:\underline{L}^2<V(\boldsymbol{x})\leqslant\overline{L}^2\}$ 且 $v\in\mathcal{K}(\boldsymbol{\Xi}(\boldsymbol{x}))$，有

$$\begin{aligned}&\dot{V}(\boldsymbol{x})-(\boldsymbol{\Xi}^{\mathrm{T}}(\boldsymbol{x})\boldsymbol{T}_1\boldsymbol{\Xi}(\boldsymbol{x})-\overline{\eta}^2\boldsymbol{x}^{\mathrm{T}}\boldsymbol{T}_1\boldsymbol{x})\\ =&\langle\nabla V(\boldsymbol{x}),(\boldsymbol{A}+\boldsymbol{BK})\boldsymbol{x}+\boldsymbol{BKv}\rangle-\\ &(\boldsymbol{\Xi}^{\mathrm{T}}(\boldsymbol{x})\boldsymbol{T}_1\boldsymbol{\Xi}(\boldsymbol{x})-\overline{\eta}^2\boldsymbol{x}^{\mathrm{T}}\boldsymbol{T}_1\boldsymbol{x})\\ <&0\end{aligned}\tag{10-13}$$

由直接计算，式 (10-13) 的左边可写为

$$\begin{pmatrix}\boldsymbol{x}\\ \boldsymbol{v}\end{pmatrix}^{\mathrm{T}}\mathcal{M}\begin{pmatrix}\boldsymbol{x}\\ \boldsymbol{v}\end{pmatrix}<0\tag{10-14}$$

注意到 $\nabla V(\boldsymbol{x})=(\boldsymbol{P}+\boldsymbol{P}^{\mathrm{T}})\boldsymbol{x}=2\boldsymbol{Px}$，由引理 10.2 和式 (10-13) 有

$$\langle\boldsymbol{Px},\boldsymbol{w}\rangle<0\tag{10-15}$$

另一方面，由于矩阵 $\boldsymbol{A}$ 的所有特征值在右半平面，存在一个集合 $\mathcal{S}_{\mathrm{out}}\subseteq\{\boldsymbol{x}:V(\boldsymbol{x})\leqslant\underline{L}^2\}$，使得对任意 $\boldsymbol{x}\in\mathcal{S}_{\mathrm{out}}$，有

$$\dot{V}(\boldsymbol{x})=2\langle\boldsymbol{Px},\boldsymbol{Ax}\rangle\geqslant0\tag{10-16}$$

因为椭球面 $\partial\mathcal{S}$ 的法向量是 $\boldsymbol{Px}$，由式 (10-15) 和式 (10-16)，系统式 (10-3) 在 $\mathcal{S}_{\mathrm{out}}\cap\partial\mathcal{S}$ 存在滑模运动。

根据定理 10.1，我们可利用下面的引理描述系统在它的状态到达椭球面 $\partial\mathcal{S}$ 之后的演化行为。令

$$\begin{cases} \mathcal{S}_{\text{out}}=\{\boldsymbol{x}:V(\boldsymbol{x})\leqslant \underline{L}^2,\langle \boldsymbol{Px},\boldsymbol{Ax}\rangle\geqslant 0\} \\ \mathcal{S}_{\text{in}}=\{\boldsymbol{x}:V(\boldsymbol{x})\leqslant \underline{L}^2,\langle \boldsymbol{Px},\boldsymbol{Ax}\rangle< 0\} \end{cases}$$

引理 10.3　在定理 10.1 的条件下，(1) 如果 $\boldsymbol{x}(t_0)\in\partial\mathcal{S}\cap\mathcal{S}_{\text{in}}$，则存在 t_1、t_2 满足 $t_0<t_1<t_2$ 使得对任意 $t\in[t_0,t_1)$，$\boldsymbol{x}(t)\in\mathcal{S}_{\text{in}}$ 成立；对某个 $t\in[t_1,t_2]$，$\boldsymbol{x}(t)\in\mathcal{S}_{\text{out}}$ 成立，并且有 $\boldsymbol{x}(t_2)\in\partial\mathcal{S}\cap\mathcal{S}_{\text{out}}$；(2) 如果 $\boldsymbol{x}(t_0)\in\partial\mathcal{S}\cap\mathcal{S}_{\text{out}}$，则在 $\partial\mathcal{S}\cap\mathcal{S}_{\text{out}}$ 上产生滑模运动。

证明： (1) 如果 $\boldsymbol{x}(t_0)\in\partial\mathcal{S}\cap\mathcal{S}_{\text{in}}$，则存在集合 $\mathfrak{B}(\boldsymbol{x}(t_0),\delta)$，$\delta>0$ 使得对于 $\boldsymbol{x}\in\mathfrak{B}(\boldsymbol{x}(t_0),\delta)\cap\mathcal{S}_{\text{in}}$，有 $\langle \boldsymbol{Px},\boldsymbol{Ax}\rangle<0$。因为椭球面 $\partial\mathcal{S}$ 的法向量是 $\boldsymbol{Px}$，初始状态为 $\boldsymbol{x}(t_0)$ 向量场为 $f(x)=\boldsymbol{Ax}$ 的系统 $\dot{\boldsymbol{x}}=f(\boldsymbol{x})$ 的状态 $\boldsymbol{x}$ 将进入集合 $\mathcal{S}_{\text{in}}$ 的内部。

由于 $\langle \boldsymbol{Px},\boldsymbol{Ax}\rangle<0$，$\boldsymbol{x}\in\mathcal{S}_{\text{in}}$，有 $V(\boldsymbol{x})>0$ 且 $\dot{V}(\boldsymbol{x})<0$，$\boldsymbol{x}\in\mathcal{S}_{\text{in}}$，这保证对于 $\boldsymbol{x}\in\mathcal{S}_{\text{in}}$，$V(\boldsymbol{x})$ 减小，直到在曲面 $\langle \boldsymbol{Px},\boldsymbol{Ax}\rangle=0$ 上 $\dot{V}(\boldsymbol{x})=0$。所以存在 t_1 使得 $\boldsymbol{x}(t)\in\mathcal{S}_{\text{in}}$，$t\in[t_0,t_1)$。然后 $\boldsymbol{x}(t)$ 将进入 $\mathcal{S}_{\text{out}}$ 并到达 $\partial\mathcal{S}\cap\mathcal{S}_{\text{out}}$，这是由于系统矩阵 $\boldsymbol{A}$ 的所有特征值都在右半平面，使得 $\mathcal{S}$ 中的状态趋于通过 $\mathcal{S}_{\text{out}}$ 离开椭球 $\mathcal{S}$。所以存在 t_2 使得对某个 $t\in[t_1,t_2]$ 有 $\boldsymbol{x}(t)\in\mathcal{S}_{\text{out}}$，且 $\boldsymbol{x}(t_2)\in\partial\mathcal{S}\cap\mathcal{S}_{\text{out}}$。

情况 (2) 的成立可由定理 10.1的证明得到。

进一步，在系统矩阵 $\boldsymbol{A}$ 的某些特征值在左半平面而其他特征值在右半平面的情况下，我们给出相应的结果。令 $\boldsymbol{A}=\boldsymbol{TJT}^{-1}$，其中 $\boldsymbol{J}=\begin{pmatrix}\boldsymbol{J}_- & \boldsymbol{O}\\ \boldsymbol{O} & \boldsymbol{J}_+\end{pmatrix}$ 是 $\boldsymbol{A}$ 的 Jordan 矩阵，$\boldsymbol{T}=\begin{pmatrix}\boldsymbol{T}_- & \boldsymbol{T}_+\end{pmatrix}$，$\boldsymbol{J}_-$ 是块上三角矩阵，它的对角块是左半平面特征值对应的 Jordan 块，即 J_- 是左半平面特征值对应的 Jordan 块的直和，$\boldsymbol{T}_-$ 是左半平面特征值对应的广义特征向量组成的矩阵。$\boldsymbol{J}_+$ 和 $\boldsymbol{T}_+$ 有类似的定义，它们是针对右半平面特征值的。

定理 10.2　在上述编码方案下且系统矩阵 $\boldsymbol{A}$ 的某些特征值在左半平面而其他特征值在右半平面，如果存在正数 $\overline{\eta}$、对称正定矩阵 $\boldsymbol{P}$、反馈增益矩阵 $\boldsymbol{K}$ 和正定标量矩阵 $\boldsymbol{T}_1$ 满足式 (10-11) 和

$$\boldsymbol{T}_-^{\mathrm{T}}\boldsymbol{A}^{\mathrm{T}}\boldsymbol{PT}_-+\boldsymbol{T}_-^{\mathrm{T}}\boldsymbol{PAT}_-<0 \tag{10-17}$$

则对于 $\boldsymbol{x}(t_0)\in\mathcal{S}$，如果 $\boldsymbol{x}(t_0)\in\mathcal{N}_-$，$\boldsymbol{x}(t)$ 将趋于原点，并且如果 $\boldsymbol{x}(t_0)\notin\mathcal{N}_-$，

则在 $\partial\mathcal{S}$ 上产生滑模运动，这里 $\mathcal{N}_-$ 是左半平面特征值对应的广义特征向量张成的空间。

证明： 在上述编码方案下，对于 $\boldsymbol{x}(t_0)\in\mathcal{S}=\{\boldsymbol{x}:V(\boldsymbol{x})\leqslant \underline{L}^2\}$，系统根据方程 $\dot{\boldsymbol{x}}=A\boldsymbol{x}$ 进行演化。对于 $\boldsymbol{x}(t_0)\in\mathcal{N}_-$，令 $\boldsymbol{x}(\boldsymbol{t}_0)=\begin{pmatrix}\underline{\boldsymbol{t}}_1, & \underline{\boldsymbol{t}}_2, & \underline{\boldsymbol{t}}_3, & \cdots, & \underline{\boldsymbol{t}}_k\end{pmatrix}$ $\begin{pmatrix}\boldsymbol{\alpha}_1, & \boldsymbol{\alpha}_2, & \boldsymbol{\alpha}_3, & \cdots, & \boldsymbol{\alpha}_k\end{pmatrix}^{\mathrm{T}}$，这里 $\underline{\boldsymbol{t}}_i\ (i=1,2,3,\cdots,k)$ 是 $\boldsymbol{T}_-$ 的列向量，$\boldsymbol{\alpha}_i\in\mathbb{R}$, $i=1,2,3,\cdots,k$。不失一般性，假设 $\underline{\boldsymbol{t}}_i\ (i=1,2,3,\cdots,k)$ 是 $k\times k$ 维 Jordan 块的左半平面特征值 λ 对应的广义特征向量，则易验证 $\boldsymbol{x}(t)=\mathrm{e}^{\lambda t}\begin{pmatrix}\underline{\boldsymbol{t}}_1, & \underline{\boldsymbol{t}}_2, & \underline{\boldsymbol{t}}_3, & \cdots, & \underline{\boldsymbol{t}}_k\end{pmatrix}\boldsymbol{\alpha}\ (t\geqslant t_0)$ 是系统 $\dot{\boldsymbol{x}}=\boldsymbol{A}\boldsymbol{x}$ 的解，其中

$$\boldsymbol{\alpha}=\left(\sum_{i=1}^{k}\frac{\boldsymbol{\alpha}_i t^{i-1}}{(i-1)!},\quad \left(\sum_{i=1}^{k}\frac{\boldsymbol{\alpha}_i t^{i-1}}{(i-1)!}\right)',\quad \cdots,\quad \left(\sum_{i=1}^{k}\frac{\boldsymbol{\alpha}_i t^{i-1}}{(i-1)!}\right)^{(k-1)}\right)^{\mathrm{T}}$$

$(\cdot)^{(i)}$ 表示 $(\cdot)$ 关于 t 的 i 阶导数。对于二次型 Lyapunov 函数 $V(\boldsymbol{x})=\boldsymbol{x}^{\mathrm{T}}\boldsymbol{P}\boldsymbol{x}$，由式 (10-17)，有 $\dot{V}(\boldsymbol{x})=\boldsymbol{x}^{\mathrm{T}}\boldsymbol{A}^{\mathrm{T}}\boldsymbol{P}\boldsymbol{x}+\boldsymbol{x}^{\mathrm{T}}\boldsymbol{P}\boldsymbol{A}\boldsymbol{x}=\mathrm{e}^{2\lambda t}\boldsymbol{\alpha}^{\mathrm{T}}\begin{pmatrix}\boldsymbol{t}_1, & \boldsymbol{t}_2, & \boldsymbol{t}_3, & \cdots, & \boldsymbol{t}_k\end{pmatrix}^{\mathrm{T}}$ $(\boldsymbol{A}^{\mathrm{T}}\boldsymbol{P}+\boldsymbol{P}\boldsymbol{A})\begin{pmatrix}\boldsymbol{t}_1, & \boldsymbol{t}_2, & \boldsymbol{t}_3, & \cdots, & \boldsymbol{t}_k\end{pmatrix}\boldsymbol{\alpha}<0$，所以 $\boldsymbol{x}(t)$ 将趋于原点。

对于 $\boldsymbol{x}(t_0)\notin\mathcal{N}_-$，类似引理 10.3 的证明，分别考虑 $\boldsymbol{x}(t_0)\in\mathcal{S}_{\mathrm{out}}$ 和 $\boldsymbol{x}(t_0)\in\mathcal{S}_{\mathrm{in}}$ 两种情况，可得出在 $\partial\mathcal{S}$ 上产生滑模运动。

在实际应用中，滑模运动将产生振荡现象，导致传感器与控制器之间频繁的信息传输。这种现象是我们不希望的，因为这需要极大带宽信道。为避免振荡现象发生，下面我们给出一种时变量化器，它也进一步保证系统收敛到原点。

10.3.2 时变编码方案

不同于时不变编码方案中定常的支撑球半径，在时变编码方案中，量化器的参数 $\overline{L}_t$ 是时变的，按如下更新：

$$\overline{L}_t=\begin{cases}\dfrac{\overline{L}_{t^-}}{1+2a}, & q(\boldsymbol{P}^{\frac{1}{2}}\boldsymbol{x}(t^-))\in\{\boldsymbol{y}\in\mathbb{R}^d: r\leqslant \underline{L}_{t^-}(1+2a)\}\\ \overline{L}_{t^-}, & q(\boldsymbol{P}^{\frac{1}{2}}\boldsymbol{x}(t^-))\in\{\boldsymbol{y}\in\mathbb{R}^d: \underline{L}_{t^-}(1+2a)<r\leqslant \overline{L}_{t^-}\}\end{cases}\tag{10-18}$$

式中，$\overline{L}_{t^-}$、$\underline{L}_{t^-}$ 和 $\boldsymbol{x}(t^-)$ 分别是 $\overline{L}$、$\underline{L}$ 和 $\boldsymbol{x}$ 在 t 上的左极限。因此，由式 (10-18)，$\overline{L}_t$ 关于 t 的右连续函数，由 $\boldsymbol{x}(t)$ 的连续性，有 $\boldsymbol{x}(t)=\boldsymbol{x}(t^-)$。

如果系统状态 $\boldsymbol{x}(t^-) \in \{\boldsymbol{x} \in \mathbb{R}^d : \underline{L}_{t^-}^2 < V(\boldsymbol{x}) \leqslant \overline{L}_{t^-}^2\}$，$\overline{L}_{t^-} = \underline{L}_{t^-}(1+2a)^{N-1}$，则令 $\boldsymbol{y}(t^-) = \boldsymbol{P}^{\frac{1}{2}}\boldsymbol{x}(t^-)$。所以 $\|\boldsymbol{y}(t^-)\| \in [\underline{L}_{t^-}, \overline{L}_{t^-}]$。量化器 $(\overline{L}_{t^-}, N, a, M)$ 将 $\boldsymbol{y}(t^-)$ 量化为 $\overline{\boldsymbol{y}}(t^-)$，令 $\overline{\boldsymbol{x}}(t^-) = \boldsymbol{P}^{-\frac{1}{2}}\overline{\boldsymbol{y}}(t^-)$ 为 $\boldsymbol{x}(t^-)$ 的估计。控制输入为 $\boldsymbol{u}(t^-) = \boldsymbol{K}\overline{\boldsymbol{x}}(t^-)$。$\overline{L}_t$ 按式 (10-18) 更新。

如果系统状态 $\boldsymbol{x}(t^-) \in \{\boldsymbol{x} \in \mathbb{R}^d : V(\boldsymbol{x}) \leqslant \underline{L}_{t^-}^2\}$，则令 $\overline{\boldsymbol{x}}(t^-) = \boldsymbol{O}$。控制输入为 $\boldsymbol{u}(t^-) = \boldsymbol{K}\overline{\boldsymbol{x}}(t^-) = \boldsymbol{O}$。由式 (10-18)，更新 $\overline{L}_t$ 为 $\overline{L}_t = \frac{\overline{L}_{t^-}}{1+2a}$。

为获得渐进稳定性，我们做以下假设。

假设 10.1 对任意初始状态 $\boldsymbol{x}(0) \in \mathbb{R}^d$，量化器知道 $\|\boldsymbol{x}(0)\|$ 的上界 $\boldsymbol{C}_0$。

令

$$\begin{cases} \mathcal{S}_t = \{\boldsymbol{x} : V(\boldsymbol{x}) \leqslant \underline{L}_t^2\} \\ \partial\mathcal{S}_t = \{\boldsymbol{x} : V(\boldsymbol{x}) = \underline{L}_t^2\} \end{cases}$$

下面的定理显示在时变编码方案下，上述振荡现象不会发生，且系统是渐进稳定的。

定理 10.3 在假设 10.1、时变编码方案和条件式 (10-11) 下，令 $\overline{L}_0 = \|\boldsymbol{P}^{\frac{1}{2}}\|\boldsymbol{C}_0$，则系统是渐进稳定的且在 $\partial\mathcal{S}_t$ 上没有振荡现象产生。

证明： 为证明渐进稳定性，我们将证明分成三部分。

(1) 原点 $\boldsymbol{O} \in \mathbb{R}^d$ 是平衡点。

由于 $\boldsymbol{x}(0) = \boldsymbol{O} \in \mathcal{S}_0$，根据编码方案，系统输入为 $\boldsymbol{u} = \boldsymbol{O}$，所以 $\boldsymbol{x}(t) = \mathrm{e}^{\boldsymbol{A}t}\boldsymbol{x}(0) = \boldsymbol{O}$，$t \geqslant 0$。

(2) 对于任意初始值 $\boldsymbol{x}(0) \in \mathbb{R}^d$，状态 $\boldsymbol{x}(t)$ 收敛到 $\boldsymbol{O}$。

由假设 10.1 和 $\overline{L}_0 = \|\boldsymbol{P}^{\frac{1}{2}}\|\boldsymbol{C}_0$，对任意 $\boldsymbol{x}(0) \in \mathbb{R}^d$，有 $\boldsymbol{x}(0) \in \{\boldsymbol{x} : V(x) \leqslant \overline{L}_0^2\}$ 且式 (10-11) 保证存在 $t_1^- \geqslant 0$ 使得

$$t_1^- = \min\left\{t \geqslant 0 : q(\boldsymbol{P}^{\frac{1}{2}}\boldsymbol{x}(t)) \in \left\{\boldsymbol{y} \in \mathbb{R}^d : r \leqslant \underline{L}_0(1+2a)\right\}\right\}$$

则由式 (10-18)，有 $\overline{L}_{t_1} = \frac{\overline{L}_{t_1^-}}{1+2a} = \frac{\overline{L}_0}{1+2a}$。进一步，式 (10-11) 保证存在 $t_2^- \geqslant t_1$ 使得

$$t_2^- = \min\{t \geqslant t_1 : q(\boldsymbol{P}^{\frac{1}{2}}\boldsymbol{x}(t)) \in \left\{\boldsymbol{y} \in \mathbb{R}^d : r \leqslant \underline{L}_{t_1}(1+2a)\right\}\}$$

则由式 (10-18)，有 $\overline{L}_{t_2} = \frac{\overline{L}_{t_2^-}}{1+2a} = \frac{\overline{L}_{t_1}}{1+2a}$。重复这一过程，可得当 $t \to \infty$ 时，$\overline{L}_t \to 0$，所以当 $t \to \infty$ 时，$\boldsymbol{x}(t) \to \boldsymbol{O}$，这是由于式 (10-11) 和式 (10-18) 保证 $\boldsymbol{x}(t) \in \{\boldsymbol{x} : V(\boldsymbol{x}) \leqslant \overline{L}_t^2\}$，$t \geqslant 0$。

(3) 平衡点 $\boldsymbol{O} \in \mathbb{R}^d$ 是稳定的。

任给一实数 $\varepsilon > 0$，我们取一个正数 $\boldsymbol{T}(\varepsilon)$ 使得

$$\frac{||\boldsymbol{P}^{-\frac{1}{2}}||\overline{L}_{\boldsymbol{T}(\varepsilon)}}{(1+2a)^{N-1}} < \varepsilon \tag{10-19}$$

令

$$||\boldsymbol{x}(0)|| < \delta(\varepsilon) \tag{10-20}$$

其中

$$\delta(\varepsilon) = \frac{1}{||\mathrm{e}^{\boldsymbol{P}^{\frac{1}{2}}\boldsymbol{A}\boldsymbol{P}^{-\frac{1}{2}}\boldsymbol{T}(\varepsilon)}||\,||\boldsymbol{P}^{\frac{1}{2}}||} \cdot \frac{\overline{L}_{\boldsymbol{T}(\varepsilon)}}{(1+2a)^{N-1}} \tag{10-21}$$

我们证明

$$||x(t)|| < \varepsilon,\ t \geqslant 0 \tag{10-22}$$

首先，式 (10-22) 显然对 $t = 0$ 成立。由式 (10-7) 易得

$$q(\boldsymbol{y}(t)) = \boldsymbol{O} \in \mathbb{R}^d,\quad 0 \leqslant t < \boldsymbol{T}(\varepsilon)$$

这是由于

$$\begin{aligned} ||\boldsymbol{y}(t)|| &\leqslant ||\mathrm{e}^{\boldsymbol{P}^{\frac{1}{2}}\boldsymbol{A}\boldsymbol{P}^{-\frac{1}{2}}\boldsymbol{t}}||\,||\boldsymbol{y}(0)|| \\ &\leqslant ||\mathrm{e}^{\boldsymbol{P}^{\frac{1}{2}}\boldsymbol{A}\boldsymbol{P}^{-\frac{1}{2}}\boldsymbol{t}}||\,||\boldsymbol{P}^{\frac{1}{2}}||\,||\boldsymbol{x}(0)|| \\ &\overset{[\text{式}(10-20)]}{\leqslant} \tfrac{\overline{L}_{\boldsymbol{T}(\varepsilon)}}{(1+2a)^{N-1}},\quad 0 \leqslant t < \boldsymbol{T}(\varepsilon) \end{aligned} \tag{10-23}$$

所以有

$$\begin{aligned} ||\boldsymbol{x}(t)|| &\leqslant ||\boldsymbol{P}^{-\frac{1}{2}}||\,||\boldsymbol{y}(t)|| \\ &\overset{[\text{式}(10-23)]}{\leqslant} \tfrac{||\boldsymbol{P}^{-\frac{1}{2}}||\overline{L}_{\boldsymbol{T}(\varepsilon)}}{(1+2a)^{N-1}} \\ &\overset{[\text{式}(10-19)]}{<} \varepsilon,\quad 0 \leqslant t < \boldsymbol{T}(\varepsilon) \end{aligned} \tag{10-24}$$

其次，根据更新规则式 (10-18) 和式 (10-23)，有

$$||\boldsymbol{y}(t)|| \leqslant \frac{\overline{L}_{\boldsymbol{T}(\varepsilon)}}{(1+2a)^{N-1}},\quad t \geqslant \boldsymbol{T}(\varepsilon)$$

所以类似式 (10-24)，有

$$||\boldsymbol{x}(t)|| < \varepsilon,\quad t \geqslant \boldsymbol{T}(\varepsilon)$$

下面证明没有振荡现象产生于 $\partial\mathcal{S}_t$。假设在 t^-，$\boldsymbol{x}(t^-)\in\partial\mathcal{S}_{t^-}$，则根据更新规则式 (10-18) 有 $\overline{L}_t=\frac{\overline{L}_{t^-}}{1+2a}$。但由于 $\boldsymbol{x}(t)$ 的连续性，$\boldsymbol{x}(t)\notin\partial\mathcal{S}_t$。这意味着，不存在一个区间 (t^-,t_1)，$t_1>t^-$，使得 $\boldsymbol{x}(t)\in\partial\mathcal{S}_t$，$t\in(t^-,t_1)$，即 $\boldsymbol{x}(t)$ 不会在某个时间区间停留在 $\partial\mathcal{S}_t$。所以没有振荡现象产生于 $\partial\mathcal{S}_t$。

在定理 10.1 中，条件式 (10-11) 对决策变量是非线性的，因此从数值观点来说，直接通过定理 10.1 和定理 10.2 求解问题 10.1 是不可能的。为此，基于定理 10.1 和定理 10.2，下面的结果是转向凸设计过程的第一步。

引理 10.4　如果存在两个对称正定矩阵 $\boldsymbol{Q}$ 和 $\boldsymbol{W}$，矩阵 $\boldsymbol{Y}$，反馈增益矩阵 $\boldsymbol{K}$，正标量矩阵 $\boldsymbol{T}_1$，两个正数 ε、$\overline{\eta}$ 使得

$$-\boldsymbol{Q}^{\mathrm{T}}\boldsymbol{T}_1\boldsymbol{Q}<\varepsilon\boldsymbol{I}-\boldsymbol{W} \tag{10-25}$$

$$\begin{pmatrix}\boldsymbol{Q}^{\mathrm{T}}\boldsymbol{A}^{\mathrm{T}}+\boldsymbol{Y}^{\mathrm{T}}\boldsymbol{B}^{\mathrm{T}}+\boldsymbol{A}\boldsymbol{Q}+\boldsymbol{B}\boldsymbol{Y} & * & * \\ \boldsymbol{Y}^{\mathrm{T}}\boldsymbol{B}^{\mathrm{T}} & \varepsilon\boldsymbol{I}-\boldsymbol{W} & * \\ \boldsymbol{Q} & \boldsymbol{O} & -\overline{\eta}^{-2}\boldsymbol{T}_1^{-1}\end{pmatrix}<0 \tag{10-26}$$

则反馈增益 $\boldsymbol{K}=\boldsymbol{Y}\boldsymbol{Q}^{-1}$ 和 $\boldsymbol{P}=\boldsymbol{Q}^{-1}$ 是定理 10.1 中式 (10-11) 的解。进一步，如果式 (10-25) 和式 (10-26) 中的矩阵 $\boldsymbol{Q}$ 满足

$$\boldsymbol{Q}\underline{\boldsymbol{A}}^{\mathrm{T}}+\underline{\boldsymbol{A}}\boldsymbol{Q}<0 \tag{10-27}$$

则反馈增益 $\boldsymbol{K}=\boldsymbol{Y}\boldsymbol{Q}^{-1}$ 和 $\boldsymbol{P}=\boldsymbol{Q}^{-1}$ 是式 (10-11) 和定理 10.2 中的式 (10-17) 的解。这里 $\underline{\boldsymbol{A}}=\underline{\boldsymbol{T}}\,\underline{\boldsymbol{J}}\,\underline{\boldsymbol{T}}^{-1}$，$\underline{\boldsymbol{J}}=\begin{pmatrix}\boldsymbol{J}_- & \boldsymbol{O}\\ \boldsymbol{O} & \boldsymbol{\Lambda}_-\end{pmatrix}$，$\underline{\boldsymbol{T}}=\begin{pmatrix}\boldsymbol{T}_- & \boldsymbol{T}_*\end{pmatrix}$，$\boldsymbol{\Lambda}_-$ 是具有负的对角元素的 Jordan 矩阵，$\boldsymbol{T}_*$ 是适当维数的矩阵使得 $\underline{\boldsymbol{T}}$ 是可逆矩阵。

证明： 由式 (10-25) 和式 (10-26), 可得

$$\begin{pmatrix}\boldsymbol{Q}^{\mathrm{T}}\boldsymbol{A}^{\mathrm{T}}+\boldsymbol{Y}^{\mathrm{T}}\boldsymbol{B}^{\mathrm{T}}+\boldsymbol{A}\boldsymbol{Q}+\boldsymbol{B}\boldsymbol{Y}+\overline{\eta}^2\boldsymbol{Q}^{\mathrm{T}}\boldsymbol{T}_1\boldsymbol{Q} & * \\ \boldsymbol{Y}^{\mathrm{T}}\boldsymbol{B}^{\mathrm{T}} & -\boldsymbol{Q}^{\mathrm{T}}\boldsymbol{T}_1\boldsymbol{Q}\end{pmatrix}<0 \tag{10-28}$$

进一步，分别用 $\mathrm{diag}\{\boldsymbol{Q}^{-1},\boldsymbol{Q}^{-1}\}$ 和 $\mathrm{diag}\{\boldsymbol{Q}^{-1},\boldsymbol{Q}^{-1}\}$ 左乘和右乘式 (10-28)，并令 $\boldsymbol{K}=\boldsymbol{Y}\boldsymbol{Q}^{-1}$ 和 $\boldsymbol{P}=\boldsymbol{Q}^{-1}$，可得式 (10-11)。由式 (10-27)，有 $\underline{\boldsymbol{A}}^{\mathrm{T}}\boldsymbol{P}+\boldsymbol{P}\underline{\boldsymbol{A}}<0$，而且

$$\underline{\boldsymbol{T}}^{\mathrm{T}}(\underline{\boldsymbol{A}}^{\mathrm{T}}\boldsymbol{P}+\boldsymbol{P}\underline{\boldsymbol{A}})\underline{\boldsymbol{T}}<0 \tag{10-29}$$

这表明式 (10-17) 成立，这是因为 $\underline{\boldsymbol{A}}=\underline{\boldsymbol{T}}\,\underline{\boldsymbol{J}}\,\underline{\boldsymbol{T}}^{-1}$ 和 $\underline{\boldsymbol{T}}=\begin{pmatrix}\boldsymbol{T}_- & \boldsymbol{T}_*\end{pmatrix}$。

由于条件式 (10-25) 和式 (10-26) 对于决策变量 $\boldsymbol{Q}$、$\boldsymbol{T}_1$ 和 $\overline{\eta}$ 是非线性的，这妨碍直接求解凸问题。我们给出下面的算法将该问题转化为凸问题。

(1) 选取 $\varepsilon,\overline{\eta}>0$；

(2) 对于所有特征值都位于右半平面的系统矩阵 $\boldsymbol{A}$，求解下面的凸优化问题获得 $\boldsymbol{W}$、$\boldsymbol{Q}$、$\boldsymbol{T}_1^{-1}$ 和 $\boldsymbol{Y}$

$$\begin{cases} \min\ \operatorname{trace}(\boldsymbol{W}) \\ \text{s.t.}\ \begin{pmatrix} \boldsymbol{W} & * \\ \boldsymbol{Q} & \boldsymbol{T}_1^{-1} \end{pmatrix} > 0 \\ \text{式 (10-26)} \end{cases} \tag{10-30}$$

对于系统矩阵 $\boldsymbol{A}$ 的某些特征值在左半平面而其他特征值在右半平面的情况，求解上面的凸优化问题，并附加一个约束条件式 (10-27)。

(3) 如果 $\boldsymbol{W}$、$\boldsymbol{Q}$ 和 $\boldsymbol{T}_1$ 满足式 (10-25)，则结束；否则调整 ε、$\overline{\eta}$ 并返回步骤 (2)。

为调整 ε、$\overline{\eta}$，可考虑迭代搜索方法选择可行值。一般来说，根据式 (10-30)，最优问题保证 $\boldsymbol{W}$ 以某种范数意义上接近 $\boldsymbol{Q}^{\mathrm{T}}\boldsymbol{T}_1\boldsymbol{Q}$，所以存在 ε、$\boldsymbol{W}$、$\boldsymbol{Q}$、$\boldsymbol{T}_1$ 满足式 (10-25)。

10.4 仿真

我们首先取一个二维系统为例，因为右边不连续系统的演化特征，如滑模运动，能够在二维图中生动体现。

为显示时不变编码方案和引理 10.3，考虑系统：

$$\dot{\boldsymbol{x}} = \begin{pmatrix} 0 & 1 \\ -1 & 1 \end{pmatrix}\boldsymbol{x} + \begin{pmatrix} 1 \\ 1 \end{pmatrix}\boldsymbol{u}$$

用所给的算法（取 $\varepsilon=0.01$，$\overline{\eta}=0.04$）可求得 $\boldsymbol{K}=(-5.1831, 1.1876)$，$\boldsymbol{P}=10^{12}\times\begin{pmatrix} 1.1352 & -0.5686 \\ -0.5686 & 0.4392 \end{pmatrix}$。选取时不变量化器的参数为 $\overline{L}=4.7\times10^5$，$M=150$，$N=200$，$a=0.001$ 满足式 (10-9)，其中 $\eta=0.0115$ 是根据式 (10-10) 得到的。闭环量化系统的某些轨迹如图 10-1 所示，初始状态分别为 $[0.15,-0.5]^{\mathrm{T}}$，

$[-0.5,-0.4]^{\mathrm{T}}$，$[0,0.02]^{\mathrm{T}}$，$[0.02,0]^{\mathrm{T}}$，$[-0.4,0.05]^{\mathrm{T}}$，$[0.4,-0.03]^{\mathrm{T}}$。在图 10-1 中，$\partial\mathcal{S}$ 即椭球面 $V(\boldsymbol{x})=\underline{L}^2$，其中 $\underline{L}=\frac{\overline{L}}{(1+2a)^{N-1}}$。曲线 $\langle \boldsymbol{P}\boldsymbol{x},\boldsymbol{A}\boldsymbol{x}\rangle=0$ 为相交于原点的两条虚直线。当状态到达 $\partial\mathcal{S}$，如果它到达椭球面 $V(\boldsymbol{x})=\underline{L}^2$ 上的 $\mathcal{S}_{\text{out}}$ 的边界，即 $\partial\mathcal{S}\cap\mathcal{S}_{\text{out}}$，它将在 $\partial\mathcal{S}\cap\mathcal{S}_{\text{out}}$ 滑动，并到达 $\partial\mathcal{S}\cap\mathcal{S}_{\text{in}}$，如图 10-1 中起始于 $[0.15,-0.5]^{\mathrm{T}}$，$[-0.5,-0.4]^{\mathrm{T}}$，$[0,0.02]^{\mathrm{T}}$，$[0.02,0]^{\mathrm{T}}$ 的轨迹。如果它到达 $\partial\mathcal{S}\cap\mathcal{S}_{\text{in}}$，则它将进入 $\mathcal{S}_{\text{in}}$ 的内部，然后进入 $\mathcal{S}_{\text{out}}$ 并达到 $\partial\mathcal{S}\cap\mathcal{S}_{\text{out}}$，如图 10-1 中起始于 $[-0.4,0.05]^{\mathrm{T}}$，$[0.4,-0.03]^{\mathrm{T}}$ 的轨迹。因此 $\mathcal{S}=\{\boldsymbol{x}:V(\boldsymbol{x})\leqslant\underline{L}^2\}$ 中存在一个极限环，如图 10-1 中椭球内一部分边界为椭球面的封闭实曲线。这验证了引理 10.3。图 10-2 显示不同初始值的状态范数的响应曲线。

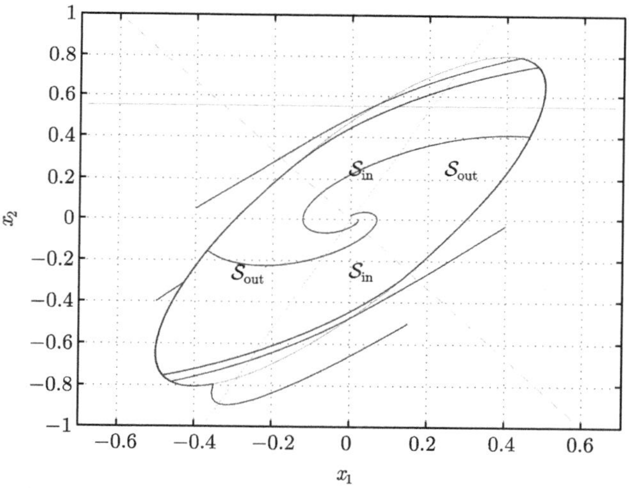

图 10-1　不同初始状态的闭环系统响应，轨迹由 Euler 一阶方法积分闭环系统得到，步长为 10^{-3}

为显示时变编码方案，考虑同样的系统和控制器。量化器的参数与时不变量化器参数相同，只是参数 $\overline{L}_t$ 根据式 (10-18) 更新。图 10-3 显示闭环系统轨迹收敛到原点，没有振荡现象出现于 $\partial\mathcal{S}_t$ 上。

下面，我们以一个三维系统为例，以说明定理 10.2。考虑系统：

$$\dot{\boldsymbol{x}}=\begin{pmatrix}2 & -0.2 & 0\\ 0 & -1 & 1\\ 0 & 0 & -1\end{pmatrix}\boldsymbol{x}+\begin{pmatrix}1\\1\\1\end{pmatrix}\boldsymbol{u} \tag{10-31}$$

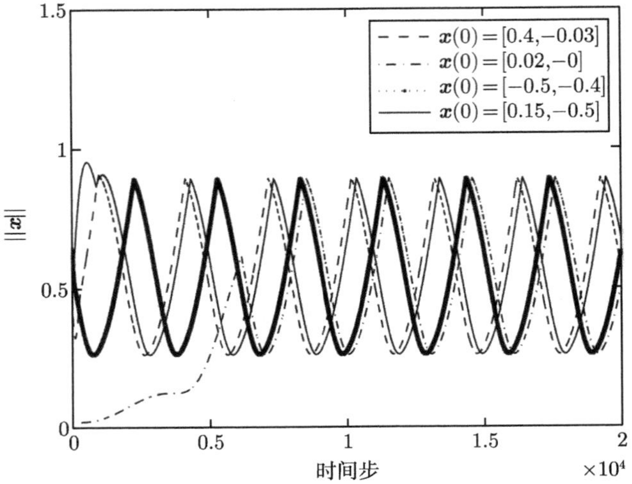

图 10-2　在时不变编码方案下系统的状态范数响应

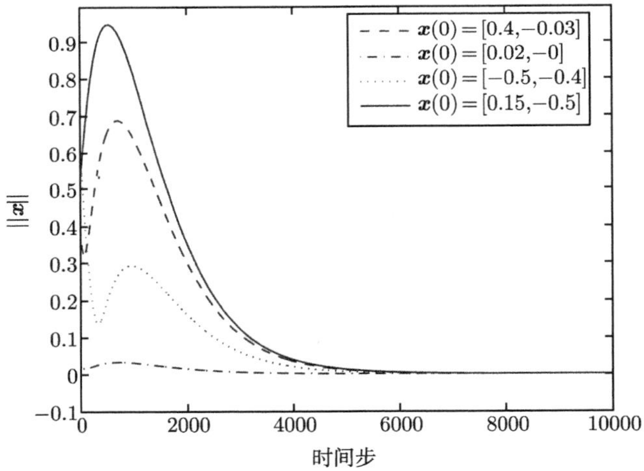

图 10-3　在时变编码方案下系统的状态范数响应

这里 $\boldsymbol{A}=\boldsymbol{T}\boldsymbol{J}\boldsymbol{T}^{-1}$，$\boldsymbol{T}=(\ \underline{\boldsymbol{t}}_1\quad \underline{\boldsymbol{t}}_2\quad \underline{\boldsymbol{t}}_3\ )=\begin{pmatrix} -0.0222 & 0.0667 & 0.0222 \\ 0 & 1.0000 & 0 \\ 0 & 0 & 1.0000 \end{pmatrix}$，$\boldsymbol{J}=\begin{pmatrix} 2 & 0 & 0 \\ 0 & -1 & 1 \\ 0 & 0 & -1 \end{pmatrix}$。令 $\underline{\boldsymbol{J}}=\begin{pmatrix} -2 & 0 & 0 \\ 0 & -1 & 1 \\ 0 & 0 & -1 \end{pmatrix}$，$\underline{\boldsymbol{T}}=\boldsymbol{T}$，$\underline{\boldsymbol{A}}=\underline{\boldsymbol{T}}\,\underline{\boldsymbol{J}}\,\underline{\boldsymbol{T}}^{-1}$。利用

上面的算法（取 $\varepsilon = 0.01$，$\overline{\eta} = 0.04$）获得 $\boldsymbol{K} = (\ -4.3900,\ \ 0.2926,\ \ 0.0975\ )$，

$$\boldsymbol{P} = \begin{pmatrix} 0.9951 & -0.0663 & -0.0221 \\ -0.0663 & 0.0048 & 0.0014 \\ -0.0221 & 0.0014 & 0.0009 \end{pmatrix}$$

。选取时不变量化器的参数为 $\overline{L}=0.7507$，$M = 2313$，$N = 300$，$a = 0.0001$ 满足式 (10-9)，其中 $\eta = 7.7927 \times 10^{-4}$ 是根据式 (10-10) 得到的。量化闭环系统的某些 Lyapunov 函数如图 10-4 (a) 所示，其中初始状态分别为 $20\underline{\boldsymbol{t}}_2 + 10\underline{\boldsymbol{t}}_3 \in \mathcal{N}_-$，$-10\underline{\boldsymbol{t}}_1 - 20\underline{\boldsymbol{t}}_2 \notin \mathcal{N}_-$。令 $\partial\mathcal{S} = \{\boldsymbol{x} : V(\boldsymbol{x}) = \underline{L}^2 = 0.5\}$，$\mathcal{S} = \{\boldsymbol{x} : V(\boldsymbol{x}) \leqslant 0.5\}$。当初始状态 $\boldsymbol{x}(0) \in \mathcal{N}_- \cap \mathcal{S}$，状态将收敛到原点，如图 10-4 (a) 中起始于 $\boldsymbol{x}(0) = 20\underline{\boldsymbol{t}}_2 + 10\underline{\boldsymbol{t}}_3$ 的系统的 Lyapunov 函数所示（虚线）。当系统状态 $\boldsymbol{x}(0) \in \mathcal{S}$ 但 $\notin \mathcal{N}_-$，状态将到达 $\partial\mathcal{S}$ 并在 $\partial\mathcal{S}$ 上滑动，如图 10-4 (a) 中起始于 $\boldsymbol{x}(0) = -10\underline{\boldsymbol{t}}_1 - 20\underline{\boldsymbol{t}}_2$ 的系统的 Lyapunov 函数所示（实线）。图 10-4 (b) 显示起始于 $\boldsymbol{x}(0) = -10\underline{\boldsymbol{t}}_1 - 20\underline{\boldsymbol{t}}_2$ 的系统的控制量的响应曲线，它在 $\partial\mathcal{S}$ 上发生振荡。

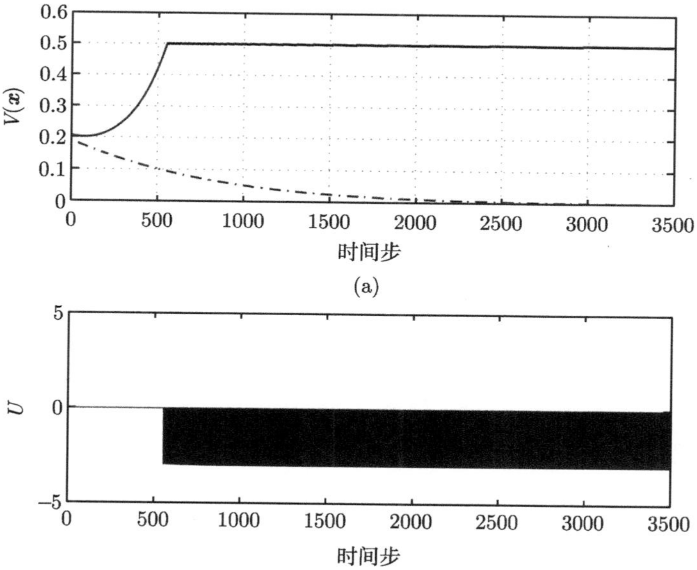

(b)

图 10-4　（a）在时不变编码方案下系统式 (10-31) 的 Lyapunov 函数 $V(\boldsymbol{x})$，其中 $V(\boldsymbol{x}) = \boldsymbol{x}^{\mathrm{T}}\boldsymbol{P}\boldsymbol{x}$，$\partial\mathcal{S} = \{\boldsymbol{x} : V(\boldsymbol{x}) = 0.5\}$；（b）系统式 (10-31) 的控制输入，初始状态为 $\boldsymbol{x}(0) = -10\underline{\boldsymbol{t}}_1 - 20\underline{\boldsymbol{t}}_2$

所有轨迹都是利用 Euler 一阶方法积分闭环系统模型得到的。采用 Euler 一

阶方法是因为 Euler 解是 Krasovskii 解。

10.5 小结

本章研究具有状态量化反馈连续系统的渐进稳定性问题。目标是设计量化器和控制器保证系统的渐进稳定性。由于量化误差，描述闭环连续系统的微分方程是右边不连续的，为此采用 Krasovskii 解。基于球极坐标编码方案，我们首先设计一种时不变量化器和状态反馈控制器使得系统收敛到一个包含原点的曲面上，在此曲面上将产生滑模振荡现象。为避免滑模振荡现象产生，我们进一步设计一种时变量化器，它不仅避免了滑模振荡现象产生，而且可获得系统渐进稳定性。本章内容见文献 [109]。

参考文献

[1] HESPANHA J, ORTEGA A, VASUDEVAN L. Towards the control of linear systems with minimum bit-rate[C]//Notre Dame: Univ. Notre Dame, 2002: 1876-1880.

[2] LIBERZON D, HESPANHA J. Stabilization of nonlinear systems with limited informanation feedbaek[J]. IEEE Trans. Autom. Control, 2005, 50(6): 910-915.

[3] YUE D, PENG C. Quantized output feedback control for networked control systems[J]. Information Sciences, 2008, 178(12): 2734-2749.

[4] HAYAKAWA T, ISHII H, TSUMURA K. Adaptive quantized control for linear uncertain discrete-time systems[J]. Automatica, 2009, 45(3): 692-700.

[5] KAMENEVA T, NESIC D. Robustness of quantized control systems with mismatch between coder/decoder initializations[J]. Automatica, 2009, 45(3): 817-822.

[6] CHE W W, YANG G H. Quantized dynamic output feedback $\boldsymbol{H}\infty$ control for discrete-time systems with quantizer ranges consideration[J]. Acta Automatica Sinica, 2008, 34(6): 652-658.

[7] DELVENNE J C. An optimal quantised feedback strategy for scalar linear systems[J]. IEEE Trans. Autom. Control, 2006, 51(2): 298-303.

[8] BAILLIEUL J. Feedback designs in information based control, in stochastic theory and Control[M]. New York: Springer-Verlag, 2001: 35-57.

[9] LING Q, LEMMON M D. Stability of quantized control systems under dynamic bit assignment[J]. IEEE Trans. Autom. Control, 2005, 50(5): 734-740.

[10] NAIR G N, EVANS R J. Exponential stabilizability of finite-dimensional linear systems with limited data rates[J]. Automatica, 2003, 39(4): 585-593.

[11] TATIKONDA S, MITTER S K. Control under communication constraints[J]. IEEE Trans. Autom. Control, 2004, 49(7): 1056-1068.

[12] WONG W S, BROCKETT R W. Systems with finite communication bandwidth constraints Ⅱ: Stabilization with limited information feedback[J]. IEEE Trans. Autom. Control, 1999, 44(5): 1049-1053.

[13] HUANG D, NGUANG S K. State feedback control of uncertain networked control systems with random time delays[J]. IEEE Trans. Autom. Control, 2008, 53(5): 829-834.

[14] WANG Y L, YANG G H. $\boldsymbol{H}\infty$ control of networked control systems with time delay and packet disordering[J]. IET Control Theory Appl, 2007, 1(11): 1344-1354.

[15] XIONG J L, LAMS J. Stabilization of linear systems over networks with bounded packetloss[J]. Automatica, 2007, 43(1): 80-87.

[16] DELCHAMPS D F. Stabilizing a linear system with quantized state feedback[J]. IEEE Trans. Autom. Control, 1990, 35(8): 916-924.

[17] NAIR G N, EVANS R J. Stabilization with data-rate-limited feedback: Tightest attainable bounds[J]. Systems and Control Letter, 2000, 41(1): 49-56.

[18] NAIR G N, EVANS R J. Exponential stabilizability of finite-dimensional linear systems with limited data rates[J]. Automatica, 2003, 39(4): 585-593.

[19] LIBERZON D, NESIC D. Input-to-state stabilization of linear systems with quantized state measurements[J]. IEEE Trans. Autom. Control, 2007, 52(5): 767-781.

[20] SHARON Y, LIBERZON D. Input-to-state stabilization with minimum number of quantization regions[C]//Proc. 46th IEEE Conf. Decis. Control. New Orleans: LA, 2007: 20-25.

[21] ELIA N, MITTER S K. Stabilization of linear systems with limited information[J]. IEEE Trans. Autom. Control, 2001, 46(9): 1384-1400.

[22] ISHII H, FRANCIS B A. Limited data rate in control systems with networks[M]. New York: Lecture Notes in Control and Information Sciences. Springer-Verlag., 2002: 275.

[23] ISHII H, FRANCIS B A. Quadratic stabilization of sampled-data systems with quantization[J]. Automatica, 2003, 39(10): 1793-1800.

[24] ISHII H, BASAR T, TEMPO R. Randomized algorithms for quadratic stability of quantized sampled-data systems[J]. Automatica, 2004, 40(5): 839-846.

[25] FU M, XIE L. The sector bound approach to quantized feedback control[J]. IEEE Trans. Autom. Control, 2005, 50(11): 1698-1711.

[26] BROCKETT R W, LIBERZON D. Quantized feedback stabilization of linear systems[J]. IEEE Trans. Autom. Control, 2000, 45(7): 1279-1289.

[27] LIBERZON D. On stabilization of linear systems with limited information[J]. IEEE Trans. Autom. Control, 2003, 48(2): 304-307.

[28] PETERSEN I R, SAVKIN A V. Multi-rate stabilization of multivariable discrete-time linear systems via a limited capacity communication channel[C]//Proc. 40th IEEE Conf. Decis. Control. Orlando: FL, 2001: 304-309.

[29] YUKSEL S. Stochastic stabilization of noisy linear systems with fixed-rate limited feedback[J]. IEEE Transactions on Automatic Control, 2010, 55(12): 2847-2853.

[30] SILVA E I, DERPICH M S, FAISTERGAARD J. A framework for control system design subject to average data-rate constraints[J]. IEEE Transactions on Automatic Control, 2011, 56(8): 1886-1899.

[31] SILVA E I, DERPICH M S, FAISTERGAARD J. An achievable data-rate region subject to a stationary performance constraint for LTI plants[J]. IEEE Transactions on Automatic Control, 2011, 56(8): 1968-1973.

[32] FARHADI A, CHARALAMBOUS C D. Robust coding for a class of sources: applications incontrol and reliable communication over limited capacity channels[J]. Systems and Control Letters, 2008, 57(6): 1005-1012.

[33] FARHADI A, CHARALAMBOUS C D. Robust control of a class of feedback systems subject to limited capacity constraints[C]//Proc. 46th IEEE Conf. Decis. Control.

New Orleans: LA, 2007: 3970-3975.
[34] PHAT V, JIANG J, SAVKIN A V, et al. Robust stabilization of linear uncertain discrete-time systems via a limited capacity communication channel[J]. Systems and Control Letters, 2004, 53(5): 347-360.
[35] LI K, BAILLIEUL J. Robust quantization for digital finite communication bandwidth (DFCB) control[J]. IEEE Trans. Autom. Control, 2004, 49(9): 1573-1584.
[36] BAILLIEUL J. Data-rate requirements for nonlinear feedback control[C]//Proc. 6th IFAC Symp. Nonlinear Control Syst. Stuttgart: Germany, 2004: 1277-1282.
[37] BICCHI A, MARIGO A, PICCOLI B. On the reachability of quantized control systems[J]. IEEE Trans. Autom. Control, 2002, 47(4): 546-563.
[38] DE PERSIS C, ISIDORI A. Stabilizability by state feedback implies stabilizability by encoded state feedback[J]. Systems and Control Letters, 2004, 53(5): 249-258.
[39] DE PERSIS C. N-Bit stabilization of n-dimensional nonlinear systems in feedforward form[J]. IEEE Trans. Autom. Control, 2005, 50(3): 299-311.
[40] LIBERZON D. Quantization, time delays, and nonlinear stabilization[J]. IEEE Trans. Autom. Control, 2006, 51(7): 1190-1194.
[41] LIU J, ELIA N. Quantized feedback stabilization of nonlinear affine systems[J]. Int. J. Control, 2004, 77(3): 239-249.
[42] NAIR G N, EVANS R J, MAREELS I M Y, et al. Topological feedback entropy and nonlinear stabilization[J]. IEEE Trans. Autom. Control, 2004, 49(9): 1585-1597.
[43] BORKAR V S, MITTER S K. LQG control with communication constraints[C]// Communications, Computation, Control and Signal Processing. Norwell, MA: Kluwer, 1997: 365-373.
[44] MARTINS N C, DAHLEH M A. Fundamental limitations of performance in the presence of finite capacity feedback[C]//Proc. Amer. Control Conf. Portland: OR, 2005: 79-86.
[45] MATVEEV A S, SAVKIN A V. The problem of LQG optimal control via a limited capacity communication channel[J]. Systems and Control Letters, 2004, 53(1): 51-64.
[46] NAIR G N, DEY S, EVANS R J. Infimum data rates for stabilising markov jump linear systems[C]//Proc. 42th IEEE Conf. Decis. Control. Maui: HI, 2003: 1176-1181.
[47] NAIR G N, EVANS R J. Stabilizability of stochastic linear systems with finite feedback data rates[J]. SIAM J. Control Optim., 2004, 43(2): 413-436.
[48] TATIKONDA S, SAHAI A, MITTER S K. Stochastic linear control over a communication channel[J]. IEEE Trans. Autom. Control, 2004, 49(9): 1549-1561.
[49] TSUMURA K, MACIEJOWSKI J. Stability of SISO control systems under constraints of channel capacities[C]//Proc. 42th IEEE Conf. Decis. Control. Maui: HI, 2003: 193-198.
[50] MATVEEV A S, SAVKIN A V. Comments on control over noisy channels and relevant negative results[J]. IEEE Trans. Autom. Control, 2005, 50(12): 2105-2110.
[51] TATIKONDA S, MITTER S K. Control under noisy channels[J]. IEEE Trans. Autom. Control, 2004, 49(7): 1196-1201.

[52] SAHAI A. The necessity and sufficiency of anytime capacity for control over a noisy communication link[C]//Proc. 43th IEEE Conf. Decis. Control. Paradise Island: Bahamas, 2004: 1896-1901.

[53] SIMSEK T, JAIN R, VARAIYA P. Scalar estimation and control with noisy binary observations[J]. IEEE Trans. Autom. Control, 2004, 49(9): 1598-1603.

[54] MARTINS N C, DAHLEH M A, ELIA N. Feedback stabilization of uncertain systems in the presence of a direct link[J]. IEEE Trans. Autom. Control, 2006, 51(3): 438-447.

[55] FREUDENBERG J, BRASLAVSKY J, MIDDLETON R. Control over signal-to-noise ratio constrained channels: Stabilization and performance[C]//Proc. 44th IEEE Conf. Decis. Control. SanDiego: CA, 2005: 191-196.

[56] COVER T, THOMAS J. Elements of information theory[M]. 2nd. New York: Wiley, 1991.

[57] LING Q, LEMMON M D. A necessary and sufficient feedback dropout condition to stabilize quantized linear control systems with bounded noise[J]. IEEE Transactions on Automatic Control, 2010, 55(11): 2590-2596.

[58] YOU K, XIE L. Minimum data rate for mean square stabilization of discrete LTI systems over lossy channels[J]. IEEE Transactions on Automatic Control, 2010, 55(10): 2373-2378.

[59] YUKSEL S. A random time stochastic drift result and application to stochastic stabilization over noisy channels[C]//47th Annual Allerton Conference. Illinois, USA: Allerton House, 2009: 628-635.

[60] YUKSEL S, BASAR T. Control over noisy forward and reverse channels[J]. IEEE Transactions on Information Theory, 2011, 56(5): 1014-1028.

[61] SILVA E I, PULGAR S A. Control of LTI plants over erasure channels[J]. Automatica, 2011, 47(5): 1729-1736.

[62] MINERO P, FRANCESCHETTI M, DEY S, et al. Data rate theorem for stabilization over time-varying feedback channels[J]. IEEE Trans. Autom. Control, 2009, 54(2): 243-255.

[63] FAGNANI F, ZAMPIERI S. Stability analysis and synthesis for scalar linear systems with a quantized feedback[J]. IEEE Trans. Autom. Control, 2003, 48(9): 1569-1584.

[64] FAGNANI F, ZAMPIERI S. A symbolic approach to performance analysis of quantized feedback systems: the scalar case[J]. SIAM J. Control Optim, 2005, 44(3): 816-866.

[65] JAGLIN J, DE WIT C C, SICLET C. Delta modulation for multivariable centralized linear networked controlled systems[C]//Proc. 47th IEEE Conf. Decis. Control. Cancun: Mexico, 2008: 4910-4915.

[66] NAIR G N, FAGNANI F, ZAMPIERI S, et al. Feedback control under data rate constraints: An overview[J]. Proceedings of the IEEE, 2007, 95(1): 108-137.

[67] KAMENEVA T, NESIC D. Input-to-state stabilization of nonlinear systems with quantized feedback[C]//in Proc. 17th. IFAC World Congress. Seoul: Korea, 2008:

12480-12485.
[68] GAO H, CHEN T. A new approach to quantized feedback control systems[J]. Automatica, 2008, 44(2): 534-542.
[69] TATIKONDA S. Some scaling properties of large distributed control systems[C]//Proc. 42th IEEE Conf. Decis. Control. SanDiego: CA, 2005: 3142-3147.
[70] MATVEEV A S, SAVKIN A V. Multirate stabilization of linear multiple sensor systems via limited capacity communication channels[J]. SIAM Jour. Contr. Optim., 2006, 44(2): 584-617.
[71] MATVEEV A S, SAVKIN A V. Decentralized stabilization of linear systems via limited capacity communication networks[C]//Proc. 44th IEEE Conf. Decis. Control. SanDiego: CA, 2005: 1155-1161.
[72] NAIR G N, EVANS R J. Cooperative networked stabilisability of linear systems with measurement noise[C]//In Mediterranean Conference on Control and Automation. Athens: Greece, 2007: 27-29.
[73] BAILLIEUL J. Feedback designs in information-based control, Lecture Notes Control Inform. Sci[M]. USA: Springer-Verlag, 2002: 35-58.
[74] CHE W, YANG G. Quantized dynamic output feedback H8 control for discrete-time systems with quantizer ranges consideration[J]. ACTA Automatica Sinica, 2008, 34(6): 652-658.
[75] 陈宁, 翟贵生, 桂卫华, 等. 不确定关联网络系统分散 $H\infty$ 量化控制 [J]. 控制与决策, 2010, 25（1）: 59-63.
[76] 褚红燕, 费树岷, 刘金良. 时滞依赖网络控制系统的量化控制: 分段时滞法 [J]. 控制理论与应用, 2010, 28（4）: 576-580.
[77] 王银河, 罗亮, 陈玮. 一类不确定大系统的状态量化分散反馈镇定控制器设计 [J]. 控制与决策, 2010, 25（10）: 1527-1530.
[78] 冯宜伟, 郭戈. 一种新的量化反馈控制系统稳定性分析方法 [J]. 控制与决策, 2009, 24（5）: 786-788.
[79] 杨艳华, 王武, 杨富文. 多输入多输出离散系统的量化 $H\infty$ 滤波器设计 [J]. 控制与决策, 2009, 24（6）: 928-932.
[80] 褚红燕, 费树岷, 岳东. 基于 T-S 模型的非线性网络控制系统的量化保成本控制 [J]. 控制与决策, 2010, 25（1）: 32-36.
[81] 戴建国, 崔宝同. 状态量化的非线性网络化系统的 $H\infty$ 控制 [J]. 控制与决策, 2011, 26（1）: 65-70.
[82] KRUGER H, SCHREIBER R, GEISER B, et al. On logarithmic spherical vector quantization[C]//International Symposium on Information Theory and its Applications. Auckland: New Zealand, 2008: 7-10.
[83] ILIE V M, PERIE Z H. Kolmogorov complexity of spherical vector quantizers[C]// 9th Symposium on Neural Network Applications in Electrical Engineering. Serbia: Faculty of Electrical Engineering, University of Belgrade, 2008: 25-27.
[84] YAN Z, WANG J, LI Y. Memoryless coding scheme based on spherical polar coordinates for control under data rate constraint[J]. IET Control Theory and Applications,

2011, 5(14): 1666-1675.

[85] SONTAG E D. Mathematical control theory[M]. New York: Springer-Verlag, 1990: 134.

[86] SAHAI A, MITTER S. The necessity and sufficiency of anytime capacity for stabilization of a linear system over a noisy communication link-part I: Scalar systems[J]. IEEE Trans. Autom. Control, 2006, 52(8): 3369-3395.

[87] FAGNANI F, ZAMPIERI S. Quantized stabilization of linear systems: Complexity versus performance[J]. IEEE Trans. Autom. Control, 2004, 49(9): 1534-1548.

[88] MARTINS N C, DAHLEH M A, ELIA N. Feedback control in the presence of noisy channels: 'Bode-like' fundamental limitations of performance[J]. IEEE Trans. Autom. Control, 2008, 53(7): 1604-1614.

[89] NAIR G N, HUANG M, EVANS R J. Optimal infinite horizon control under a low data rate[C]//in Proc. 14th. IFAC World Congress. Beijing: China, 2006: 484-489.

[90] SAVKIN A V. Analysis and synthesis of networked control systems: Topological entropy, observability, robustness, and optimal control[J]. Automatica, 2006, 42(1): 51-62.

[91] TATIKONDA S, SAHAI A, MITTER S. Stochastic linear control over a communication channel[J]. IEEE Trans. Autom. Control, 2004, 49(9): 1549-1561.

[92] GURT A, NAIR G N. Internal stability of dynamic quantised control for stochastic linear plants[J]. Automatica, 2009, 45(6): 1387-1396.

[93] BAO L, SKOGLUND M, JOHANSSON K H. A scheme for joint quantization, error protection and feedback control over noisy channels[C]//Proc. Amer. Control Conf. New York: USA, 2007: 4605-4910.

[94] FREUDENBERG J S, MIDDLETON R H, SOLO V. Stabilization and disturbance attenuation over a gaussian communication channel[J]. IEEE Transactions on Information Theory, 2010, 55(3): 795-799.

[95] IMER O C, YUKSEL S, BASAR T. Optimal control of LTI syatems over unreliable communication links[J]. Automatica, 2006, 42(10): 1429-1439.

[96] SARMA S V, DAHLEH M A. Remote control over noisy communication channels: A first-order example[J]. IEEE Trans. Autom. Control, 2007, 52(2): 284-289.

[97] WANG J, YAN Z. Coding scheme based on spherical polar coordinate for control over noisy channel[J]. Journal of Robust and Nonlinear Control, 2014, 24(10): 1159-1176.

[98] WANG J, YAN Z, LI Y. Exponential uncertainty and quantization error: H2 approach to networked control[C]//2010 8th IEEE International Conference on Control and Automation. Xiamen: China, 2010: 2297-2301.

[99] HETEL L, DAAFOUZ J, IUNG C. Stabilization of arbitrary switched linear systems with unknown time-varying delays[J]. IEEE Trans. Autom. Control, 2006, 51(10): 1668-1671.

[100] WANG J, LI H. Stabilization of a continuous linear system over channel with network-induced delay and communication constraints[J]. European Journal of Control, 2016,

31(1): 72-78.

[101] WANG J. A necessary and sufficient condition for input-to-state stability of quantised feedback systems[J]. International Journal of Control, 2017, 90(9): 1846-1860.

[102] WANG J. Stabilization of a discrete time linear system over finite data-rate channel with noise attenuation performance by spherical polar coordinate quantizer[J]. Systems and Control Letters, 2018, 117(1): 45-52.

[103] TARBOURIECH S, GOUAISBAUT F. Control design for quantized linear systems with saturations[J]. IEEE Trans. Auto. Control, 2012, 57(7): 1833-1889.

[104] FRIDMAN E, DAMBRINE M. Control under quantization, saturation and delay: An LMI approach[J]. Automatica, 2009, 45(11): 2258-2264.

[105] WANG J. Quantizer design for asymptotic stability of quantized linear systems with saturations[J]. Systems and Control Letters, 2017, 104: 95-103.

[106] GOEBEL S R G R, TEEL A R. Hybrid dynamical systems: Modeling, stability, and robustness[M]. Princeton: Princeton University Press, 2012.

[107] HAJEK O. Discontinuous differential equations[J]. Journal of Differential Equations, 1979, 32(2): 149-170.

[108] FILIPPOV A F. Differential equations with discontinuous right-hand side[M]. Dordrecht: Kluwer, 1988.

[109] WANG J. Asymptotic stabilization of continuous-time linear systems with quantized state feedback[J]. Automatica, 2018, 88(10): 83-90.